北京理工大学"双一流"建设精品出版工程

电路和电子技术（下册）
（第3版）：电子技术基础

Fundamentals of Electronic Technology

主　编 ◎ 郜志峰
副主编 ◎ 李燕民　温照方

北京理工大学出版社
BEIJING INSTITUTE OF TECHNOLOGY PRESS

内 容 简 介

本书依据教育部高等学校教学指导委员会最新发布的《"电工学"课程教学基本要求》，根据多年的教学实践经验和教学改革的需求，在第 2 版的基础上，经过调整、精练、补充、修订而成。

本书涵盖了"电工学"课程中模拟电子技术、数字电子技术两个模块中的全部基本教学内容。全书包含 8 章内容：半导体器件；交流放大电路；集成运算放大器；电源技术；逻辑代数基础；门电路和组合逻辑电路；触发器和时序逻辑电路；模拟量与数字量的转换。

本书可作为高等学校本科生"电工学""电工和电子技术""电路和电子技术""电工技术与电子技术""电工电子学"等课程的教材，或供相关专业选用，也可供有关的工程技术人员自学和参考。

版权专有　侵权必究

图书在版编目（CIP）数据

电路和电子技术. 下册，电子技术基础 / 郜志峰主编. —3 版. —北京：北京理工大学出版社，2019.5（2020.7重印）
ISBN 978-7-5682-7059-5

Ⅰ. ①电… Ⅱ. ①郜… Ⅲ. ①电路理论–高等学校–教材 ②电子技术–高等学校–教材 Ⅳ. ①TM13 ②TN

中国版本图书馆 CIP 数据核字（2019）第 092606 号

出版发行 /	北京理工大学出版社有限责任公司
社　　址 /	北京市海淀区中关村南大街 5 号
邮　　编 /	100081
电　　话 /	（010）68914775（总编室）
	（010）82562903（教材售后服务热线）
	（010）68948351（其他图书服务热线）
网　　址 /	http://www.bitpress.com.cn
经　　销 /	全国各地新华书店
印　　刷 /	三河市华骏印务包装有限公司
开　　本 /	787 毫米×1092 毫米　1/16
印　　张 /	18.75
字　　数 /	440 千字
版　　次 /	2019 年 5 月第 3 版　2020 年 7 月第 3 次印刷
定　　价 /	49.00 元

责任编辑 / 陈莉华
文案编辑 / 陈莉华
责任校对 / 周瑞红
责任印制 / 李志强

图书出现印装质量问题，请拨打售后服务热线，本社负责调换

第 3 版前言

"电工学"课程是高等学校本科非电类专业的一门重要的技术基础课程,涵盖了电气工程和电子信息工程两大学科的最基本内容。随着科学技术的发展,为适应教育改革与发展的需要,中国高等学校电工学研究会对《"电工学"课程教学基本要求》进行了修订,并由教育部高等学校教学指导委员会发布。

"电工学"课程的教学内容包括理论教学部分和实践教学部分。理论教学部分包括电路理论、模拟电子技术、数字电子技术、电机与控制四个教学模块。实践教学部分包括电工测量等内容。由于高等学校各专业培养方案不同,其对"电工学"教学内容的要求不尽相同,教学基本要求确定电路理论、模拟电子技术、数字电子技术三个模块为基本教学模块,电机与控制为可选教学模块。每个教学模块中又分为基本内容和可选内容两大部分,供各高等学校根据专业培养方案,选择教学模块和教学内容组织课程,制定各自切实可行的教学大纲。由于历史沿革和各高等学校各专业选择的教学模块和内容的不同,"电工学"课程又有"电工和电子技术""电路和电子技术""电工技术与电子技术""电工电子学"等不同的课程名称。

《电路和电子技术(下)》(第 2 版)出版以来,作为"电工学"课程中模拟电子技术、数字电子技术两个模块的基本教材已使用数年,从教学实际效果来看,该书在内容取材和组织上适应高等学校"电工学"课程的教学基本需要。《电路和电子技术(下册)(第 3 版):电子技术基础》依据高等学校教学指导委员会最新发布的《"电工学"课程教学基本要求》,根据多年的教学实践经验和教学改革的需求,对教材的内容进行了整合、补充、修订,涵盖了"电工学"课程中模拟电子技术、数字电子技术两个模块中的全部基本内容,以适应高等教育的发展对"电工学"课程的新要求。期望以使课程内容与时俱进,知识面宽,实践性强,突显具有综合性的优势。为高等学校本科非电类专业的学生提供必要的电气工程和电子信息工程的基本知识,使学生具有分析和解决基本技术问题的能力,建立基本的工程意识,为学生进一步的专业学习和相关的研究、开发起到知识储备和促进作用。

参与本书编写修订的教师:温照方编写了第 1、4、8 章;李燕民编写了第 2、

3、5、6、7章；郄志峰编写了第5章新增内容和本书全部新增习题。本书由郄志峰担任主编，负责全书的统稿。

北京理工大学信息与电子学院教师王勇、傅雄军、高玄怡、叶勤、谢民、马玲、孙林等老师在本书编写过程中，给予了很多支持和帮助，在本书的使用以及与实验教学的有机结合方面，提出了很多建设性意见。在此表示衷心的感谢！

由于编者水平和能力有限，书中可能存在一些疏漏、错误或不严谨之处，敬请读者批评指正。

编　者

第 2 版前言

《电路和电子技术》第 1 版经过 6 年的使用,随着电工和电子技术的发展、理论课学时一再压缩,教材的有些内容已经不能很好地适应现在的教学要求,因此我们对第 1 版教材进行修订。《电路和电子技术(下)》(第 2 版)[与《电机与控制》(第 2 版)配套]仍是为"电工电子技术"课程编写的教材。

《电路和电子技术(下)》(第 2 版)是按照教育部高等学校教学指导委员会 2009 年颁布的"电工学"课程教学基本要求,根据多年的教学实践经验和教学改革的需求,在《电路和电子技术》第 1 版的基础上,经过调整、精练、补充、修订而成。我校的"电工电子技术"课程仍沿用"电路基础—元件—线路—系统"的总体框架,内容和篇幅与第 1 版基本相同,但力求将一些新器件、新技术反映在新版教材中。在第 2 版中做了以下几个方面的修订。

① 修订版在原来注重知识体系的基础性上,又进一步加强了应用性,精减了部分比较繁复的理论分析和概念性的叙述。例如,适当简化了分立元件放大电路的分析,删去了交流稳压电源和 UPS 电源简介,精简了 A/D 变换器内部电路的分析等。

② 结合本课程的特点,适当增加了一些较新的器件,如发光二极管、光敏二极管、光电隔离器等。增加了电子技术在实际中应用的例子,如利用光电二极管、运算放大器在 CD-ROM 的激光拾音器中实现光电信号的转换,并增加了仿真例子及结果等。

③ 修订版教材体现了一定的先进性。在原来引入 EDA 技术的基础上,提高起点,删去早期可编程逻辑器件的介绍,将原书中可编程逻辑器件的开发环境 MAX+PLUS Ⅱ升级,改为 Altera 公司现在主推的 Quartus Ⅱ。它所提供的开发设计的灵活性和高效性、丰富的图形界面,辅之以完整的、可即时访问的在线文档等,使学生能够轻松、愉快地掌握 PLD 的设计方法。

④ 注重提高学生学习的自主性。为了使学生更好地使用现在非常流行的 Multisim 仿真设计软件,以便更深刻地理解和掌握电工电子的基础知识,在本书各章安排的习题后增加了仿真的习题,而且不仅提出了要求,还给出了分析方法的提示。引导学生结合各章内容的特点,由浅入深地了解工作界面、元器件库、常用仪器仪表,并能够逐步掌握瞬态分析、交流分析、参数扫描分析、傅里叶分析等分析方法的应用。

参与本书编写的教师:温照方编写了第 1、4、7 章;李燕民编写了第 2、3、5、6 章;姜明编写了第 8 章。由李燕民担任主编,负责全书的统稿。

本书第 1 版被评为北京市精品教材。在本书第 1 版的编写过程中,北京工商大学孙骆生教授、北京理工大学刘蕴陶教授认真审阅了本书,给出了很高的评价,并提出了许多中肯的意见和宝贵的建议,也为我们修订第 2 版教材提供了很多有益的启发。电工教研室的庄效桓、吴仲、许建华、高玄怡、叶勤等老师在本书编写过程中，给予了很多帮助，在本书的使用以及与实验教学的有机结合方面，提出了很多建设性意见。在此，一并表示衷心的感谢！

由于编者水平有限，加之编写时间较短，书中难免存在一些疏漏、错误或不严谨之处，恳请读者批评指正，以便今后加以改进。

编　者

第1版前言

《电路和电子技术》分为上、下两册,是按照教育部(前国家教育委员会)1995年颁发的高等工业学校"电工技术(电工学Ⅰ)"和"电子技术(电工学Ⅱ)"两门课程的教学基本要求,根据作者多年的教学实践经验编写的。

"电工和电子技术"课程是面向高等工科学校本科生非电类专业开设的电类技术基础课。根据目前高等学校对学生进行全面素质教育的要求,这门课程的改革势在必行且至关重要。几年来,我们对"电工和电子技术"课程内容、体系、方法及手段进行了改革与实践,并取得了一定的成效。通过多年来的教学实践,尤其是近几年的教学改革和探索,我们按照新的课程体系,编写了《电路和电子技术》(与《电机与控制》配套),作为"电工和电子技术"课程的教材。

"电工和电子技术"课程的总体框架是:电路基础—元件—线路—系统。《电路和电子技术》教材在实现以上教学思想方面做了一些尝试,本教材的特点是:

① 打破了原"电工和电子技术"课程中电路、电子、电机与控制相对独立的格局,加强了电路、电子、电机与控制的内在联系,并突出了系统性。改变了通常将"电工和电子技术"课程分为"电工技术"和"电子技术"两大部分的做法,将电路基础部分的内容适当压缩,电子技术部分的内容提前,以便在电机和控制部分之后,能够增加系统的知识。我们将电工电子技术的新发展引入教学,如CPLD等新技术的基础知识,这是编写本套教材的宗旨。

② "电工和电子技术"课程的新体系体现了一定的基础性和先进性。使学生通过本课程的学习,能够具有较为宽厚的基础理论和基础知识,具有可持续发展和创新的能力。为此,我们在《电路和电子技术》教材中强调了课程内容的基础性,以"元件—线路—系统"为脉络,集中给出基本电子元件及特性,在介绍基本单元电路的基础上,适当给出一些应用实例。以培养学生对新技术的浓厚兴趣,引导他们积极主动地学习。

③ 新体系的课程内容注重培养学生分析问题和解决问题的能力、综合运用所学知识的能力以及工程实践能力。《电路和电子技术》教材中加入了元器件的选择和性能比较,并举出一些较为综合的系统实例,帮助学生了解电工技术和电子技术在工程实际中的应用。并注意将经典的电路及电子的基础理论与电子技术的最新发展相结合,用EDA的设计方法去设计组合逻辑电路和时序逻辑电路等。在第12章"PLD技术及其应用"中,介绍了工程设计软件,使非电类学生具有一定的电子线路的设计能力。

④ 在选材和文字叙述上力求符合学生的认知规律,由浅入深、由简单到复杂、由基础知识到应用举例。本书配有丰富的例题和习题,并在书后给出了部分习题的参考答案。

《电路和电子技术》由北京理工大学信息科学技术学院的部分教师编写，其中，张振玲编写了第1、2章；郜志峰编写了第3章、第4章4.1～4.3节；王勇编写了4.4节，温照方编写了第5、8、11章；李燕民编写了6、7、9、10章；姜明编写了第12章。由李燕民担任主编，负责全书的统稿。

北京理工大学庄效桓副教授对本书进行了认真的、逐字逐句的审阅，并提出了许多宝贵的意见和建议。此外，北京理工大学信息学院电工教研室的各位老师在本书编写过程中，也给予了很大的帮助。在此，一并表示衷心的感谢！

由于我们的水平和能力有限，加之编写时间较为仓促，书中难免存在一些疏漏和错误之处，恳请读者批评指正，以便今后加以改进。

编　者

目 录
CONTENTS

第1章 半导体器件 ... 001
1.1 半导体的基础知识 ... 001
1.1.1 本征半导体 ... 001
1.1.2 杂质半导体 ... 002
1.1.3 PN结 ... 003
1.2 半导体二极管 ... 004
1.2.1 半导体二极管的基本结构 ... 004
1.2.2 半导体二极管的伏安特性 ... 004
1.2.3 半导体二极管的主要参数 ... 006
1.2.4 半导体二极管的主要应用 ... 006
1.2.5 特殊二极管 ... 012
1.3 硅稳压二极管 ... 013
1.3.1 硅稳压二极管的伏安特性 ... 013
1.3.2 硅稳压二极管的主要参数 ... 013
1.3.3 硅稳压二极管稳压电路 ... 014
1.4 半导体三极管 ... 015
1.4.1 半导体三极管的结构、分类和符号 ... 015
1.4.2 半导体三极管的工作状态 ... 016
1.4.3 半导体三极管的特性曲线 ... 017
1.4.4 半导体三极管的主要参数 ... 020
1.4.5 温度对半导体三极管参数的影响 ... 020
1.4.6 半导体三极管的微变等效电路 ... 020
1.5 绝缘栅型场效应管 ... 022
1.5.1 绝缘栅型场效应管的基本结构 ... 022
1.5.2 绝缘栅型场效应管的工作原理 ... 024
1.5.3 绝缘栅型场效应管的特性曲线 ... 025
1.5.4 绝缘栅型场效应管的微变等效电路 ... 026
1.5.5 绝缘栅型场效应管的主要参数 ... 026
1.5.6 绝缘栅型场效应管的主要特点 ... 027

1.6 电力半导体器件 ··· 027
　1.6.1 晶闸管的结构、工作原理及参数 ··· 027
　1.6.2 晶闸管的应用 ··· 029
　1.6.3 晶闸管的触发电路 ··· 034
　1.6.4 绝缘栅型双极晶体管 ·· 037
习题 ·· 038

第2章 交流放大电路 ·· 049

2.1 共发射极放大电路 ·· 049
　2.1.1 放大电路的概念 ·· 049
　2.1.2 基本放大电路的工作原理 ··· 050
　2.1.3 基本放大电路的静态分析 ··· 051
　2.1.4 基本放大电路的动态分析 ··· 053
2.2 静态工作点稳定的放大电路 ··· 059
　2.2.1 温度变化对静态工作点的影响 ·· 059
　2.2.2 分压式偏置电路 ··· 059
　2.2.3 静态分析 ··· 060
　2.2.4 动态分析 ··· 061
2.3 共集电极放大电路 ·· 063
　2.3.1 静态分析 ··· 063
　2.3.2 动态分析 ··· 063
　2.3.3 特点及应用 ·· 065
2.4 多级放大电路 ··· 065
　2.4.1 多级放大电路的级间耦合方式 ·· 066
　2.4.2 阻容耦合放大电路的分析 ··· 067
　2.4.3 阻容耦合放大电路的频率特性 ·· 068
2.5 差动放大电路 ··· 069
　2.5.1 直接耦合放大电路的零点漂移 ·· 070
　2.5.2 差动放大电路的组成和工作原理 ··· 071
　2.5.3 差动放大电路的输入输出方式 ·· 072
2.6 功率放大电路 ··· 076
　2.6.1 功率放大电路的概念 ··· 076
　2.6.2 互补对称功率放大电路 ·· 077
　2.6.3 集成功率放大器 ·· 080
2.7 场效应管放大电路 ·· 081
　2.7.1 静态分析 ··· 081
　2.7.2 动态分析 ··· 081
习题 ·· 084

第3章 集成运算放大器 ··· 093

3.1 集成运放的结构、特性和分析依据 ·· 093

3.1.1 集成运放的结构和参数 093
3.1.2 集成运放的理想化模型 095
3.1.3 集成运放的电压传输特性和分析依据 096
3.2 运放在模拟运算方面的应用 098
3.2.1 比例运算电路 098
3.2.2 模拟运算电路 103
3.2.3 非理想运算放大器运算电路的分析 108
3.3 放大电路中的负反馈 110
3.3.1 反馈的基本概念 110
3.3.2 负反馈的4种典型组态 111
3.3.3 反馈类型的判别 115
3.3.4 负反馈对放大电路性能的影响 118
3.4 运放在信号处理方面的应用 121
3.4.1 有源滤波器 122
3.4.2 电压比较器 125
3.5 信号产生电路 129
3.5.1 正弦波振荡电路 129
3.5.2 方波发生器 134
3.5.3 三角波发生器 136
3.5.4 锯齿波发生器 137
3.5.5 函数发生器简介 138
习题 140

第4章 电源技术 153

4.1 电源技术的基本内容 153
4.1.1 电源技术概述 153
4.1.2 直流稳压电源和交流稳压电源 154
4.2 直流稳压电源 154
4.2.1 直流稳压电源的主要指标及种类 154
4.2.2 串联式线性稳压电源 155
4.2.3 集成稳压器 157
4.2.4 如何选择使用集成稳压器 159
4.3 开关型稳压电源 160
4.3.1 开关型稳压电源的基本特点 160
4.3.2 开关型稳压电源的典型电路 161
4.4 逆变电路 165
4.4.1 逆变的概念 165
4.4.2 电压型逆变电路 166
4.4.3 电流型逆变电路 167
4.4.4 PWM逆变电路 168

习题 ··· 170

第 5 章　逻辑代数基础 ·· 174
5.1　逻辑关系 ·· 174
5.1.1　基本逻辑关系 ·· 174
5.1.2　复合逻辑关系 ·· 175
5.2　逻辑函数的表示和化简 ·· 176
5.2.1　逻辑代数的基本定律和运算规则 ·· 176
5.2.2　逻辑函数的表示方法 ··· 179
5.2.3　逻辑函数的化简 ··· 180
　　习题 ··· 189

第 6 章　门电路和组合逻辑电路 ··· 194
6.1　门电路 ·· 194
6.1.1　分立元件门电路 ··· 194
6.1.2　TTL 集成门电路 ·· 196
6.1.3　CMOS 门电路 ··· 203
6.2　组合逻辑电路的分析与设计 ·· 205
6.2.1　组合逻辑电路的分析 ··· 206
6.2.2　组合逻辑电路的设计 ··· 207
6.3　常用的集成组合逻辑电路 ··· 209
6.3.1　加法器 ··· 210
6.3.2　编码器 ··· 212
6.3.3　译码器 ··· 213
6.3.4　数值比较器 ··· 218
6.3.5　数据选择器 ··· 219
　　习题 ··· 222

第 7 章　触发器和时序逻辑电路 ··· 228
7.1　双稳态触发器 ·· 228
7.1.1　基本 RS 触发器 ··· 228
7.1.2　同步 RS 触发器 ··· 230
7.1.3　JK 触发器 ·· 232
7.1.4　D 触发器 ··· 234
7.1.5　T 触发器和 T′触发器 ·· 235
7.1.6　集成触发器及触发器逻辑功能的转换 ··· 236
7.2　寄存器 ··· 238
7.2.1　数码寄存器 ··· 238
7.2.2　移位寄存器 ··· 239
7.3　计数器 ··· 241
7.3.1　二进制计数器 ·· 242
7.3.2　十进制加法计数器 ··· 245

  7.3.3 任意进制计数器 247
  7.3.4 中规模集成计数器 248
 7.4 单稳态触发器 254
  7.4.1 555定时器的组成和功能 254
  7.4.2 由555定时器构成的单稳态触发器 256
  7.4.3 集成单稳态触发器 258
  7.4.4 单稳态触发器的应用举例 260
 7.5 多谐振荡器 260
  7.5.1 由555定时器构成的多谐振荡器 260
  7.5.2 石英晶体多谐振荡器 262
 7.6 施密特触发器 263
 7.7 数字电路应用举例 265
 习题 267

第8章 模拟量与数字量的转换 276
 8.1 数模转换器（DAC） 276
  8.1.1 数模转换器的转换原理 276
  8.1.2 数模转换器的主要参数 278
  8.1.3 集成数模转换器 278
 8.2 模数转换器（ADC） 280
  8.2.1 模数转换器的转换原理 280
  8.2.2 模数转换器的主要参数 281
  8.2.3 集成模数转换器 282
 8.3 采样保持电路 283
  8.3.1 采样保持原理 283
  8.3.2 采样保持电路 284
  8.3.3 采样定理 285
 习题 285

参考文献 286

1.1.3　PN 结

1. PN 结的形成

用特殊的制造工艺在一块本征半导体中分别掺入五价元素和三价元素，形成 P 型半导体和 N 型半导体，如图 1.7 所示。

由于在两种半导体内的自由电子浓度和空穴浓度不同，根据扩散原理，N 型半导体内的多数载流子——自由电子向 P 型半导体内扩散，P 型半导体中的多数载流子——空穴也要向 N 型半导体内扩散。扩散到 P 型半导体的自由电子与空穴复合，扩散到 N 型半导体的空穴与自由电子复合。这样在它们的交界面及附近，由于 N 型半导体内自由电子的减少，而出现带正电的正离子。自由电子进入 P 型半导体后与空穴复合，而出现了带负电的负离子，从而形成了空间电荷区。随着扩散及复合的不断进行，正负离子数量不断增加，在 P 型半导体与 N 型半导体交界面处的电荷逐渐增多，加宽了空间电荷区，如图 1.8 所示，空间电荷区又称为 PN 结。

空间电荷区的出现在两种半导体交界面处形成了内电场，内电场的方向是从正离子指向负离子，如图 1.8 所示。内电场阻碍 N 型半导体内自由电子向 P 型半导体内扩散，但会使 P 型半导体内的少数载流子——自由电子更加容易地漂移到 N 型半导体。随着内电场的增强，漂移与扩散的自由电子相等，达到了动态平衡，这时半导体内空间电荷区的宽度不再增加。空间电荷区有正负离子，在这个区域内几乎不存在自由电子和空穴。

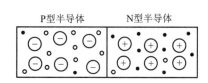

图 1.7　P 型半导体和 N 型半导体

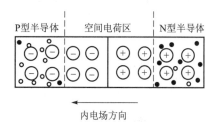

图 1.8　空间电荷区（PN 结）

2. PN 结的单向导电性

空间电荷区即 PN 结在没有外界电场作用时，通过 PN 结的净载流子数为零。若在 P 型半导体与 N 型半导体两端施加不同极性的电压，PN 结所表现出的特性完全不同。PN 结具有单向导电性。

（1）对 PN 结外加正向电压

将电源正极接 P 型半导体，电源负极接 N 型半导体，由此产生一个与内电场方向相反的外电场，如图 1.9 所示，图中的 R 为限流电阻。这个外电场使空间电荷区变窄，削弱了内电场，从而使多数载流子的扩散大于少数载流子的漂移，且多数载流子不断通过 PN 结，形成了较大的正向电流 I_F，并由电源来补充 P 型半导体内的空穴和 N 型半导体中的自由电子，形成了连续电流。使 PN 结变窄，形成较大正向电流的外

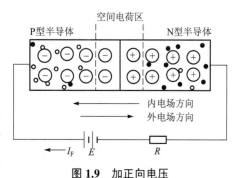

图 1.9　加正向电压

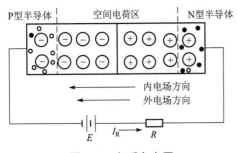

图 1.10 加反向电压

加电压称为正向电压。

（2）对 PN 结外加反向电压

若在 PN 结两端加上与正向电压极性相反的反向电压，如图 1.10 所示。

外加反向电压所形成的外电场方向与内电场方向一致，使空间电荷区变宽，从而加强了内电场。加强的内电场使多数载流子的扩散不能进行，只有少数载流子在电场的作用下形成很小的漂移电流，称为反向电流 I_R。这个反向电流的大小与环境温度密切相关，在一定温度范围内反向电流不会变化，因此又称为反向饱和电流。

（3）PN 结的单向导电性

综上可知，PN 结的单向导电性表现在：外加正向电压时，PN 结变窄，表现出 PN 结的电阻小，通过的正向电流大，PN 结处于导通状态；外加反向电压时，PN 结变宽，表现出 PN 结的电阻很大，通过的反向电流很小，PN 结处于截止状态。

1.2 半导体二极管

1.2.1 半导体二极管的基本结构

半导体二极管（Diode）是在一个 PN 结两端加上引线，然后加外壳封装制成的。与 P 型半导体相连的引线为二极管的阳极，也称正极，与 N 型半导体相连的引线为二极管的阴极，也称为负极。二极管的外形和电路符号分别如图 1.11（a）、（b）所示。

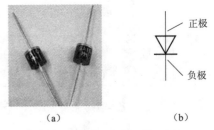

图 1.11 二极管的外形和电路符号
(a) 二极管的外形；(b) 二极管的电路符号

由于制造工艺不同，二极管又分为点接触型和面接触型两类。点接触型二极管 PN 结面积小，不能通过较大电流，适用于数字电路、高频检波电路等。面接触型二极管 PN 结面积大，可以通过较大电流，适用于整流电路等。

1.2.2 半导体二极管的伏安特性

二极管两端电压 U_D 和通过二极管的电流 I_D 之间的关系，即 $I_D=f(U_D)$，称为二极管的伏安特性。根据半导体理论，它们之间的关系为

$$I_D=I_R(e^{\frac{U_D}{U_T}}-1) \tag{1.1}$$

式中，I_R 为二极管的反向饱和电流；U_T 与温度有关，在室温下（27 ℃），$U_T \approx 26$ mV。由这个关系式做出二极管的伏安特性曲线如图 1.12 所示。

1. 二极管的正向特性

图 1.12 中的第一象限是二极管的正向特性曲线，即在二极管两端加正向电压，如图 1.13

（a）所示，R 为限流电阻。当二极管两端正向电压 $U_D > U_{on}$ 时，因为 $U_D \gg U_T$，所以 $e^{\frac{U_D}{U_T}} \gg 1$，则 $I_D \approx I_R e^{\frac{U_D}{U_T}}$，二极管的正向电流 I_D 与正向电压 U_D 按指数规律变化，变化曲线在图 1.12 中的第一象限 AB 段。当外加正向电压 $U_D < U_{on}$ 时，正向电流很小，几乎为零。这是因为当外加电压较小时，外加电压产生的外电场较弱，不足以克服 PN 结的内电场，只有当正向电压大于 U_{on} 时，PN 结才能正向导通。电压 U_{on} 被称为死

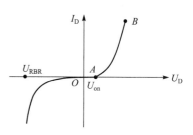

图 1.12 二极管的伏安特性曲线

区电压（又称为阈值电压）。硅材料制成的二极管（常称硅二极管），死区电压约为 0.5 V。锗材料制成的二极管（常称为锗二极管），死区电压约为 0.1 V。

可见当二极管正向导通后，正向电流随外加电压增加而明显增加，而它的正向压降却比较小，硅二极管正向导通压降 U_D 为 0.6～0.8 V，锗二极管 U_D 为 0.2～0.3 V。若将二极管视为理想二极管，则可认为正向压降为零，此时二极管的等效电路如图 1.13（b）所示。

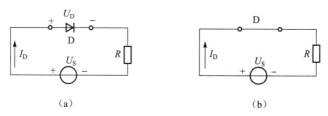

图 1.13 二极管外加正向电压
（a）电路图；（b）理想二极管正偏等效电路

2. 二极管的反向特性

二极管的反向特性曲线在图 1.12 中的第三象限。当二极管加上反向电压时，如图 1.14（a）所示，U_D 为负值。当 $|U_D| \gg U_T$ 时，$e^{\frac{U_D}{U_T}} \approx 0$，$I_D \approx -I_R$，形成很小的近似为定值的反向电流，此时二极管处于截止状态，若将二极管视为理想二极管，则 $I_R = 0$，这时的二极管等效电路如图 1.14（b）所示。

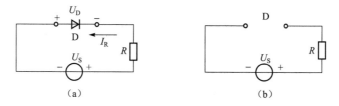

图 1.14 二极管外加反向电压
（a）电路图；（b）理想二极管反偏等效电路

3. 二极管的反向击穿

当二极管两端所加反向电压增大到一定数值后，过强的外电场把价电子从共价键中拉出来，产生了大量的载流子，使得反向电流迅速增大，称之为电击穿（又称齐纳击穿），这种击穿是可逆的。如不采取措施加以限制，会造成 PN 结过热，并由电击穿转向热击穿（也称为

雪崩击穿),将会导致 PN 结烧坏。烧坏的结果会使二极管变为短路或开路,这都使二极管失去了单向导电性。

通常将二极管被击穿的电压称为反向击穿电压 U_{RBR}。在使用时,通常要使二极管两端的反向电压低于反向击穿电压 U_{RBR}。

1.2.3 半导体二极管的主要参数

二极管的参数是选择二极管的依据,以保证其正常、可靠地工作。主要有以下参数。

1. 最大整流电流 I_F

I_F 是二极管长期工作时允许通过的最大正向平均电流。若长时间使二极管电流 I_D 大于 I_F,二极管会由于过热而损坏。

2. 最高反向工作电压 U_{RM}

U_{RM} 为二极管正常工作时允许加在其两端的最大反向电压。通常选择 U_{RM} 为二极管反向击穿电压 U_{RBR} 的一半或三分之二。

3. 反向电流 I_R

I_R 是在给定反向偏压下,流过二极管的反向电流值。I_R 越小,二极管的单向导电性越好。

1.2.4 半导体二极管的主要应用

二极管的应用范围很广,如整流、限幅、检波、开关元件和续流(起保护元件作用)等。

1. 二极管的限幅作用

限幅作用是限制电路中输出电压的幅度。在图 1.15(a)所示电路中,设 D 为理想二极管,输入 $u_i = U_{im}\sin\omega t$,且 $U_{im} > E$。当 $u_i < E$ 时,二极管 D 截止,无电流流过 R,R 上的压降为零,即 $u_R = 0$,输出电压 $u_o = u_i$;当 $u_i > E$ 时,二极管 D 导通,它的正向压降为零,输出电压 $u_o = E$。在一个周期内输出电压正半周的幅度被限制为 E,大于 E 的电压降落在电阻 R 上,输入、输出电压等波形如图 1.15(b)所示。

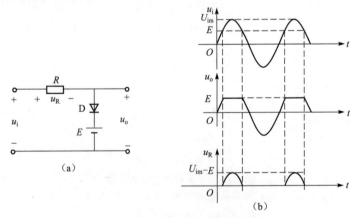

图 1.15 二极管限幅电路与波形图
(a) 电路;(b) 波形图

2. 二极管的续流作用

图 1.16 所示电路是电感平滑电路,二极管 D 有续流的作用。

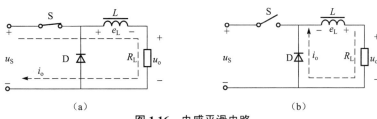

图 1.16　电感平滑电路
(a) 开关 S 闭合；(b) 开关 S 断开

当开关 S 闭合时，二极管 D 截止，电感 L 储存磁场能量，此时电流方向和 L 两端的感应电动势方向如图 1.16（a）所示。当开关 S 断开时，L 两端的感应电动势方向如图 1.16（b）所示。此时二极管 D 导通，电感释放所储存的能量，即通过二极管给负载提供持续的电流，以免负载电流发生突变，起到平滑电流的作用。由于二极管为电感能量的释放提供了通路，因此常将此二极管称为续流二极管。

3. 二极管的整流作用

用二极管构成的整流电路是利用其单向导电性，将交流电变成直流电。二极管整流电路可分为单相整流电路、三相整流电路等。一般单相整流用于小功率负载，三相整流用于大功率负载。单相整流电路又分为单相半波整流电路和单相桥式整流电路，这里仅介绍单相整流电路。

（1）单相半波整流电路

图 1.17（a）所示电路为单相半波整流电路。其工作原理为：设 $u_2=\sqrt{2}\,U_2\sin\omega t$，当 u_2 为正半周期时，二极管 D（设 D 为理想器件）两端因加正向电压而导通，输出电压 $u_o=u_2$。当 u_2 为负半周期时，二极管两端因加反向电压而截止，电流 $i_o=0$，$u_o=0$，这时 u_2 电压全部加在二极管两端。电路中各电压波形如图 1.17（b）所示，显然 $u_o \geqslant 0$，将交流电变为单向脉动直流电，常用一个周期的平均值来计算这种单向脉动电压的大小。单相半波整流输出电压 u_o 的平均值为

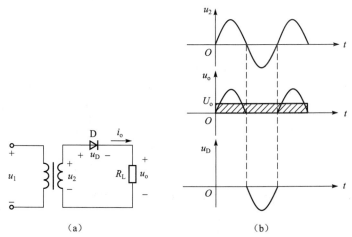

图 1.17　单相半波整流电路与波形图
(a) 电路；(b) 波形图

$$U_o = \frac{1}{2\pi}\int_0^\pi \sqrt{2}\,U_2\sin\omega t\,\mathrm{d}\omega t = \frac{\sqrt{2}U_2}{\pi} = 0.45U_2$$

$$U_o = 0.45 U_2 \tag{1.2}$$

式中，U_2 为变压器副方交流电压有效值。

对于单相半波整流电路，二极管上所承受的最大反向电压 $U_{DRM} = \sqrt{2}\, U_2$。负载电流平均值为

$$I_o = \frac{U_o}{R_L} = \frac{0.45 U_2}{R_L}$$

由于 i_D 与 i_o 相同，所以二极管的平均电流为

$$I_D = I_o \tag{1.3}$$

单相半波整流电路的输出电压平均值低，波形脉动大，现已较少采用。

（2）单相桥式整流电路

目前应用较多的是单相桥式整流电路，如图 1.18（a）所示，它由 4 个二极管组成。

在 u_2 的正半周，二极管 D_1、D_3 因承受正向电压而导通，二极管 D_2、D_4 因承受反向电压而截止，电流的路径为：$A \to D_1 \to R_L \to D_3 \to B$，使输出电压 $u_o = u_2$。在 u_2 的负半周，D_2、D_4 导通，D_1、D_3 截止，电流的路径为：$B \to D_2 \to R_L \to D_4 \to A$，使输出电压 $u_o = -u_2$。

可见在一个周期内，无论输入电压是正半周还是负半周，输出电压 u_o 的极性保持不变，即 $u_o \geq 0$，但仍是单向脉动的。桥式整流电路的输出电压 u_o 及二极管承受的反向电压 u_D 波形如图 1.18（b）所示。其整流输出电压 u_o 的平均值为

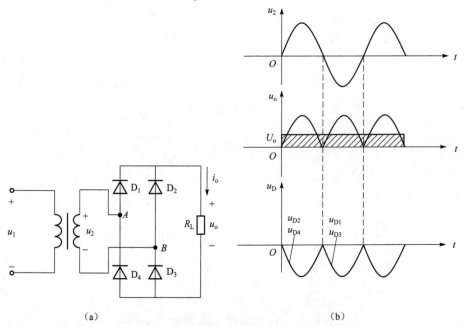

图 1.18 单相桥式全波整流电路及波形图
（a）电路；（b）波形图

$$U_o = \frac{1}{2\pi} \int_0^{2\pi} \left| \sqrt{2} U_2 \sin\omega t \right| d\omega t = \frac{2\sqrt{2}}{\pi} U_2$$

$$U_o = 0.9 U_2 \tag{1.4}$$

式中，U_2 为变压器副方交流电压有效值。负载电流平均值为

$$I_o = \frac{U_o}{R_L} = \frac{0.9U_2}{R_L}$$

由于每个二极管在 u_2 的一个周期内只有半周期导通,所以流过各二极管电流的平均值为

$$I_D = \frac{1}{2} I_o \quad (1.5)$$

二极管截止时,每个二极管所承受的最高反向电压为

$$U_{DRM} = \sqrt{2}\, U_2 \quad (1.6)$$

单相桥式整流电路输出电压较高,为单相半波整流输出电压的 2 倍,输出脉动较小,获得广泛应用。目前已将 4 个二极管集成为一个桥式整流器(简称整流桥),其电路符号如图 1.19 所示。

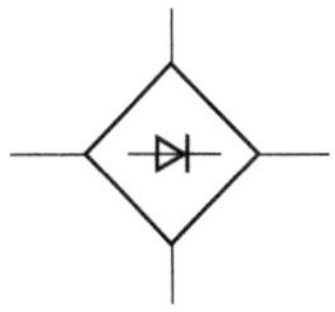

选择桥式整流电路中的二极管主要由整流电流及反向工作电压这两个主要参数所决定。

图 1.19 整流桥符号

例 1.1 已知 $U_o = 36$ V, $R_L = 300$ Ω,采用桥式整流电路,试求输出电流的平均值和整流二极管所承受的最高反向电压。

解 输出电流的平均值为

$$I_o = \frac{U_o}{R_L} = \frac{36}{300} = 120 \text{（mA）}$$

u_2 的有效值为

$$U_2 = \frac{U_o}{0.9} = \frac{36}{0.9} = 40 \text{（V）}$$

二极管所承受的最高反向电压为

$$U_{DRM} = \sqrt{2}\, U_2 = \sqrt{2} \times 40 = 56.6 \text{（V）}$$

可根据 $I_o = 120$ mA 与 $U_{DRM} = 56.6$ V 来选择桥式整流器,注意应留有一定的余量。

4. 滤波电路

由图 1.18 波形图可以看出,整流后的单向电压仍有较大的脉动成分,与稳定的直流电压还相差甚远。因此,通常在整流电路后接入滤波电路,来降低整流输出电压中的脉动成分。常用的滤波电路有电容滤波电路和电感滤波电路。

(1)电容滤波电路

在整流电路输出端即负载两端并联一个容量较大的电容 C,即构成了电容滤波电路,如图 1.20(a)所示。根据电容端电压不能跃变的原理,来分析滤波电路的工作情况。

在图 1.20(a)所示的半波整流电容滤波电路中,当二极管 D 导通时,电流通过负载的同时也对滤波电容 C 进行充电,且充电电压与输入电压 u_2 变化一致。当输入电压达到峰值时,电容电压也达到了峰值。然后输入电压 u_2 开始下降,当 $u_2 < u_C$ 时,二极管 D 因承受反向电压而截止,电容开始通过负载进行放电,放电时间常数为 $R_L C$。放电时电容上的电压按照指数规律衰减,通常放电的时间常数要比输入电压的周期长。因此,在电容放电过程结束前,下一个周期又会到来。当 $u_2 > u_C$ 时,二极管再次导通,电容又重新开始充电,并不断地进行这样的工作循环,最终结果是在输出端负载上获得较平滑的输出电压,如图 1.20(b)所示。可以看出,电容滤波既减小了输出电压的脉动,又提高了输出电压的平均值。

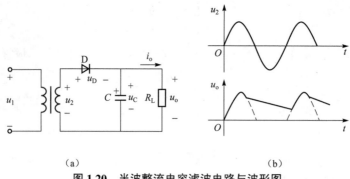

图 1.20 半波整流电容滤波电路与波形图
(a) 电路；(b) 波形图

另一方面，也可以从容抗的角度来解释滤波原理：根据电容器的容抗 $X_C = \dfrac{1}{\omega C}$，电容对直流成分相当于开路。而对于交流成分，只要电容器的容量足够大，X_C 就很小，近似于短路。因此使直流分量输出到负载 R_L，而交流分量大部分被电容 C 滤掉，使输出电压波形脉动减小。

输出电压 u_o 的大小和脉动程度与 R_L 和 C 的数值有直接的关系，电容越大，输出电压越平稳；R_L 越大，输出电压也越平稳。若 $R_L \to \infty$（即负载电阻断开），输出电压将保持最大值 $u_o = \sqrt{2}\, U_2$；R_L 减小，输出电流 i_o 增加，输出电压会降低很多，这说明电容滤波电路带负载能力较差。另外加入电容滤波电路后，二极管导通时间变短，故电流对二极管的冲击比较大。所以这种电路适用于输出电压较高，输出电流较小的场合。

桥式整流电容滤波电路及波形如图 1.21 所示。其原理与半波整流电容滤波电路相同。经电容滤波后的输出电压平均值 U_o 在 0.9～1.4 之间，在工程上一般采用下面估算公式。

$$\left.\begin{array}{l}\text{半波整流电容滤波} \quad U_o = U_2 \\ \text{全波整流电容滤波} \quad U_o = 1.2 U_2\end{array}\right\} \tag{1.7}$$

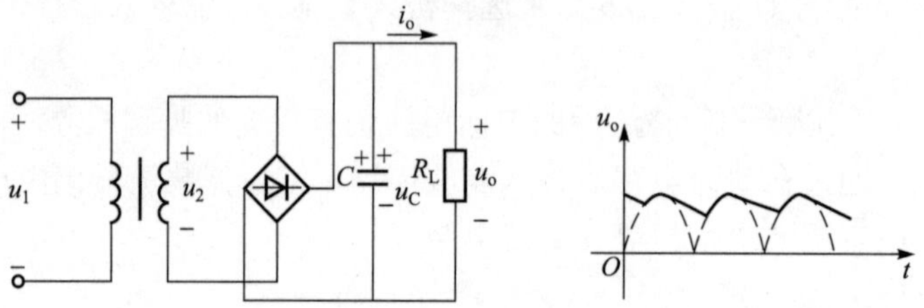

图 1.21 桥式整流电容滤波电路与波形图
(a) 电路；(b) 波形

二极管截止时所承受的最高反向电压可按以下公式计算。

$$\left.\begin{array}{l}\text{半波整流电容滤波} \quad U_{DRM} = 2\sqrt{2}\, U_2 \\ \text{全波整流电容滤波} \quad U_{DRM} = \sqrt{2}\, U_2\end{array}\right\} \tag{1.8}$$

电容器 C 一般选取为

$$C \geq (3 \sim 5)\dfrac{T}{2R_L} \tag{1.9}$$

式中 T 是输入交流电压的周期。

为了使滤波效果更好,还可以采用图 1.22 所示电路,此电路称为π型滤波电路。

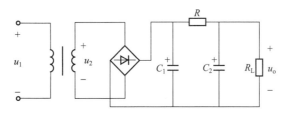

图 1.22　π型电容滤波电路

例 1.2　在图 1.21 电路中,$U_2=24$ V,负载 $R_L=300$ Ω,电源的频率 $f=50$ Hz,求输出电压平均值 U_o,并选择滤波电容器。

解　$$U_o=1.2U_2=1.2\times 24=28.8\text{（V）}$$
由 $f=50$ Hz,得 $T=0.02$ s,代入式（1.9）,得
$$C\geqslant (3\sim 5)\frac{T}{2R_L}=\frac{(3\sim 5)\times 0.02}{2\times 300}=100\sim 167\text{（μF）}$$

选择电容器除了要考虑它的容量外,还要考虑它的耐压值。通常选择耐压值应大于它两端的最大电压值,即大于 U_{DRM}（$=\sqrt{2}\ U_2$）。所以电容的耐压应为
$$\sqrt{2}\ U_2=\sqrt{2}\times 24=40\text{（V）}$$

由此可选耐压为 50 V、容量为 150 μF 的电解电容器。电解电容器为有极性电容,连接电路时不能将其极性接反。

根据计算出的参数,用 Multisim 软件进行仿真,桥式整流电容滤波仿真电路及仿真波形如图 1.23 所示,测量输出端的电压为 29.766 V,接近理论计算值。

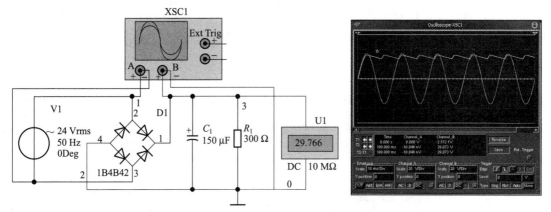

图 1.23　整流滤波仿真电路及仿真波形

（2）电感滤波电路

若在整流电路与负载之间串入一个电感线圈 L,则构成电感滤波电路,如图 1.24 所示。

由于电感的感抗 $X_L=\omega L$,对于直流分量,$X_L=0$,可将电感视为短路。对于交流分量,频率越高,X_L 越大,因此直流分量通过电感线圈时,全部输出到负载上;但交流分量在电感线圈上产生较大压降,而被滤掉,从而使负载上得到较平缓的输出电压,其波形如图 1.24（b）所示。电感 L 越大,滤波效果越好。若忽略电感线圈的电阻,输出电压平均值为 $U_o=0.9U_2$。

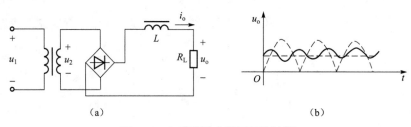

图 1.24 电感滤波电路及工作波形

(a)电路;(b)波形图

电感滤波电路适用于输出电压较低,负载电流变化较大的场合。但由于电感线圈体积较大,不容易集成化,且价格又高于电容,使其应用场合受到一定限制。

1.2.5 特殊二极管

1. 发光二极管

发光二极管(Light Emitting Diode,LED)的结构与普通二极管相似,其 PN 结被封装在透明的塑料壳内,发光二极管的外形和电路符号分别如图 1.25(a)、(b)所示。当正向电压加在发光二极管两端时,大量的电子与空穴直接复合时释放能量,并以光的形式释放出来。发光二极管常用来作为显示器件。不同半导体材料制造的发光二极管会发出不同颜色的光,如磷砷化镓材料发出红光或黄光。发光二极管的掺杂浓度比较高,且 PN 结又很宽。它的死区电压为 0.9~1 V,正向工作电压为 1.5~2.5 V,工作电流为 5~15 mA。发光二极管使用时,通常要串联适当的电阻,以限制流过 LED 电流的大小。

2. 光敏二极管

光敏二极管 PN 结处的管壳上有一个玻璃窗,能接收外部的光照。光敏二极管在使用时,PN 结工作在反向偏置状态。在一定的反向电压作用下,它的反向电流与光照成正比。当无光照时,与普通二极管的反向伏安特性一样,仅有很小的反向电流。光敏二极管的电路符号如图 1.26 所示。

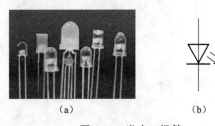

图 1.25 发光二极管

(a)外形;(b 电路符号

图 1.26 光敏二极管电路符号

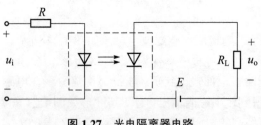

图 1.27 光电隔离器电路

如果将发光二极管和光敏二极管结合起来,还可以制成光电隔离器。如图 1.27 所示。发光二极管将输入的电信号转换为光信号,而光敏二极管将接收到的光信号还原为电信号。光电隔离器的作用是将电路的输入与输出部分的电信号隔离开,以避免电噪声信号的干扰。

1.3 硅稳压二极管

1.3.1 硅稳压二极管的伏安特性

硅稳压二极管（简称稳压管）又称为齐纳二极管，是一种特殊的面接触型硅半导体二极管，其内部也是一个 PN 结。硅稳压二极管的符号与伏安特性如图 1.28 所示。

它的正向特性与普通硅二极管无差别，主要差异是它的反向特性曲线比较陡直，硅稳压二极管工作在反向击穿区（伏安特性的 BC 段）。这是因为稳压管是由杂质浓度较高的 PN 结构成，且空间电荷区很薄，但杂质密度大，空间电荷区的正负离子密度也大。这样，只要加上一定的反向电压，就可以使内电场达到足够的强度。这个内电场将会直接把价电子从共价键中拉出来，产生电子空穴对，从而形成较大的反向电流，产生可逆的电击穿。

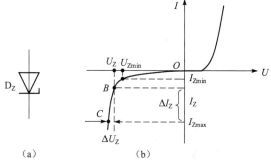

图 1.28 稳压管的符号和伏安特性曲线
（a）符号；（b）伏安特性曲线

从特性曲线上可以看出，反向击穿前，反向电流很小，当稳压管两端的反向电压达到反向击穿电压 U_Z 时，内部的 PN 结被击穿，稳压管的反向电流突然急剧增加，虽然反向电流在很大范围内变化，但反向电压即稳压管两端电压变化很小。利用稳压管的这一特性，它在电路中能起到稳压的作用。

稳压管的反向击穿是可逆的。当反向击穿电压撤除之后，稳压管能恢复正常状态。但如果不限制反向击穿电流，管子的功率损耗超过了允许值，会发生不可逆的热击穿，而将稳压管彻底烧坏。所以在稳压管电路中，必须接入一个合适的限流电阻来限制它的反向电流。

1.3.2 硅稳压二极管的主要参数

1. 稳定电压 U_Z

U_Z 是稳压管反向击穿后，稳压管两端的稳压值。它由稳压管的电阻系数所决定，而电阻系数是由制造过程中掺入杂质的工艺来控制的。不同型号的稳压管具有不同的稳压值，同一型号稳压管的稳压值也略有差别。

2. 最小稳定电流 I_{Zmin}

I_{Zmin} 是保证稳压管具有正常稳压性能的最小工作电流，当稳压管的反向电流小于 I_{Zmin} 时，稳压管尚未击穿，其两端电压不稳定。

3. 最大稳定电流 I_{Zmax}

I_{Zmax} 是稳压管允许流过的最大工作电流。

4. 动态电阻 r_Z

r_Z 是稳压管在工作区的电压变化量 ΔU_Z 与电流变化量 ΔI_Z 的比值，即

$$r_Z = \frac{\Delta U_Z}{\Delta I_Z}$$

动态电阻 r_Z 越小，反向伏安特性曲线越陡直，稳压性能越好。稳压管的动态电阻随着反向电压的增大而减小。

5. 电压温度系数 α_u

α_u 是在一定的稳压电流下，环境温度每变化 1 ℃时，稳定电压相对变化的百分数。稳压管的稳压值受温度影响较大，通常 U_Z 高于 6 V 的稳压管具有正温度系数，U_Z 低于 6 V 的稳压管具有负温度系数，而 U_Z 在 6 V 左右的稳压管有较好的温度稳定性。

6. 最大允许耗散功率 P_M

P_M 是稳压管不发生热击穿的最大功率损耗，$P_M = U_Z I_{Zmax}$。稳压管的耗散功率与温度有关，且随着温度上升而减小。

1.3.3 硅稳压二极管稳压电路

经整流、滤波电路输出的直流电压会因为电源电压的波动和负载的变化等因素而引起不稳定。为了得到基本稳定的输出电压，常在整流、滤波电路之后接入稳压电路。由稳压管构成的稳压电路是最简单的一种稳压电路，如图 1.29 所示的虚线框内。稳压电路是由限流电阻 R 和稳压管 D_Z 组成，由于稳压管与负载电阻 R_L 并联，故称为并联稳压电路。

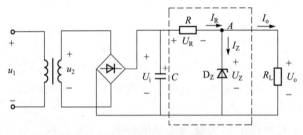

图 1.29　硅稳压二极管稳压电路

由前述分析可知，稳压管起稳压作用时是工作在反向击穿区，稳压管两端的稳压值为 U_Z。稳压电路的输出电压 U_o 等于稳压值 U_Z，它与输入电压的关系为

$$U_o = U_Z = U_i - U_R$$

图 1.29 中 A 点的电流关系为 $I_R = I_Z + I_o$。下面分别讨论由于电源电压波动和负载电阻变化时并联稳压电路的稳压过程。

1. 稳压原理

当负载 R_L 保持不变，交流电压升高后，整流、滤波后的电压 U_i 随之升高，输出电压 U_o 也要升高，从而使稳压管电流 I_Z 大大增加，I_R 随之增大，电阻 R 上的压降 U_R 增大。由 KVL 关系式 $U_o = U_i - U_R$ 可知，U_i 增加的压降，降落在电阻 R 上，从而使输出电压 U_o 近似保持不变。

相反，若电源电压降低而使 U_i 减小，输出电压 U_o 也要减小，从而使稳压管的电流 I_Z 减小，电阻 R 上压降 U_R 也减小，保持输出电压 U_o 近似不变。

当电源电压不变，负载电阻 R_L 减小时，引起输出电流 I_o 增大，使电阻 R 上的电流和压降均增大，导致 U_o 下降。这时稳压管电流显著减小，又使电阻 R 上的电流和压降减小，因此输出电压 U_o 近似不变。当负载电阻 R_L 增大时，引起输出电流 I_o 减小，使电阻 R 上的电流和压降均减小,导致 U_o 上升。这时稳压管电流显著增加,又使电阻 R 的电流和压降增加,因此输出电压 U_o 近似不变。

由以上分析可以看出,限流电阻 R 不仅能限制电流使 D_Z 正常工作,同时也是实现自动稳定输出电压的关键,即由 U_Z 的微小变化,引起 I_Z 的较大变化,通过电阻 R 转换成 U_R 的变化,从而保持输出电压 U_o 的基本稳定。

2. 元件选择

如何选择稳压管 D_Z 和限流电阻 R 呢?选择稳压管时,一般取

$$\left.\begin{array}{l} U_Z = U_o \\ I_{Zmax} = (2\sim 3)I_{omax} \\ U_i = (2\sim 3)U_o \end{array}\right\} \quad (1.10)$$

式中,I_{omax} 为流过负载的最大电流;U_Z、I_{Zmax} 为稳压管的参数。限流电阻一般取

$$\left.\begin{array}{c} \dfrac{U_{imax}-U_o}{I_{Zmax}+I_{omin}} \leqslant R \leqslant \dfrac{U_{imin}-U_o}{I_{Zmin}+I_{omax}} \\ P \geqslant \dfrac{(U_{imax}-U_o)^2}{R} \end{array}\right\} \quad (1.11)$$

式中,U_{imax} 为 U_i 的最大值;U_{imin} 为 U_i 的最小值;I_{omin} 为 I_o 的最小值;P 为电阻 R 的额定功率。

稳压管稳压电路结构简单,但输出电流较小,且输出电压不能调节,通常适用于小电流、固定输出电压、负载变化不大、稳压精度要求不高的场合(其他类型的稳压电路见第 4 章)。

例 1.3 稳压管稳压电路如图 1.29 所示,负载电阻由开路变到 500 Ω,要求输出电压 $U_o=6$ V,试求 U_i、U_2、U_Z、I_{Zmax}。

解 $U_i=(2\sim 3)U_o=(2\sim 3)\times 6=12\sim 18$(V)

$U_2=\dfrac{U_i}{1.2}=\dfrac{12\sim 18}{1.2}=10\sim 15$(V)

$U_Z=U_o=6$(V)

$I_{omax}=\dfrac{U_o}{R_L}=\dfrac{6}{500}=12$(mA)

$I_{Zmax}=(2\sim 3)I_{omax}=(2\sim 3)\times 12=24\sim 36$(mA)

1.4 半导体三极管

半导体三极管(Transistor)也称晶体管,是一种应用广泛的半导体器件。按照工作频率可分为高频管、低频管;按照功率可分为小功率管、大功率管;按照半导体材料可分为硅管和锗管;依据工作原理又分为单极型晶体管(也称为场效应管,见 1.5 节)和双极型晶体管,单极型晶体管是由于参与导电的载流子只有一种而得名,双极型晶体管是由于它参与导电的载流子有两种而得名。本节介绍的就是这种双极型晶体管,即三极管。

1.4.1 半导体三极管的结构、分类和符号

三极管是由两个 PN 结,引出三个极封装而成的,其外形如图 1.30(a)所示。根据三极

管内 PN 结组合方式的不同,分为两种类型:NPN 型和 PNP 型。它们的结构示意图和电路符号如图 1.30(b)(NPN 型)和(c)(PNP 型)所示。

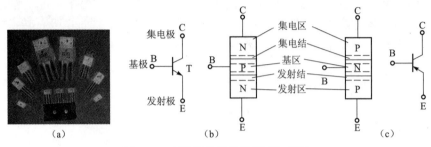

图 1.30　三极管的结构示意图和符号
(a)外形;(b)NPN 型;(c)PNP 型

三极管内有三个区,分别为基区、发射区和集电区。并引出三个极,分别称为基极 B、发射极 E 和集电极 C。三极管内有两个 PN 结,基区与发射区之间的 PN 结称为发射结,基区与集电区之间的 PN 结称为集电结。

晶体三极管是电流控制器件,在制造三极管时必须满足以下工艺要求:
① 基区要很薄,掺杂浓度要低。
② 发射区掺杂浓度要高。
③ 集电区体积要大,掺杂浓度要低。

1.4.2　半导体三极管的工作状态

1. 三极管的放大状态

使三极管处于放大工作状态,必须要满足一定的外部条件:发射结加正向电压(又称为正向偏置),集电结加反向电压(或称为反向偏置)。对于 NPN 型管(见图 1.31(a)),应满足 $V_C>V_B>V_E$,即 $U_{BE}>0$、$U_{BC}<0$,对于 PNP 型管(见图 1.31(b)),应满足 $V_E>V_B>V_C$,即 $U_{BE}<0$、$U_{BC}>0$。

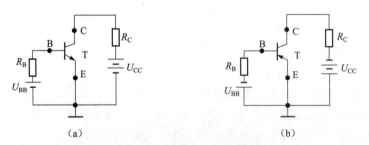

图 1.31　三极管与电源的连接
(a)NPN 型管;(b)PNP 型管

当三极管处于放大状态时,NPN 型硅三极管发射结电压通常为 $U_{BE}=0.6\sim 0.7\text{ V}$,PNP 型锗三极管的发射结电压 $U_{BE}=-0.2\sim -0.3\text{ V}$。下面以 NPN 型硅三极管为例说明三极管的放大原理。

三极管的发射结处于正向偏置时，由于发射区掺杂浓度高，具有大量的多数载流子——电子向基区扩散，形成发射极电流 I_E（见图 1.32）。基区做得很薄，多数载流子——空穴较少，使来自发射区扩散到基区的电子仅有很少一部分与基区的空穴复合。基极电源 U_{BB} 不断补充复合掉的空穴，从而形成基极电流 I_B。进入基区内的大部分电子在基区内继续扩散，由于集电结是反向偏置，从发射区扩散过来的电子成为基区的少子，在集电结反向电压作用下，漂移过集电结进入集电区，并在电源电压 U_{CC} 作用下形成集电极电流 I_C。三极管三个电流之间的关系为

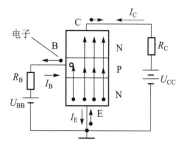

图 1.32 三极管的电流放大示意图

$$I_E = I_B + I_C \tag{1.12}$$

且有 $I_C \gg I_B$。

当加在发射结上的正向电压变化时，由发射区扩散到基区的电子数要发生变化，电子在基区复合的数量也要发生变化，即基极电流 I_B 发生变化，会引起集电极电流 I_C 随之按固定比例变化，将 I_C 受 I_B 的控制称为三极管的电流控制作用。又由于 I_C 大于 I_B，因此称三极管具有电流放大作用。将三极管集电极电流 I_C 与基极电流 I_B 之比称为三极管的直流（又称静态）电流放大系数 $\bar{\beta}$，即

$$\bar{\beta} = \frac{I_C}{I_B} \tag{1.13}$$

若三极管发射结的正向偏置电压发生变化，则基极电流与集电极电流也会发生变化，将它们的变化量之比称为交流（又称动态）电流放大系数 β，即

$$\beta = \frac{\Delta I_C}{\Delta I_B} \tag{1.14}$$

通常 $\bar{\beta}$ 和 β 相差不大，不加以区分，统一用 β 表示，而且 β 基本为一常数，通常在 20～100 之间。I_C 又可表示为

$$I_C = \beta I_B \tag{1.15}$$

2. 三极管的饱和状态

当 $U_{BE} > 0$，$U_{BE} > U_{CE}$，$I_B > 0$，$U_{CE} \approx 0$ 时，集电结与发射结一样也处于正向偏置，这时集电区失去了收集从发射区扩散过来的电子的能力，I_C 不再随 I_B 成比例变化，即 $I_C \neq \beta I_B$，三极管处于饱和状态，失去了电流放大作用。

3. 三极管的截止状态

当 $U_{BE} < 0$ 时，发射结与集电结一样处于反向偏置。这时发射区不能向基区扩散电子，则 $I_B \approx 0$，$I_C \approx 0$，三极管处于截止状态，同样失去了电流放大作用。

利用三极管的电流放大作用，可以构成三极管放大电路，主要用于模拟电路；利用三极管的截止状态和饱和状态，可以构成三极管开关电路，主要用于数字电路。

1.4.3 半导体三极管的特性曲线

三极管的特性曲线是指三极管各电极电压与电流之间的关系曲线。它包括输入特性曲线和输出特性曲线，它反映了三极管的性能，是分析三极管电路的重要依据。三极管的特性曲

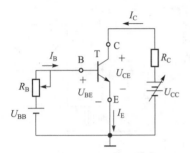

图 1.33 三极管特性曲线测试电路

线可以通过实验的方法来测得（或利用晶体管特性图示仪），共发射极接法的特性曲线测试实验电路如图 1.33 所示。图中电源 U_{BB}、R_B 和三极管的发射结构成输入回路，U_{CC}、R_C 和三极管的 C、E 构成了输出回路，发射极是输入、输出回路的公共端，故称为共发射极接法。

1. 输入特性曲线

三极管的输入特性曲线是指基极电流 I_B 与电压 U_{BE} 之间的关系曲线，即

$$I_B = f(U_{BE})\big|_{U_{CE}=常数}$$

保持 U_{CE} 为某一常数，通过改变电阻 R_B 来改变 U_{BE} 的大小，从而引起 I_B 发生变化，得到了 $I_B = f(U_{BE})$ 曲线，如图 1.34 所示。它与二极管的正向伏安特性相似，当 $U_{CE} \geq 1\text{ V}$ 以后，U_{CE} 数值的改变对输入特性影响不大。

2. 输出特性曲线

三极管的输出特性曲线是指集电极电流 I_C 与电压 U_{CE} 之间的关系曲线。即

$$I_C = f(U_{CE})\big|_{I_B=常数}$$

当 I_B 取不同数值时，可得到不同的输出特性曲线。I_B 增加时 I_C 也相应的增加，所以三极管的输出特性曲线是一组曲线，如图 1.35 所示。I_B 不同时，各条输出特性曲线的形状基本相同，每条曲线开始都是陡斜上升，然后弯曲变平。即 U_{CE} 较小时，I_C 随 U_{CE} 的增加而明显增加，当 U_{CE} 超过某一数值后，U_{CE} 继续增加，I_C 几乎不再增加，表现出恒流性质。这是因为在 I_B 一定时，发射区向基区扩散的电子数是一定的，当 U_{CE} 超过一定数值（1~2 V）后，发射区扩散到基区的电子绝大部分被集电结所收集，形成了集电极电流，所以当 U_{CE} 再增加时，收集的电子数也不会增加，故表现出 I_C 不再随 U_{CE} 增加而增加的恒流性质。

与三极管的三种工作状态相对应，在输出特性上有三个工作区域，即截止区、放大区和饱和区。

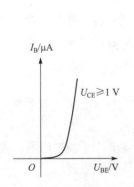

图 1.34 三极管的输入特性曲线

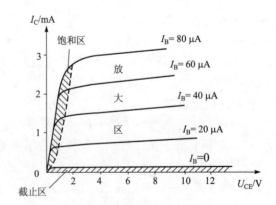

图 1.35 三极管的输出特性曲线

（1）截止区

截止区是三极管工作在截止状态的区域，$I_B = 0$ 以下的区域为截止区。对于 NPN 型硅三

极管，当 $U_{BE}<0.5$ V 时开始截止，为了可靠截止，通常使 $U_{BE}\leq 0$，这时，集电极与发射极间存在一个很小的穿透电流 I_{CEO}，它是由半导体内的少数载流子所形成的。这个电流受环境温度影响很大，且与集电极、基极之间反向饱和电流 I_{CBO}（由基区少数载流子的漂移运动所形成的电流）的关系为

$$I_{CEO}=(1+\beta)I_{CBO}$$

一般情况下 I_{CEO} 可忽略不计，因此三极管工作在截止区时，C、E 间相当于开路，等效于开关的断开状态。

（2）饱和区

饱和区是三极管工作在饱和状态的区域，如前所述，这时 $U_{CE}\leq U_{BE}$，集电结不再反向偏置，$I_C \neq \beta I_B$，从图 1.33 可以得出

$$U_{CE}=U_{CC}-R_C I_C$$

若 U_{CE} 很小，忽略不计，则由上式得

$$I_{CS}=\frac{U_{CC}}{R_C} \tag{1.16}$$

I_{CS} 为集电极电流的最大可能值，这时

$$I_{BS}=\frac{I_{CS}}{\beta}$$

若基极电流大于 I_{BS}，则表明三极管进入了饱和状态。三极管 C、E 间的饱和压降 U_{CES} 的范围为 0.1～0.3 V，若忽略不计，三极管的 C、E 间相当于短路，等效于开关的接通状态。

作为开关管使用的三极管是交替工作在它的截止区与饱和区。当三极管处于饱和状态时相当于工作在开关接通状态，当三极管工作在截止状态时相当于工作在开关断开状态。

（3）放大区

放大区是三极管工作在放大状态所对应的区域，发射结处于正向偏置，集电结处于反向偏置，这时 $U_{CE}>U_{BE}\approx 0.6$ V。I_C 与 U_{CE} 几乎无关，仅满足 $I_C=\beta I_B$。

三极管在放大状态下构成的电路可实现电压放大或功率放大的功能。

例 1.4 在图 1.36 所示电路中，已知：$U_{CC}=12$ V，$R_B=200$ kΩ，$R_C=4$ kΩ，$\beta=100$，取 $U_{BE}=0.6$ V，试判断三极管的工作状态。

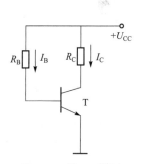

图 1.36 例 1.4 的图

解 由图 1.36 可以看出，该电路的 $U_{BE}>0$，不会处于截止状态，可能处于放大状态或饱和状态。如果三极管饱和，则应有 $I_B>I_{BS}$，所以先求电流 I_B 和 I_{BS}。由于 T 饱和时 $U_{CE}\approx 0$，则有

$$I_{CS}=\frac{U_{CC}}{R_C}=\frac{12}{4\times 1\,000}=3\text{（mA）}$$

$$I_{BS}=\frac{I_{CS}}{\beta}=\frac{3}{100}=30\text{（μA）}$$

$$I_B=\frac{12-0.6}{200\times 1\,000}=57\text{（μA）}$$

显然 $I_B > I_{BS}$，三极管工作在饱和状态。

1.4.4 半导体三极管的主要参数

三极管的参数表明了三极管的性能和适用范围，是设计电路、选用三极管的依据。主要参数如下。

1. 电流放大系数 β

在三极管制成后，电流放大系数也就确定了。不同型号的三极管其 β 值不同，通常小功率三极管的 β 值为 30～100，大功率三极管的 β 值为 20～30。同一型号的三极管，其 β 值也有相当大的分散性。β 值过大或过小都不好。β 值过小，电流放大作用小，β 值过大，加大了三极管受温度影响的程度。

2. 穿透电流 I_{CEO}

I_{CEO} 是指 $I_B=0$，即基极开路时的集电极电流，它受环境温度影响大。若 I_{CEO} 较大，则三极管工作不稳定，因此 I_{CEO} 越小越好。考虑穿透电流时，集电极电流为

$$I_C = I_{CEO} + \beta I_B$$

3. 集电极最大允许电流 I_{CM}

I_{CM} 是指三极管集电极最大直流电流值。当工作电流超过 I_{CM} 时，会使三极管的 β 值大大降低，严重时会烧毁三极管。

4. 集－射极反向击穿电压 $U_{(BR)CEO}$

$U_{(BR)CEO}$ 是指基极开路时，允许加在集电极和发射极之间的最大电压值，当 $U_{CE} > U_{(BR)CEO}$ 时，三极管的 PN 结会被击穿，这时 I_{CEO} 会突然大增。

5. 集电极最大允许耗散功率 P_{CM}

当集电极电流流经集电结时将产生热量，而使结温升高。升高的结温会引起三极管参数的变化，其变化不超过允许值时，三极管集电极所消耗的最大功率称为集电极最大允许耗散功率 P_{CM}，集电极耗散功率为

$$P_C = U_{CE} I_C$$

集电结的结温与环境温度和散热条件有关，若散热条件不好，过高的温度会损坏三极管。

1.4.5 温度对半导体三极管参数的影响

温度对三极管的参数影响很大，主要体现在对 U_{BE}、β 和 I_{CEO} 的影响。

1. 温度对 U_{BE} 的影响

温度升高，U_{BE} 减小，温度每升高 1 ℃，U_{BE} 减小 2～2.5 mV。

2. 温度对 β 的影响

三极管的电流放大系数 β 随着温度的增加而增大，通常温度每增加 1 ℃，β 值增大 0.5%～1%。

3. 温度对 I_{CEO} 的影响

温度升高，穿透电流 I_{CEO} 增大。通常温度每升高 10 ℃，I_{CEO} 增加一倍。

1.4.6 半导体三极管的微变等效电路

放大电路的分析是对放大电路的静态和动态两种情况所做的分析。静态是指输入信号为

零时，放大电路中仅含有直流量的工作状态；动态是指有输入信号时，放大电路中的工作状态。静态分析是对电路中直流量进行分析，常采用估算法。动态分析是对电路中交流量的分析，常采用微变等效电路法进行分析。

三极管是非线性元件，如果在一定条件下能将其线性化，就能将含有三极管的放大电路转化为线性电路，可以简化电路的分析和计算。线性化三极管的微变等效电路是对变量而言的。当放大电路的输入信号较小时，三极管的电压、电流在直流量基础上有一个小范围内的变化。在这个小范围内，可用直线段近似地代替三极管的特性曲线，也就是把三极管线性化，用线性元件来等效替代非线性元件，由此得到三极管的微变等效电路。下面通过对三极管的输入、输出特性分析来得到三极管的微变等效电路。

三极管的输入特性曲线是非线性的。静态时，假设在 Q 点（又称静态工作点）对应于 U_{BE} 的电流为 I_B。当输入信号很小时，Q 点附近电流、电压的变化可认为是线性的，即 Q 点附近的线段是直线，如图 1.37（a）所示，因此可以用一个线性电阻 r_{be} 来表示这种关系，即

$$r_{be} = \frac{\Delta U_{BE}}{\Delta I_B}\bigg|_{U_{CE}=常数} = \frac{u_{be}}{i_b}\bigg|_{U_{CE}=常数}$$

r_{be} 称为三极管的输入电阻。它是一个动态电阻，与静态工作点 Q 的位置有关，通常用下式来估算

$$r_{be} = 300 + (1+\beta)\frac{26(\text{mV})}{I_E(\text{mA})} \tag{1.17}$$

式中，I_E 为静态发射极电流。若 I_E 发生变化时，三极管的输入电阻 r_{be} 也会随之变化。因此，三极管的 B 与 E 之间的输入回路可用动态电阻 r_{be} 来等效。

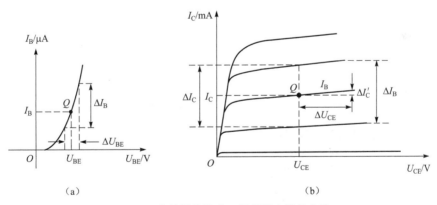

图 1.37　由特性曲线求三极管微变等效电路

(a) 输入特性曲线；(b) 输出特性曲线

在三极管输出特性曲线的线性放大区域内（见图 1.37（b）），当 U_{CE} 为常数时，ΔI_C 与 ΔI_B 之比为三极管的电流放大系数

$$\beta = \frac{\Delta I_C}{\Delta I_B}\bigg|_{U_{CE}=常数} = \frac{i_c}{i_b}\bigg|_{U_{CE}=常数}$$

显然，在小信号下，三极管 C、E 之间的输出回路可用一受控电流源 $i_c = \beta i_b$ 来等效替代，

以此来表示这种电流控制作用,这个电流源是受 i_b 控制的。

另外,三极管的输出特性曲线并不完全与横轴平行,当 U_{CE} 增加,I_C 稍有增加,在 I_B 为常数时,用 r_{ce} 来表示它们之间的关系,即

$$r_{ce} = \left.\frac{\Delta U_{CE}}{\Delta I'_C}\right|_{I_B=常数} = \left.\frac{u_{ce}}{i_c}\right|_{I_B=常数}$$

将 r_{ce} 称为三极管的输出电阻。若把三极管的输出回路看成是一个电流源,则 r_{ce} 是这个电源的内阻,由此得到三极管(见图 1.38(a))的微变等效电路,如图 1.38(b)所示。通常 r_{ce} 的阻值很高,一般在几十千欧到几百千欧,这个阻值远大于外接的负载电阻,因而可以忽略不计,由此得到简化的微变等效电路,如图 1.38(c)所示。i_b、i_c 与 i_e 的关系为:$i_e = i_b + i_c$。

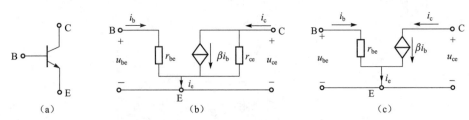

图 1.38 三极管的微变等效电路
(a) 电路符号;(b) 微变等效电路;(c) 简化的微变等效电路

1.5 绝缘栅型场效应管

场效应管是继三极管之后出现的另一种半导体器件,它是电压控制型半导体器件。工作时几乎不需要从信号源索取电流。具有输入电阻高,功率消耗低的特点,因此在大规模集成电路中得到广泛应用。

场效应管有两种类型:结型场效应管和绝缘栅型场效应管(又称 MOS 管)。绝缘栅型场效应管由于制造工艺简单,便于集成,因此得到了迅速发展。本书仅介绍绝缘栅型场效应管。

1.5.1 绝缘栅型场效应管的基本结构

绝缘栅型场效应管分为增强型和耗尽型两类,每一类中又有 N 沟道和 P 沟道之分,N 沟道载流子为电子,P 沟道载流子为空穴。因此,共有四种类型场效应管,它们的共同特点是只有一种导电粒子。

1. N 沟道增强型

N 沟道增强型绝缘栅场效应管的结构如图 1.39(a)所示,它是用一块杂质浓度较低的 P 型硅片作衬底(衬底引线用 B 表示),在上面扩散出两个杂质浓度很高的 N 型区,然后在硅片表面生成一层很薄的二氧化硅绝缘层,在上面放一个电极,称为栅极 G。在 N 型区表面放置两个电极,分别称为源极 S 和漏极 D。因为栅极和其他电极及硅片之间是绝缘的,故称为绝缘栅型场效应管。N 沟道增强型 MOS 管简称增强型 NMOS 管,电路符号如图 1.39(b)所示(通常衬底与源极 S 相连)。

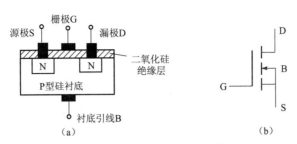

图 1.39 N 沟道增强型绝缘栅场效应管
(a) 结构;(b) 电路符号

2. P 沟道增强型

P 沟道增强型绝缘栅场效应管的结构如图 1.40（a）所示，它是用一块 N 型硅片作衬底，在上面制造出两个 P 型区，然后也在硅片上生成二氧化硅绝缘层。与 NMOS 管类似，在绝缘层引出栅极 G，在两个 P 区各引出源极 S 和漏极 D。其电路符号如图 1.40（b）所示，这种类型的管子简称为增强型 PMOS 管。

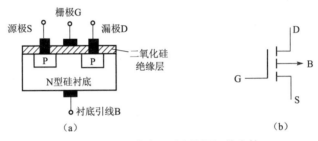

图 1.40 P 沟道增强型绝缘栅场效应管
(a) 结构;(b) 电路符号

3. N 沟道耗尽型

N 沟道耗尽型绝缘栅场效应管（简称耗尽型 NMOS 管）与增强型 NMOS 管不同之处是制造管子时，在栅极下面的二氧化硅绝缘层中掺入了大量碱金属正离子，形成了原始导电沟道，其结构图及电路符号如图 1.41（a）、（b）所示。

4. P 沟道耗尽型

P 沟道耗尽型绝缘栅场效应管（简称耗尽型 PMOS 管）的结构与耗尽型 NMOS 管是相同的，只是导电沟道不同，其电路符号如图 1.41（c）所示。

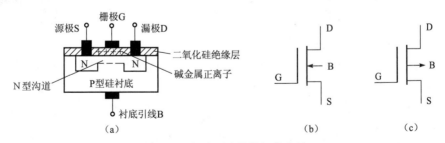

图 1.41 耗尽型绝缘栅场效应管
(a) 结构;(b) 耗尽型 NMOS 管符号;(c) 耗尽型 PMOS 管符号

1.5.2 绝缘栅型场效应管的工作原理

1. 增强型 NMOS 管

增强型 NMOS 管在栅（G）源（S）极间不外加电压，即 $U_{GS}=0$ 时，在每个 P 型区和 N 型区的交界处形成了一个 PN 结。从源极（S）到漏极（D）之间，这两个 PN 结是反向串联的，不论在漏极与源极之间所加电压的极性如何，总有一个 PN 结是反向偏置，漏、源之间没有导电沟道，即 $U_{GS}=0$ 时，NMOS 管不能导电。

当栅、源之间加上正向电压 U_{GS} 后（见图 1.42），在栅极经绝缘层到衬底 P 区之间形成由栅极指向衬底的电场，该电场使 P 区中的少数载流子（电子）向上移动，移至栅极下面 P 型半导体表层。当这些电子数超过栅极下面 P 型表层空穴数目之后，栅极下面的 P 区表层由 P 型变为 N 型，这个 N 型薄层称为反型层。反型层将漏极与源极下面的两个 N 型区连起来，形成了 N 型导电沟道。如果在漏、源极之间加上正向电压（漏极接正极，源极接负极），将有漏极电流 I_D 产生。这种在 $U_{GS}=0$ 时没有导通沟道，只有 U_{GS} 增大到一定程度，才能形成导电沟道的绝缘栅型场效应管称为增强型绝缘栅场效应管，并把开始出现导电沟道所需加入的栅极电压称为增强型 NMOS 管的开启电压，用 $U_{GS(th)}$ 来表示。只有在 $U_{GS}>U_{GS(th)}$ 后，管子才能开始导电，通过控制 U_{GS} 来控制导电沟道的宽度，从而控制电流 I_D。

2. 增强型 PMOS 管

对于增强型 PMOS 管，在工作时则应在栅、源之间加入负电压，即 $U_{GS}<0$，当 $U_{GS}<U_{GS(th)}$ 时，在两个 P 区之间形成导电沟道，并在漏、源极间亦应加入负电压，如图 1.43 所示。

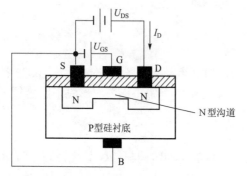

图 1.42　N 沟道增强型绝缘栅场效应管
工作原理示意图

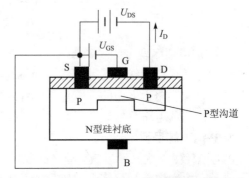

图 1.43　P 沟道增强型绝缘栅场效应管
工作原理示意图

3. 耗尽型绝缘栅场效应管

对于耗尽型绝缘栅场效应管，它的导电沟道在管子制成后就已存在，如果在漏、源极之间加上正向电压，就会有漏极电流 I_D。对耗尽型 NMOS 管，当 $U_{GS}>0$ 时，导电沟道变宽，I_D 随 U_{GS} 增大而增大；当 $U_{GS}<0$ 时，导电沟道变窄，I_D 随 U_{GS} 的负值增大而减小。当 U_{GS} 为一定负值时，导电沟道被夹断，$I_D \approx 0$，将此电压称为夹断电压，并用 $U_{GS(off)}$ 表示。为了使 U_{GS} 能从 $I_D=0$ 开始控制 I_D 的大小，通常在耗尽型 NMOS 管栅极加负电压，即 $U_{GS(off)}<0$。对于耗尽型 PMOS 管，应在栅极加正电压，即 $U_{GS(off)}>0$。

1.5.3 绝缘栅型场效应管的特性曲线

由于增强型 MOS 管应用更为普遍，且 N 沟道与 P 沟道仅是所加电源极性不同，在此介绍增强型 NMOS 管的特性曲线。

N 沟道特性曲线包括输出特性曲线和转移特性曲线，如图 1.44 所示。

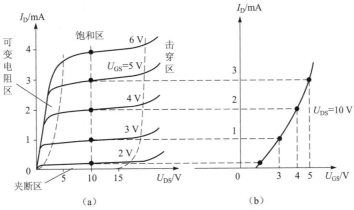

图 1.44　N 沟道增强型 MOS 管的特性曲线
（a）输出特性曲线；（b）转移特性曲线

1. 输出特性

输出特性是指漏极电流 I_D 与漏源电压 U_{DS} 之间的关系，即

$$I_D = f(U_{DS})\big|_{U_{GS}=\text{常数}}$$

当 U_{GS} 为不同数值时就可得到一组曲线，当 U_{GS} 为某一数值时，改变 U_{DS} 可得一条输出特性曲线，如图 1.44（a）所示。

输出特性分为以下四个区域。

（1）可变电阻区

在这个区域内，增大 U_{GS}，特性曲线的斜率加大，I_D 随 U_{DS} 的增加上升更为显著，漏、源之间相当于一个受栅源电压控制的可变电阻。

（2）饱和区（放大区）

当 U_{DS} 大于一定值后，I_D 几乎不随 U_{DS} 增加而上升，表现出恒流特性，但 I_D 受 U_{GS} 控制。在这个区域，绝缘栅型场效应管相当于一个电压控制电流源。绝缘栅型场效应管用于放大时就工作在这个区域。

（3）夹断区

当 $U_{GS} < U_{GS(th)}$ 时，绝缘栅型场效应管工作在夹断状态，这时 $I_D = 0$。

（4）击穿区

当 U_{DS} 过大时会使绝缘栅型场效应管的 PN 结击穿，I_D 急剧上升，甚至烧坏管子。

2. 转移特性

转移特性是指在 U_{DS} 一定时，漏极电流 I_D 与栅源电压 U_{GS} 之间的关系，即

$$I_D = f(U_{GS})\big|_{U_{DS}=\text{常数}}$$

由转移特性（见图 1.44（b））可以看出，栅源电压对漏极电流的控制作用，说明绝缘栅型场效应管是电压控制器件。

1.5.4 绝缘栅型场效应管的微变等效电路

绝缘栅型场效应管的栅、源之间为一层绝缘物质，即使在栅、源之间加入电压，栅、源间也没有电流，因而管子的输入电阻很高，可以认为其栅、源极间开路。

当绝缘栅型场效应管工作在饱和区时，表现出恒流特性，漏极电流的变化量 ΔI_D 与栅、源极间的电压变化量 ΔU_{GS} 成比例变化，即

因此输出回路可等效为电压控制的受控电流源。绝缘栅型场效应管小信号的微变等效电路如图 1.45（b）所示。

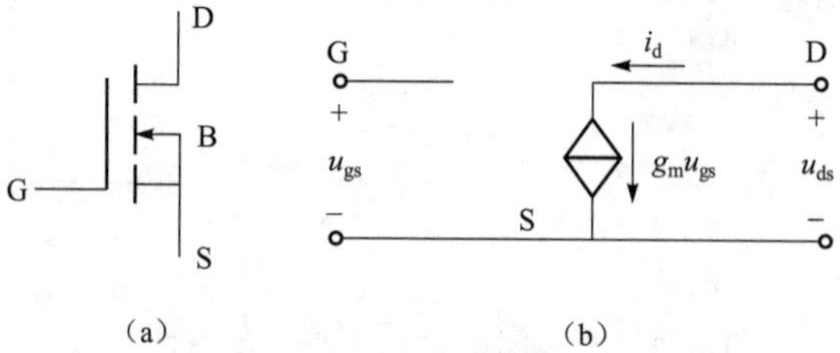

图 1.45 绝缘栅型场效应管小信号的微变等效电路
（a）电路符号；（b）微变等效电路

$$\Delta I_D = g_m \Delta U_{GS} \quad \text{或} \quad i_d = g_m u_{gs}$$

1.5.5 绝缘栅型场效应管的主要参数

1. 开启电压 $U_{GS(th)}$

开启电压是增强型绝缘栅场效应管的参数，是指在 U_{DS} 为某一数值下，开始出现漏极电流 I_D 所需要的栅、源电压。增强型 NMOS 管的 $U_{GS(th)}$ 为正值，增强型 PMOS 管的 $U_{GS(th)}$ 为负值。

2. 夹断电压 $U_{GS(off)}$

夹断电压是耗尽型绝缘栅场效应管的参数，是指在 U_{DS} 为某一数值下，使 I_D 近似等于零时的栅、源极间电压 U_{GS}。耗尽型 NMOS 管的 $U_{GS(off)}$ 为负值，耗尽型 PMOS 管的 $U_{GS(off)}$ 为正值。

3. 跨导 g_m

g_m 是表示栅源电压 U_{GS} 对漏极电流 I_D 的控制能力，定义为

$$g_m = \left. \frac{\Delta I_D}{\Delta U_{GS}} \right|_{U_{DS}=\text{常数}}$$

跨导 g_m 是表征场效应管放大能力的一个重要参数。

4. 输入电阻 R_{GS}

R_{GS} 是栅源电压和栅极电流的比值。因为栅极与导电沟道是绝缘的，因此 R_{GS} 很高，一般大于 $10^9\ \Omega$。

5. 最大漏极电流 I_{DM}

I_{DM} 是指管子在工作时允许的最大漏极电流。

6. 最大耗散功率 P_{DM}

P_{DM} 是决定管子温升的参数,在使用时不要超过这一极限值。

7. 漏源击穿电压 $U_{(BR)DS}$ 和栅源击穿电压 $U_{(BR)GS}$

击穿电压 $U_{(BR)DS}$ 和 $U_{(BR)GS}$ 均为极限参数,使用时不允许超过。

对于 MOS 管来说,栅极的感应电荷不易泄放,会在绝缘层内形成很强的电场,容易将其击穿,也就损坏了管子。为了避免这种情况,要避免将栅极悬空,存放时可以将三个电极短接在一起,使栅、源之间有直流通路,以便及时泄放掉感应电荷。

1.5.6 绝缘栅型场效应管的主要特点

① 绝缘栅型场效应管是一种电压控制器件,它通过 u_{GS} 来控制 i_D。而三极管是电流控制器件,通过 i_B 来控制 i_C。

② 绝缘栅型场效应管输入端几乎没有电流,所以输入电阻很高。由于这个原因,由外界静电感应所产生的电荷不易泄漏。因此,在存放时应将各电极短接。

③ 绝缘栅型场效应管的互导较小,当组成电路且负载电阻相同时,电压放大倍数比三极管低。

1.6 电力半导体器件

电力半导体器件是用来进行电能转换、功率控制与处理的核心器件。它与前面介绍的半导体器件不同,一方面它必须要有高电压、大电流的承受能力,另一方面必须以开关模式运行。电力半导体器件有很多种类和不同的分类方式,按照开通、关断控制方式可分为三大类:

(1) 不控型

这是一类两个极的器件,一端是正极,另一端是负极,其开通和关断由两个极之间所加电压的极性来决定,常见的有大功率二极管、快速恢复二极管等。

(2) 半控型

这类器件是三个极的器件,除了正负极外,还有一个控制极,它的开通可以通过控制极控制,但不能通过控制极控制关断。这类器件主要有各种型号的晶闸管。

(3) 全控型

这类器件也是三个极的器件,控制极不仅可以控制其开通,而且也能控制其关断,这类器件是电力半导体器件的主导方向。代表这类器件的有控制极可关断晶闸管 GTO、双极型大功率晶体管 BJT、绝缘栅型双极晶体管 IGBT 等。

电力半导体器件应用非常广泛,从家用电器、工业设备到大型电力行业等领域都有着独特的应用。本节将对半控型和全控型器件做部分介绍。

1.6.1 晶闸管的结构、工作原理及参数

晶闸管又称可控硅(SCR),是一种大功率半导体器件,主要用于整流、逆变电路中,具有体积小,耐压高的特点。

1. 晶闸管的基本结构及工作原理

晶闸管是一个 PNPN 四层结构的半导体器件,有三个 PN 结,即 J_1、J_2、J_3。引出的三个

极，分别为阳极 A，阴极 K，控制极 G。其结构示意图及电路符号如图 1.46 所示。

当在晶闸管阳极 A 与阴极 K 两端加反向电压（$U_{AK}<0$）时，J_1、J_3 结处于反向偏置状态，器件 A、K 两端不导通，这种状态称为反向阻断状态。当在晶闸管阳极 A 与阴极 K 两端加正向电压（$U_{AK}>0$）时，J_2 结处于反向偏置状态，器件 A、K 两端仍不导通，这种状态称为正向阻断状态。在这种情况下若在晶闸管的控制极 G 与阴极 K 间加一个正向电压 u_G（又称触发电压），且 $u_G>0$，这个触发电压使晶闸管 A、K 两端导通，晶闸管一旦导通，就显示出了与二极管类似的正向特性。并且即使触发电压 u_G 消失，晶闸管仍可保持导通。因此，控制极的作用只是使晶闸管触发导通，导通后控制极就失去了控制作用。晶闸管导通时，阳极与阴极之间的正向压降一般为 0.6~1.2 V。

若要关断晶闸管，可减小阳极电流 I_A 到维持电流 I_H 以下，使它由导通状态变为正向阻断状态而关断；或在阳极与阴极之间加反向电压，使其由导通状态变为反向阻断状态而关断。

综上所述，晶闸管的导通条件为：在阳极和阴极间加正向电压，并在控制极和阴极之间加正向触发电压。晶闸管的关断条件：使 $I_A<I_H$ 或在阳极与阴极间加反向电压。因此可将晶闸管看成是一个可控的单向导电开关。

除了这种普通晶闸管外，还有双向晶闸管。它是可以两个方向控制导通的晶闸管，其电路符号如图 1.47（a）所示。T_1 和 T_2 分别表示两个极，G 仍为控制极。实际上它相当于两个反向并联晶闸管的组合，只是共用一个控制极，如图 1.47（b）所示，通过在控制极施加正负电压来控制晶闸管的双向导通。通常 $u_{T_2T_1}>0$ 时，在控制极与 T_1 极间加正向电压，即 $u_{GT_1}>0$，双向晶闸管为正向导通；$u_{T_2T_1}<0$ 时，在控制极与 T_1 极间加反向控制电压，即 $u_{GT_1}<0$，双向晶闸管为反向导通。双向晶闸管与一对反向并联晶闸管相比是经济的，而且控制电路比较简单，所以在交流调压电路和交流电动机调速等领域应用较多。

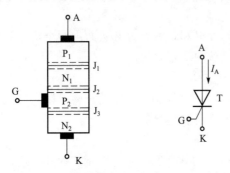

图 1.46　晶闸管结构示意图及电路符号

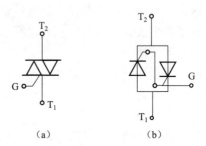

图 1.47　双向晶闸管

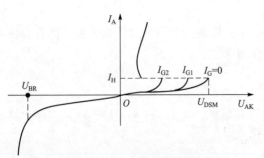

图 1.48　晶闸管的特性曲线

2. 晶闸管的特性曲线

晶闸管的特性曲线如图 1.48 所示。

由特性曲线可以看出，晶闸管有两个工作区域。

当晶闸管承受反向电压，且大小低于反向击穿电压 U_{BR} 时，仅有极小的反向漏电流，与二极管的反向特性类似。这时无论控制极是否有正向电压，晶闸管均不会导通，处于反向阻断状态。当反向电压超过一定值并达到反向击穿电压时，会使反向漏电流急剧增大，导致晶闸管损坏。

当晶闸管两端加入正向电压、而控制极未加电压时，$I_G=0$，晶闸管处于正向阻断状态，只有很小的正向漏电流 I_A。若晶闸管两端正向电压增加到某一数值时（U_{DSM}），电流 I_A 突然急剧增加，晶闸管在没有控制极电压作用下，由正向阻断变为导通，这个电压 U_{DSM} 称为晶闸管的正向转折电压。

在正常工作时，一般不允许晶闸管上的正向电压值达到 U_{DSM}，因为这将失去晶闸管控制极的作用，同时这种导通方法容易造成晶闸管的损坏。

若在控制极上加触发电压，则产生控制极电流，即 $I_G>0$，这会降低转折电压，电流 I_G 越大，转折电压越低。电流 I_G 从控制极流入晶闸管、从阴极流出晶闸管。

双向晶闸管的特性曲线如图 1.49 所示。它在第一和第三象限，有对称的伏安特性。

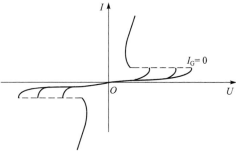

图 1.49 双向晶闸管特性曲线

3. 晶闸管的主要参数

（1）正向重复峰值电压 U_{FRM}

U_{FRM} 是指控制极开路时，允许重复加在晶闸管上的最大正向电压，通常 $U_{FRM}=0.8U_{DSM}$。

（2）反向重复峰值电压 U_{RRM}

U_{RRM} 是指控制极开路时，允许重复加在晶闸管上的最大反向电压，通常 $U_{RRM}=0.8U_{BR}$。普通晶闸管的 U_{FRM} 和 U_{RRM} 的值为 100～3 000 V。

（3）额定正向平均电流 I_F

I_F 是指在规定环境温度和标准散热及晶闸管全导通条件下，允许晶闸管连续通过的工频正弦半波电流在一个周期内的平均值，即

$$I_F=\frac{1}{2\pi}\int_0^\pi I_m\sin\omega t\mathrm{d}\omega t=\frac{I_m}{\pi}$$

式中，I_m 为正弦半波电流的最大值。

（4）维持电流 I_H

I_H 是指在控制极开路和规定环境温度下，维持晶闸管导通的最小电流。当晶闸管正向电流小于 I_H 时，晶闸管将自行关闭。

（5）控制极触发电流 I_G

I_G 是指在室温和阳极与阴极之间直流电压为 6 V 条件下，使晶闸管完全导通所需的最小控制极直流电流，通常为几毫安至几百毫安。

（6）控制极触发电压 U_G

U_G 是指使晶闸管正向导通时，控制极所加电压，一般为 1～5 V。

1.6.2 晶闸管的应用

由于晶闸管是可控元件，用晶闸管能构成可控整流装置。

1. 单相半波可控整流电路

（1）电阻性负载

图 1.50（a）为电阻性负载、半波可控整流电路。设电压 $u=\sqrt{2}\,U\sin\omega t$，当电源电压为正

半周时，晶闸管 T 承受正向电压。在 t_1 时刻，控制极加入触发电压 u_G，晶闸管从 t_1 时刻开始导通，导通后负载上输出电压 u_o。当电压 u 下降接近零时，晶闸管因正向电流小于维持电流而关断。在 u 的负半周，晶闸管 T 承受反向电压而阻断。输出电压 u_o 及晶闸管两端电压 u_T 的波形如图 1.50（b）所示。在下一个周期的同一时刻再次加入触发电压，重复前一个周期的过程。

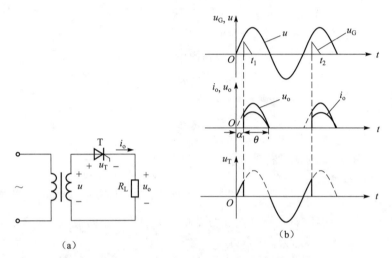

图 1.50　电阻负载半波可控整流电路及波形
(a) 电路；(b) 波形

图中 α 称为控制角，控制晶闸管的导通时刻；θ 称为导通角。在单相半波整流电路中，θ 与 α 的关系为

$$\theta = 180° - \alpha$$

导通角 θ 越大，即控制角 α 越小，输出电压越高。显然，输出电压平均值 U_o 的大小是可灵活调整的。整流电路输出电压平均值为

$$U_o = \frac{1}{2\pi} \int_\alpha^\pi \sqrt{2}\, U \sin \omega t \, \mathrm{d}\omega t = 0.45 U \frac{1+\cos\alpha}{2} \tag{1.18}$$

输出电流平均值为

$$I_o = \frac{U_o}{R_L} \tag{1.19}$$

整流元件中流过的电流平均值

$$I_T = I_o \tag{1.20}$$

（2）电感性负载

实际上很多负载是感性的，如电机的励磁绕组、电感线圈等。感性负载的半波可控整流电路如图 1.51（a）所示。

由于电感的存在，使电流 i_o 不能发生跃变。当晶闸管刚触发导通时，电流 i_o 将由 0 逐渐增加（因为电感元件中的感应电动势阻碍电流变化），电流达到最大值的时间滞后于电压 u_o 达到最大值的时间。当电压下降到零后，电流 i_o 并不为零，在 u 变为负值以后仍能使晶闸管导通，这时感应电动势大于电压 u，且极性仍使晶闸管导通。只有当 i_o 降低到维持电流以下时，晶闸管才关断。输出电压 u_o、电流 i_o 变化的波形如图 1.51（b）所示。

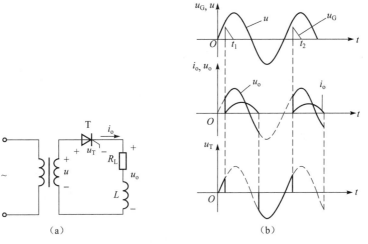

图 1.51　感性负载半波可控整流电路及波形
（a）电路；（b）波形

可以看出，在交流电压 u 进入负半周以后，出现了一段晶闸管导通的时间，使输出电压 u_o 出现了负值。电感越大，u_o 出现负值的时间越长，这样会使输出电压 u_o 的平均值下降。为了避免这种情况出现，通常是在感性负载两端并联一个二极管（称续流二极管），如图 1.52（a）所示。

当 u 为正半周时，二极管 D 截止。当 u 为负半周时，二极管 D 两端承受正向偏压而导通，这时负载电流 i_o（由感应电动势产生的）经二极管形成回路，则输出电压近似为零，晶闸管因承受反向电压而关断。输出电压 u_o 和输出电流 i_o 等波形如图 1.52（b）所示。

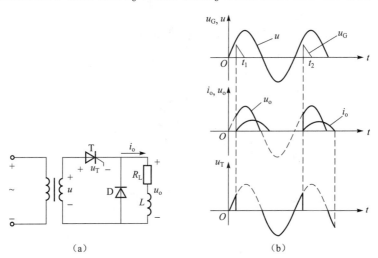

图 1.52　有续流二极管的感性负载半波可控整流电路及波形
（a）电路；（b）波形

2. 单相半控桥式整流电路

（1）电阻性负载

将单相桥式整流电路的两个二极管用晶闸管替代，即构成了单相半控桥式整流电路，如

图 1.53（a）所示，负载为纯电阻。

当电压 u 为正半周时，T_1、D_2 承受正向偏压。若在 t_1 时刻对晶闸管 T_1 的控制极加入触发电压，则 T_1 和 D_2 导通，电流通路为：$a \to T_1 \to R_L$（从上至下）$\to D_2 \to b$，形成输出电压 u_o（上"+"下"−"），此时 T_2 和 D_1 承受反向偏压而截止。当 u 为负半周时，T_2 和 D_1 承受正向偏压。在 t_2 时刻对晶闸管 T_2 加入触发电压，则 T_2 和 D_1 导通，电流通路为：$b \to T_2 \to R_L$（从上至下）$\to D_1 \to a$，形成输出电压 u_o（仍为上"+"下"−"）。此时 T_1 和 D_2 承受反向偏压而截止。波形如图 1.53（b）所示。

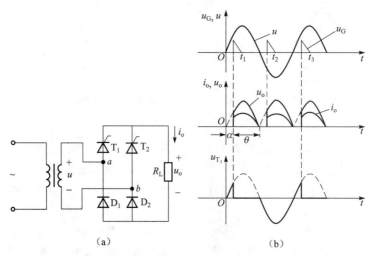

图 1.53 单相半控桥电阻性负载整流电路
(a) 电路；(b) 波形

设 $u = \sqrt{2} U \sin \omega t$，可控整流电路接电阻性负载时的输出电压平均值为

$$U_o = \frac{1}{\pi} \int_\alpha^\pi \sqrt{2} U \sin \omega t \, d\omega t = \frac{\sqrt{2}}{\pi} U (1 + \cos \alpha)$$

$$U_o = 0.9 U \frac{1 + \cos \alpha}{2} \tag{1.21}$$

输出电流平均值为

$$I_o = \frac{U_o}{R_L} \tag{1.22}$$

整流元件中流过电流的平均值为

$$I_T = I_D = \frac{I_o}{2} \tag{1.23}$$

晶闸管和二极管所承受的最大正向电压和反向电压均为 $\sqrt{2} U$。

（2）电感性负载

电感性负载的单相桥式可控整流电路如图 1.54（a）所示。电路中接有续流二极管 D，电路中电压、电流波形如图 1.54（b）所示。输出电压 u_o 的波形与电阻负载时的波形相同，因此输出电压平均值 U_o 仍由式（1.21）计算得出。

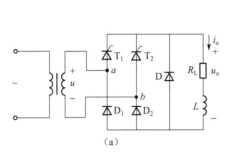 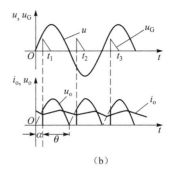

图1.54 单相半控桥电感性负载整流电路及波形
（a）电路；（b）波形

当电感量较大时，电流 i_o 的波形是连续的，可近似为直线，负载电流平均值仍为

$$I_o = \frac{U_o}{R_L}$$

晶闸管和二极管所承受的最大正向电压和反向电压均为 $\sqrt{2}\,U$。

由以上分析可以看出，若控制角 α 增大，输出电压平均值减小；若控制角 α 减小，输出电压平均值增加。改变控制角 α，就改变了输出电压的大小。

例 1.5 在图 1.53 所示电路中，若 $R_L=10\,\Omega$，$U=90\,\text{V}$。试求 $\alpha=30°$ 时，整流电压平均值 U_o、整流电流平均值 I_o 和整流元件所承受的最大反向电压。

解 将数据代入式（1.21）和式（1.22），得输出电压和输出电流平均值为

$$U_o = 0.9U\frac{1+\cos\alpha}{2} = 0.9\times 90\frac{1+\cos 30°}{2} = 75.57\,（\text{V}）$$

$$I_o = \frac{U_o}{R_L} = \frac{75.57}{10} = 7.557\,（\text{A}）$$

整流元件所承受的最大反向电压为

$$U_{TRM} = U_{DRM} = \sqrt{2}\,U = \sqrt{2}\times 90 = 127.28\,（\text{V}）$$

3. 晶闸管的保护

晶闸管是工作在开关状态，存在着产生高电压，大电流冲击的可能。因此要在电路中加入保护环节，避免造成晶闸管的损坏。对晶闸管的保护主要有过电流保护和过电压保护。

（1）过电流保护

① 快速熔断器。

快速熔断器采用银质熔丝，以保证在电流发生过载或短路时，在短时间内及时切断电路，保护晶闸管不被损坏。快速熔断器可与被保护元件串联连接。

② 过流继电器。

过流继电器只对电路过载时起保护作用，过流继电器通常串接在输入端或输出端。

（2）过电压保护

引起过电压的原因是在具有电感元件的电路中，当切断电路时，电路中电感元件会产生高电压，极易引起晶闸管的损坏。阻容保护是经常采用的一种过电压保护措施，它是由电阻与电容的串联来吸收过电压（见图1.55），使元件上的电压上升速度减慢。还可以采用硒堆保

护等其他措施，可参阅其他参考书，在此不做详细介绍。

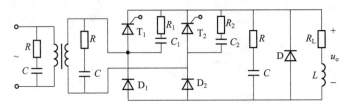

图 1.55　晶闸管的过电压保护电路

1.6.3　晶闸管的触发电路

除了在晶闸管的阳极与阴极之间加正向电压外，还必须在控制极与阴极之间加触发电压，才能使晶闸管导通。提供触发电压的电路称为触发电路，所需触发电压是一系列的触发脉冲信号。对触发电路的要求如下：

① 有足够的触发功率。一般触发电压为 4～10 V，触发电流为数十至数百毫安。
② 有足够的触发脉冲宽度，通常大于 10 μs。并且触发电压波形的前沿要陡直。
③ 触发时间要准确，并与整流电路的交流电源同步。
④ 触发电压能在足够宽的范围内平稳移动。

触发电路种类很多，在此仅介绍常用的单结晶体管触发电路。

1. 单结晶体管的结构及工作原理

在一块 N 型半导体上制成一个 PN 结，从 P 区引出发射极 E，从 N 型半导体两端引出两个电极，分别称为第一基极 B_1 和第二基极 B_2，从而构成了单结晶体管，如图 1.56（a）所示。单结晶体管的电路符号如图 1.56（c）所示。

B_1 和 B_2 两个基极与 N 型半导体间有几千欧的电阻，发射极对 B_1B_2 均形成 PN 结，PN 结可等效为二极管 D。基极 B_1 与 N 型半导体间的电阻为 R_{B_1}，R_{B_1} 是一个可变电阻，基极 B_2 与 N 型半导体间的电阻为 R_{B_2}。由此得单结晶体管的等效电路，如图 1.56（b）所示。

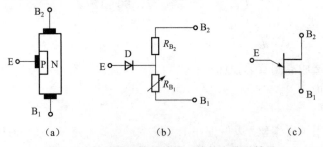

图 1.56　单结晶体管的结构、等效电路和符号
(a) 结构；(b) 等效电路；(c) 电路符号

单结晶体管工作时在 B_1 与 B_2 之间加电压 U_{BB}，在 E 与 B_1 之间加电压 U_{EE}，等效电路如图 1.57（a）所示。A 点电位为

$$V_A = \frac{R_{B_1}}{R_{B_1} + R_{B_2}} U_{BB}$$

令
$$\eta = \frac{R_{B_1}}{R_{B_1} + R_{B_2}}$$
则
$$V_A = \eta U_{BB}$$

式中，η 为单结晶体管的分压比，一般在 0.3～0.9 之间。

若 $U_E < V_A + U_D$，PN 结处于反向偏置，单结晶体管的发射极电流 $I_E \approx 0$，单结晶体管处于截止状态。当升高 U_E，使 $U_E = U_P = V_A + U_D$，PN 结进入导通状态，U_P 为单结晶体管的峰点电压，对应的发射极电流 I_P 为峰点电流。

当 $U_E > U_P$ 后，PN 结正向导通，I_E 显著增加，但由于 R_{B_1} 随着 PN 结的导通而急剧下降，使 V_A 下降，从而导致 U_E 下降，这种 U_E 下降而 I_E 增加的现象称为负阻现象。当 U_E 下降到某一值（U_V）时，PN 结将自动关断，U_V 称为谷点电压，对应的 I_E 电流称为谷点电流 I_V。过谷点电流后，若使发射极电流继续增大，而发射极电压略有上升，这部分区域称为饱和区。由此可得到单结晶体管的伏安特性曲线如图 1.57（b）所示。

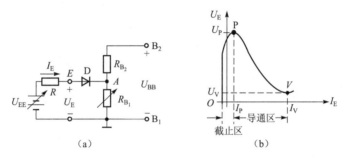

图 1.57 单结晶体管的工作原理
（a）电路；（b）伏安特性曲线

结论：当单结晶体管的发射极电压 $U_E \leq U_P$ 时，单结晶体管截止（工作在截止区）；当 $U_E \geq U_P$ 时，单结晶体管导通（工作在导通区）。导通后，当 $U_E < U_V$ 时，单结晶体管又恢复到截止状态。

2. 单结晶体管构成的触发电路

利用单结晶体管的负阻特性，可构成自激振荡电路，将自激振荡电路输出的脉冲信号作为晶闸管控制极触发电压信号 u_G。单结晶体管构成的触发电路如图 1.58 所示，工作过程如下。

设电容 C 的初始电压为零，接通电源后，U_{BB} 经电阻 R 向 C 充电，u_C 按指数规律增加。当 $u_C \geq U_P$ 时，单结晶体管导通，u_C 经单结晶体管的 EB_1 向电阻 R_1 放电，由于 R_1 很小，放电很快结束，在 R_1 上形成的输出电压为一个窄脉冲。当电容电压放电至 $u_C \leq U_V$ 时，单结晶体管截止，输出电压为零，完成一次振荡。然后 C 重新充电，重复上述振荡过程，其输出波形如图 1.59 所示。

可以看出改变电阻 R 的大小，可改变电容 C 充电的时间长短，从而改变了 U_P 出现的时刻。当 R 减小时，u_G 波形前移，当 R 增大时，u_G 波形后移，从而能使触发信号 u_G 在半个周期内前后移动，满足了控制角 α 可调的要求。

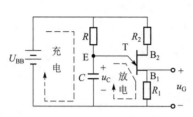

图 1.58 单结晶体管构成的触发电路

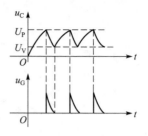

图 1.59 触发电路的输出波形

3. 单结晶体管触发的可控整流电路

为了使可控整流电路输出稳定的电压,还应保证晶闸管在每个导电周期内具有相同的导通角,即保证触发电路与整流电路严格同步。

图 1.60 中的上半部分为单结晶体管触发电路,下半部分为晶闸管半控桥式整流电路。由于它们共用同一个变压器提供的交流电压,使得晶闸管半控桥式整流电路电压 u_{21} 的过零点与触发电路中稳压管的电压 u_Z 过零点相同(波形如图 1.61 所示),能使电容上的电压 u_C 放电至零。

当新的周期开始时,电容从零开始充电,保证了每半个周期内触发电路产生的第一个触发脉冲出现的时刻相同,从而保证了每只晶闸管在每半个周期内有相同的控制角。

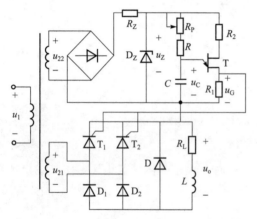

图 1.60 单结晶体管同步触发可控整流电路

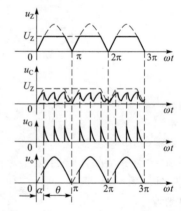

图 1.61 同步触发可控整流电路波形图

另外在单结晶体管的触发电路中,在每半个周期内可能产生几个脉冲,但只有第一个脉冲起作用,因为第一个脉冲已使晶闸管由阻断状态变为导通状态,以后出现的脉冲不会再对晶闸管有任何影响。

4. 双向晶闸管的应用电路

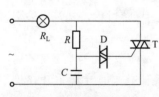

图 1.62 交流调压电路

双向晶闸管通常应用在交流调压电路中,图 1.62 所示电路可实现白炽灯的调光。T 为双向晶闸管,D 为双向二极管,R、C 及双向二极管 D 组成简单的触发电路。当交流电压处在正半周时,电源通过 R 向 C 充电,当电容电压达到一定值时,双向二极管导通,触发电压加到双向晶闸管使其导通,负载 R_L 有电流流过;当电压处于负半周时,C 被反向充电,触发过程同上。

改变电阻 R 的大小，即可改变晶闸管导通角的大小，从而调整了负载两端的电压，达到了调光的目的。

1.6.4 绝缘栅型双极晶体管

普通的晶闸管其控制极只能控制器件的开通，不能控制其关断。随着电力电子技术的发展，出现了全控型开关器件，其控制极不仅可以控制器件的开通，同时还可以控制其关断。而且具有容量大、耐压高、耐冲击电流大等优点。

绝缘栅型双极晶体管（Insulated Gate Bipolar Transistor，IGBT），是电压控制器件，它是三端器件，具有栅极 G、集电极 C 和发射极 E，电路符号如图 1.63（a）所示。IGBT 相当于由一个 N 沟道的 MOS 管和功率三极管组合而成，如图 1.63（b）所示。IGBT 是全控型电压控制开关器件，其开通和关断均可由控制极电压来控制。以具有开关速度快、输入阻抗高等优点而获得广泛应用。

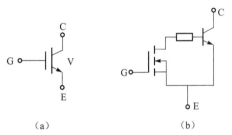

图 1.63　IGBT 的符号和等效电路
（a）电路符号；（b）等效电路

1. IGBT 的特性曲线

IGBT 的特性曲线如图 1.64 所示。图 1.64（a）是 IGBT 的转移特性，它描述的是集电极电流 I_C 与控制极、发射极间电压 U_{GE} 之间的关系。$U_{GE(th)}$ 是 IGBT 实现导通的开启电压，当 $U_{GE} < U_{GE(th)}$ 时，IGBT 关断，$I_C \approx 0$。

图 1.64（b）是 IGBT 的输出特性，它是表示 IGBT 集射极电压 U_{CE} 和集电极电流 I_C 之间的关系。输出特性曲线分为正向阻断区、反向阻断区、饱和区和线性区。正向阻断区类似于三极管的截止区；反向阻断区类似于二极管的反向特性区；饱和区与三极管的饱和区相似；线性区类似于三极管的放大区。当 $U_{CE} < 0$ 时，IGBT 为反向阻断工作状态。在电力电子电路中，IGBT 工作在开关状态，因而它是工作在正向阻断区和饱和区。

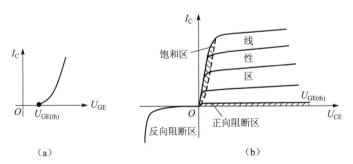

图 1.64　IGBT 的特性曲线
（a）转移特性；（b）输出特性

IGBT 工作时，集电极接高电位，发射极接低电位，栅极与发射极间加控制电压。当 IGBT 作为开关管使用时，为了使其导通，应在栅极与发射极间加正向偏压；为了使其截止，应在栅极与发射极间加反向偏压。

IGBT 在正常工作时，集电极电流 I_C 基本上受 U_{GE} 控制。但当 I_C 超过某一最大值 I_{CM} 后，U_{GE} 将失去控制作用，这是 IGBT 的一种特殊现象，出现这种情况时，I_C 会很大，能导致器件损坏,所以使用时要特别引起重视。

2. IGBT 的主要参数

(1) 开启电压 $U_{GE(th)}$

开启电压是 IGBT 导通时所需要的最低控制极电压,常温时的开启电压通常为 2～6 V。这个参数受温度影响较大,随温度升高而有所下降。

(2) 通态压降 $U_{CE(on)}$

通态压降是 IGBT 导通时集电极与发射极之间的压降,为 2～5 V。该值表征了 IGBT 的通态损耗,使用时应选 $U_{CE(on)}$ 小的 IGBT 管。

(3) 控制极与发射极间的击穿电压 U_{GEM}

这是衡量 IGBT 控制极与发射极间耐压能力的一个参数,其值通常在 ±20 V 左右。

(4) 集电极与发射极间的最高电压 U_{CEM}

这个参数决定了 IGBT 的最高工作电压,IGBT 的最高工作电压分为 600 V、1 000 V、1 200 V、1 400 V、1 700 V 和 3 300 V 等。

(5) 集电极最大电流 I_{CM}

在额定测试温度(管壳温为 25 ℃时)条件下,所允许的集电极最大直流电流。只要 IGBT 工作时不超过额定结温(150 ℃),它就可以工作在 I_{CM} 范围内。

习题

1.1 设题图 1.1 中 $E=4$ V,$u_i=8\sin\omega t$ V,D 为理想二极管,试分别画出对应于输入 u_i 的输出 u_o 波形。

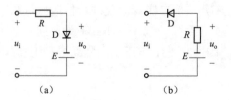

题图 1.1

1.2 判断题图 1.2 中各二极管的工作状态,二极管的正向压降可忽略不计。

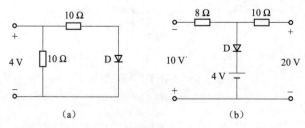

题图 1.2

1.3 求题图 1.3 所示电路中输出电压 u_o,并分析 D_1、D_2、D_3 的工作状态,设二极管的正向导通压降为 0.3 V。

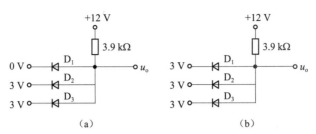

题图 1.3

1.4 试分析题图 1.4 所示电路中：
（1）开关 S 闭合后，二极管的工作状态；
（2）开关 S 打开瞬间，二极管的工作状态；
（3）说明二极管在电路中的作用。

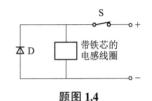

题图 1.4

1.5 在题图 1.5 所示电路中，D_1、D_2 为硅二极管，导通压降为 0.7 V，电阻 $R=10$ kΩ。（1）求 A 点电位 V_A；（2）说明 D_1、D_2 的工作状态；（3）求流过电阻 R 的电流 I。

1.6 在题图 1.6 所示电路中，D_1、D_2 为锗二极管，导通压降为 0.3 V，电阻 $R=2$ kΩ。（1）求 A 点电位 V_A；（2）说明 D_1、D_2 的工作状态；（3）求流过电阻 R 的电流 I。

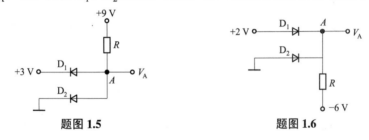

题图 1.5　　　　题图 1.6

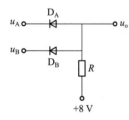

题图 1.7

1.7 电路如题图 1.7 所示，设二极管 D_A 和 D_B 均为理想二极管，试求下列几种情况下的输出电压 u_o，并说明 D_1、D_2 的工作状态。（1）$u_A=0$ V，$u_B=0$ V；（2）$u_A=0$ V，$u_B=2$ V；（3）$u_A=2$ V，$u_B=2$ V；（4）$u_A=3$ V，$u_B=5$ V；（5）$u_A=5$ V，$u_B=5$ V。

1.8 电路如题图 1.8（a）所示，电路中 D_1、D_2 为硅二极管，导通压降为 0.7 V，根据题图 1.8（b）中 A、B 端电压波形，对应画出 Y 端电压波形，并标明相应的电压值。

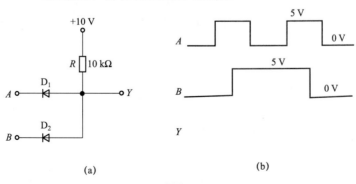

题图 1.8

1.9 电路如题图 1.9 所示，电路中 D_1、D_2 为锗二极管，设锗二极管的正向导通电压 $U_{D1}=U_{D2}=0.3\,\text{V}$。试求下列几种情况下 Y 点电位 V_Y，并说明 D_1、D_2 的工作状态。(1) $V_A=0\,\text{V}$，$V_B=0\,\text{V}$；(2) $V_A=0\,\text{V}$，$V_B=2\,\text{V}$；(3) $V_A=2\,\text{V}$，$V_B=2\,\text{V}$；(4) $V_A=3\,\text{V}$，$V_B=5\,\text{V}$；(5) $V_A=5\,\text{V}$，$V_B=5\,\text{V}$。

1.10 电路如题图 1.10 所示，电路中 D 为硅二极管，导通压降为 $0.7\,\text{V}$，$R_1=1\,\text{k}\Omega$，$R_2=2\,\text{k}\Omega$。(1) 说明二极管的工作状态；(2) 求输出电压 U_o 的数值；(3) 求电路中的电流 I。

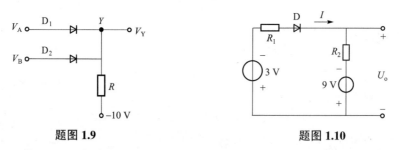

题图 1.9   题图 1.10

1.11 电路如题图 1.11 所示，设二极管的正向导通电压 $U_D=0.3\,\text{V}$，电阻 $R=10\,\text{k}\Omega$。(1) 说明二极管的工作状态；(2) 求电压 U_o 的数值；(3) 求流过电阻 R 的电流 I。

1.12 电路如题图 1.12 所示，设 D_1、D_2 均为理想二极管，电阻 $R=4\,\text{k}\Omega$。(1) 说明二极管 D_1、D_2 的工作状态；(2) 求电压 U_o 的数值；(3) 求流过电阻 R 的电流 I。

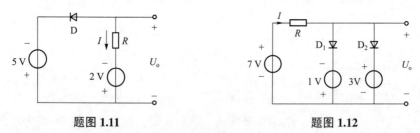

题图 1.11   题图 1.12

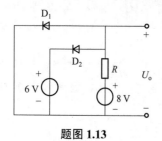

题图 1.13

1.13 电路如题图 1.13 所示，设二极管的正向导通电压 $U_{D1}=U_{D2}=0.7\,\text{V}$，电阻 $R=10\,\text{k}\Omega$。(1) 说明二极管 D_1、D_2 的工作状态；(2) 求电压 U_o 的数值；(3) 求流过电阻 R 的电流 I。

1.14 由理想二极管构成的电路如题图 1.14（a）所示，对应题图 1.14（b）中输入信号 u_i 波形，试分别画出输出信号 u_o 的波形（标出关键值）、二极管电压 u_D 的波形。

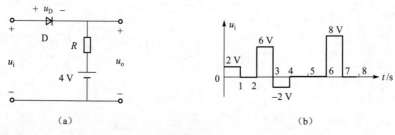

题图 1.14

1.15 电路如题图 1.15（a）所示，D 为理想二极管，试对应题图 1.15（b）中输入信号 u_i 波形，（1）画出输出信号 u_o 的波形（标出关键值）；（2）画出电压 u_R 的波形。

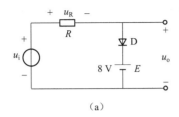
（a）

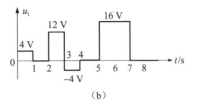
（b）

题图 1.15

1.16 在题图 1.16 所示电路中，D 为理想二极管，已知 $E=6$ V，$u_i=12\sin 314t$ V，$R=10$ kΩ。试画出输入电压 u_i 和输出电压 u_o 的波形，并在波形图中标出关键数据。

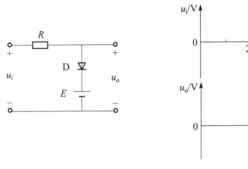

题图 1.16

1.17 题图 1.17 所示电路中，已知 $u_i=10\sin 100t$ V，$E_1=5$ V，$E_2=3$ V，D_1、D_2 为理想二极管，试对应 u_i 画出 u_o 的波形。

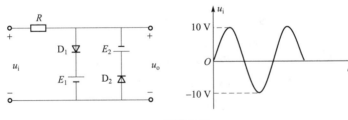

题图 1.17

1.18 两个稳压管 D_{Z1} 和 D_{Z2} 的稳压值分别为 5.5 V 和 8.5 V，正向压降均为 0.5 V，要分别得到 6 V 和 14 V 电压，试画出稳压电路。

1.19 在题图 1.19 所示电路中，设 D_1、D_2 均为理想二极管，求电流 I_{D_1}、I_{D_2}。

1.20 电路如题图 1.20 所示，稳压管 D_{Z1}、D_{Z2} 的稳压值分别为 $U_{Z1}=5$ V，$U_{Z2}=8$ V，两管的正向导通电压均为 $U_D=0$ V。试说明：（1）电路实现正常稳压功能时，$U_o=$？（2）此时 D_{Z1} 和 D_{Z2} 各工作在何种工作状态（正向导通、反向截止、反向击穿）；（3）对输入信号 u_i 有何要求。

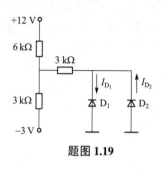
题图 1.19

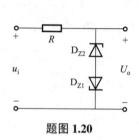
题图 1.20

1.21 电路如题图 1.21 所示,已知 $U_{Z1}=6\,\text{V}$,$U_{Z2}=10\,\text{V}$,两管的正向导通电压均为 $U_D=0.7\,\text{V}$。求:

(1) 电路实现稳压功能时,U_o 等于何值;

(2) 试仍用 D_{Z1}、D_{Z2},并添加适当电阻,画出使输出电压 $U_o=4\,\text{V}$ 的稳压电路,并标出输入电压端和输出电压端。

1.22 电路如题图 1.21 所示,已知 D_{Z1} 的稳定电压为 5 V,D_{Z2} 的稳定电压为 7 V,两稳压管的正向压降均为 0 V,$u_i=15\sin\omega t\,\text{V}$,试对应画出输入 u_i、输出 u_o 的波形,并在图中标出关键数值。

1.23 电路如题图 1.23 所示,二极管 D_1 的导通压降为 0.3 V,D_2、D_3 的导通压降均为 0.7 V,它们的反向电流均为 0,电源电压 $U=6\,\text{V}$,求电流 I_{D_1}、I_{D_2} 和 I_{D_3}。

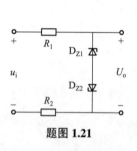
题图 1.21

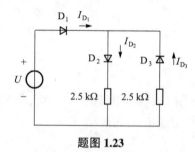
题图 1.23

1.24 题图 1.24 中 D_1、D_2 为理想二极管。(1) 判断 D_1、D_2 的工作状态;(2) 计算电流 I_1、I_2 的值。

1.25 已知题图 1.25 电路中,稳压管 $U_Z=6\,\text{V}$,正向导通电压 $U_D=0.7\,\text{V}$,最小稳定电流 $I_{Z\min}=5\,\text{mA}$,最大稳定电流 $I_{Z\max}=25\,\text{mA}$。试分别计算下面两种情况时,输出电压 U_o 的值,并分别说明 D_Z 的工作状态:(1) $U_i=26\,\text{V}$;(2) $U_i=-3\,\text{V}$。

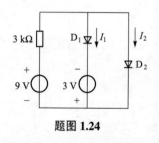
题图 1.24

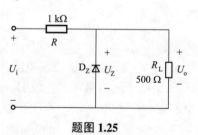
题图 1.25

1.26 在题图 1.26 所示电路中,D 为理想二极管,已知 $u_2=10\sqrt{2}\sin\omega t\,\text{V}$,负载 $R_L=500\,\Omega$。

(1) 上下对应地画出 u_2 和 u_o 的波形,并在波形图中标出关键数据;(2) 求输出电压的平均值 U_o 和输出电流的平均值 I_o。

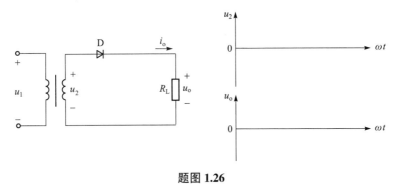

题图 1.26

1.27 楼道中照明灯常处于长明灯状态,为延长使用寿命,可在照明电路中串联一只二极管,如题图 1.27 所示。设电源电压 $u=220\sqrt{2}\sin 314t$ V,白炽灯额定值为 220 V/40 W。设 D 为理想二极管,点亮和熄灭时白炽灯的阻值不变。要求:

(1) 画出白炽灯两端电压 u_L 的波形;
(2) 计算电路中电流平均值 I 的数值;
(3) 计算二极管所承受的最大反向电压 U_{DRM};
(4) 计算电路中白炽灯消耗的功率 P_L。

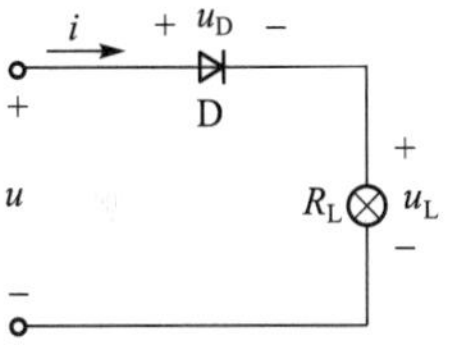

题图 1.27

1.28 电路如题图 1.28(a)所示,设 $D_1 \sim D_4$ 为理想二极管,电压 u 的有效值 $U=12$ V,$R_L=300\ \Omega$。(1) 求输出电压 u_o 的平均值 U_o,并对应 u 的波形 [见题图 1.28(b)],画出输出电压 u_o 的波形;(2) 若因故障 D_2 管被烧断,求此时输出电压 u'_o 的平均值 U'_o,并画出其输出电压 u'_o 的波形。

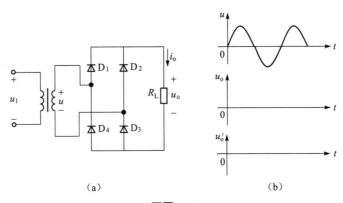

题图 1.28

1.29 在题图 1.29 所示的单相桥式整流电路中,已知 $u_2=20\sqrt{2}\sin 314t$ V,$R_L=10$ kΩ,试上下对应地画出电压 u_2、u_o 和电流 i_o 的波形。

1.30 在题图 1.29 所示的单相桥式整流电路中,已知 u_2 的有效值 $U_2=20$ V,$R_L=10$ kΩ。(1) 求输出电压 u_o 的平均值 U_o;(2) 求输出电流 i_o 的平均值 I_o。

1.31 题图 1.31 所示电路可以输出两种整流电压，试回答下列问题：
（1）当 $U_1=U_2=30$ V 时，试确定 u_{o1} 和 u_{o2} 的极性并求其电压平均值 U_{o1} 和 U_{o2}；
（2）当 $U_1=33$ V，$U_2=27$ V 时，求电压平均值 U_{o1} 和 U_{o2}，并画出 u_{o1} 和 u_{o2} 的波形；
（3）求（2）中二极管的最大反向电压。

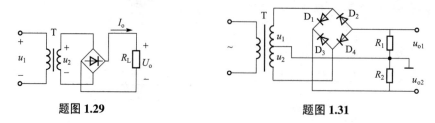

题图 1.29 题图 1.31

1.32 题图 1.32 所示电路中，已知 $R_{L1}=10$ kΩ，$R_{L2}=100$ Ω，请回答下列问题：
（1）u_{o1} 与 u_{o2} 是全波整流输出电压还是半波整流输出电压？
（2）计算 U_{o1} 与 U_{o2}，I_{o1} 与 I_{o2}；
（3）画出 u_{o1} 与 u_{o2} 波形；
（4）计算各二极管中的平均电流；
（5）计算各二极管所承受的最大反向电压。

1.33 在题图 1.33 所示电路中，已知 $u_2=24\sqrt{2}\sin\omega t$ V，负载 $R_L=3\,000\,\Omega$。设 D 为理想二极管，电容 C 的容量足够大。要求：（1）上下对应地定性画出 u_2 和 u_o 的波形，并在波形图中标出关键数据；（2）求输出平均值 U_o、I_o 的数值；（3）求二极管 D 承受的最大反向电压 U_{RM}。

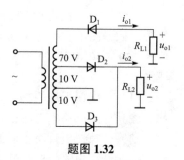

题图 1.32

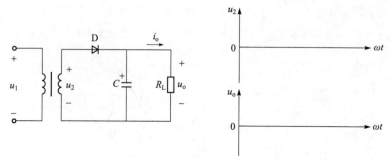

题图 1.33

1.34 电路如题图 1.34 所示，已知：$u_1=u_2=20\sqrt{2}\sin\omega t$ V，$R_L=4\,000\,\Omega$，电容 $C=2\,000\,\mu$F。（1）S 打开时，求输出电压 u_o 的平均值 U_o；（2）S 打开时，求每个二极管承受的最大反向电压 U_{DRM}；（3）S 闭合时，再求 U_o。

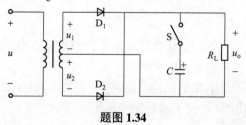

题图 1.34

1.35 电路如题图 1.35 所示，二极管是理想元件，电容 $C=500\ \mu F$，负载电阻 $R_L=5\ 000\ \Omega$。开关 S_1 闭合、S_2 断开时，直流电压表的读数为 141.4 V，（设直流电流表内阻为零，直流电压表内阻为无穷大）求：（1）开关 S_1 闭合、S_2 断开时，直流电流表的读数；（2）开关 S_1 断开、S_2 闭合时，直流电压表和直流电流表的读数；（3）开关 S_1、S_2 均闭合时，直流电压表和直流电流表的读数。

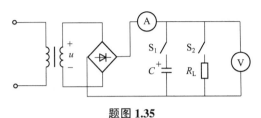

题图 1.35

1.36 电路如题图 1.36 所示，设 $D_1 \sim D_4$ 为理想二极管，已知：$u=20\sqrt{2}\sin\omega t\ V, C=1\ mF$。（1）求负载电压 u_o 的平均值 U_o 的数值；（2）若电容 C 断开，再求负载电压平均值 U_o；（3）若电容 C 断开，画出电压瞬时值 u_o 的波形；（4）定性画出电容 C 连接时 u_o 的波形。

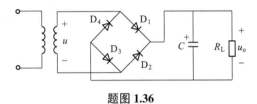

题图 1.36

1.37 电路如题图 1.37 所示，已知 $C=1\ 000\ \mu F$，$R_L=1\ 000\ \Omega$，$u_2=30\sqrt{2}\sin 314t\ V$。（1）写出题图 1.37 所示电路的名称；（2）计算输出电压平均值 U_o 和输出电流平均值 I_o；（3）试在题图 1.37 所示电路中添画适当的元件增加稳压电路，以实现稳压二极管稳压。

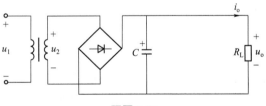

题图 1.37

1.38 求题图 1.38 所示电路中输出电压 u_o 的峰值电压，并标出电解电容 C_1、C_2 的极性及 u_o 的极性。

1.39 在题图 1.39 所示电路中，u_2 的有效值 $U_2=20\ V$，$R=400\ \Omega$，稳压二极管的稳压值 $U_Z=10\ V$，其最小稳定电流 $I_{Zmin}=5\ mA$，最大稳定电流 $I_{Zmax}=26\ mA$，负载电阻 $R_L=400 \sim 800\ \Omega$。

（1）计算电容两端电压 U_i；

（2）电阻 R 在电路中起什么作用？

（3）R_L 取何值时，I_Z 最大？并求之；

（4）R_L 取何值时，I_Z 最小？并求之。

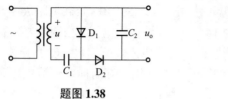
题图 1.38

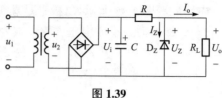
图 1.39

1.40 电路如题图 1.40 所示,已知 $u_2=15\sqrt{2}\sin 314t$ V,$U_Z=8$ V,$R_L=200$ Ω,$C=330$ μF。(1) 求电容电压 U_i、输出电压 U_o、负载电流 I_o;(2) 说明测量 U_2、U_i、U_o 时,分别采用万用表的何种挡位,测得的电压的名称分别是什么?

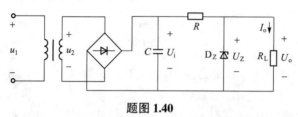
题图 1.40

1.41 用直流电压表测得某放大电路中三极管三个极对地的直流电位数值如题图 1.41 所示,试判断它们的三个极,并说明是属于何种类型的三极管(NPN 型或 PNP 型、硅管或锗管)。

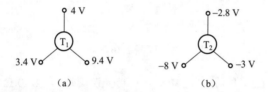
题图 1.41

1.42 放大电路中某晶体管 T 如题图 1.42 所示,用直流电流表测得①端流入电流为 0.04 mA,②端流入电流为 2.00 mA,③端流出电流为 2.04 mA。(1) 试分析图中①、②、③端分别是晶体管的哪个极;(2) 说明晶体管 T 的类型(NPN 型或 PNP 型);(3) 计算晶体管 T 的直流电流放大系数。

1.43 若测得三极管各引脚电位如题图 1.43 所示。(1) 指出引脚 ①、②、③ 与引脚 B、C、E 的对应关系;(2) 说明三极管的类型(NPN 型或 PNP 型、硅管或锗管);(3) 该晶体管处于何种工作状态?

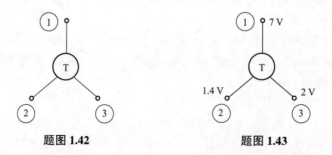
题图 1.42　　　　　　　　题图 1.43

1.44 若测得处于放大状态的三极管各引脚电位如题图 1.44 所示。(1) 指出引脚 ①、②、③ 的名称；(2) 说明三极管的类型（NPN 型或 PNP 型）；(3) 说明三极管的材料（硅管或锗管）。

1.45 放大电路中某晶体管 T 如题图 1.45 所示，用直流电流表测得①端流入电流为 1.54 mA，②端流出电流为 0.04 mA，③端流出电流为 1.50 mA。(1) 试分析图中①、②、③ 端分别是晶体管的哪个极；(2) 说明晶体管 T 的类型（NPN 型或 PNP 型）；(3) 计算晶体管 T 的直流电流放大系数。

题图 1.44　　　　　　题图 1.45

1.46 若测得放大电路中三极管两个电极的电流如题图 1.46 所示。(1) 求另一个电极的电流，标出其实际方向；(2) 求三极管的电流放大系数 β；(3) 在发射极上标出箭头（将三极管符号补充完整），说明该三极管的类型（NPN、PNP）。

1.47 电路如题图 1.47 所示，已知晶体管 $\beta=40$，$U_{BE}=0.7$ V。(1) 求晶体管临界饱和时的集电极电流 I_C 和基极电流 I_B（忽略饱和压降）；(2) 若 $U_i=6$ V，说明晶体管处于何种状态。

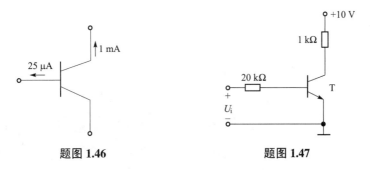

题图 1.46　　　　　　题图 1.47

1.48 什么叫开启电压 $U_{GS(th)}$？它是哪种类型管子的参数？什么叫夹断电压 $U_{GS(off)}$？它是哪种类型管子的参数？

1.49 场效应管是什么类型的半导体器件？它是用什么来控制漏极电流的？

1.50 单相半控桥式整流电路如题图 1.50 所示，$U=380$ V，$R_L=100\ \Omega$，$\alpha=30°$。求输出电压和电流的平均值 U_o、I_o。

1.51 在上题中，若输出电压平均值为 250 V，问导通角是多少？若将负载换为感性负载，输出电压 U_o 如何变化？采取什么措施可保证输出电压 U_o 不变？

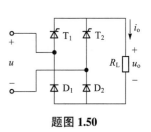

题图 1.50

1.52 在图 1.60 所示电路中,若要使输出电压 U_o 提高,应如何调整电位器 R_P?为什么?

1.53 根据题 1.31 给出的电路参数,用 Multisim 仿真软件,观察输出电压 u_{o1} 与 u_{o2} 的波形,并测量它们的大小。整流桥可用库中 1B4B42 器件,其他器件可选择理想元件。

1.54 根据题 1.39 给出的电路参数,用 Multisim 仿真软件,观察电容两端电压和输出电压的波形。整流桥可用库中 1B4B42 器件,其他器件可选择理想元件。(建议采用参数扫描联合瞬态分析的方法,分析 u_o 波形随负载电阻 R_L/电容 C 参数变化的规律,说明滤波的效果与电路参数的关系)

第 2 章
交流放大电路

在许多实际应用电路中，都要求将微弱的、变化的小信号放大到足以推动功率型的负载工作，这就需要利用交流放大电路。通常交流放大电路由电压放大电路和功率放大电路组成，而且常常是多级放大电路。在各种控制系统和仪器仪表中，也会用到放大器。

在第 1 章中介绍了几种半导体器件，其中半导体三极管和场效应管的主要用途之一就是用作构成放大电路。本章主要讨论由分立元件组成的基本放大电路，包括共发射极放大电路、共集电极放大电路、差动放大电路和互补对称功率放大电路，并简单介绍集成功率放大器的使用。在以下各节中，将详细讨论这些电路的结构、工作原理、分析和计算方法，以及电路的特点和典型应用。

2.1 共发射极放大电路

2.1.1 放大电路的概念

1. 放大电路的功能和组成

放大电路的功能是将微弱的电信号进行放大，使接在放大器输出端负载上得到的输出信号与输入端所加信号源信号的变化规律相同，而输出信号的幅度和功率比输入信号大得多。例如：扩音机能够将较小的信号放大到足以推动扬声器工作，其工作示意图如图 2.1（a）所示。话筒（麦克）是一种传感器，它能够将声音信号转变为微弱的电信号，经过扩音机中的放大器进行放大，再由扬声器将放大后的电信号转变成声音送出来，人们即可听到比原来的声音大许多倍的语言或音乐信号。这个扩音系统可用放大器的一般组成框图来表示：它由信号源、放大器和负载三个部分组成，如图 2.1（b）所示。

图 2.1 放大电路的概念
（a）扩音机示意图；（b）放大电路组成框图

在自动控制和测量等系统中，常常利用各种传感器将光、热、压力、机械运动等转换成相应的电信号，形成放大器的信号源。这种电信号通常是比较微弱的，必须经过放大器进行电压放大和功率放大，才能获得足够的功率，以推动扬声器、继电器等负载工作。

归纳起来，放大电路的工作具有以下特征：① 不失真地放大输入信号的电压、电流或功率，如果输出信号发生失真，放大就失去意义；② 放大电路是能量的转换器或控制器。在放大电路工作的过程中，放大的本质是将电源的直流功率转换为按输入信号规律变化的交流功率。因此，放大器的组成必须以三极管、场效应管等能量控制元件为核心。

2. 放大电路的分类和性能指标

按放大对象分类：有电压放大器、电流放大器和功率放大器；按工作频率分类：有低频放大电路、高频放大电路和宽带放大电路等；按放大电路接法分类：有共发射极接法、共集电极接法、共基极接法等。

放大电路的性能常用以下指标来衡量：电压放大倍数、输入电阻、输出电阻、通频带、非线性失真系数等，除此之外，还有最大输出电压、功率放大倍数、输出功率和效率等指标。本章重点讨论放大电路的电压放大倍数 A_u、输入电阻 r_i 和输出电阻 r_o。

交流放大电路常常以正弦交流信号作为其输入测试信号。

2.1.2 基本放大电路的工作原理

1. 放大电路的组成

共发射极接法基本交流放大电路的结构如图 2.2 所示，图中虚线划分了信号源、放大电路和负载三个部分。放大电路由三极管 T、基极偏置电阻 R_B、集电极电阻 R_C、耦合电容 C_1、C_2 和直流电源 U_{CC} 组成。

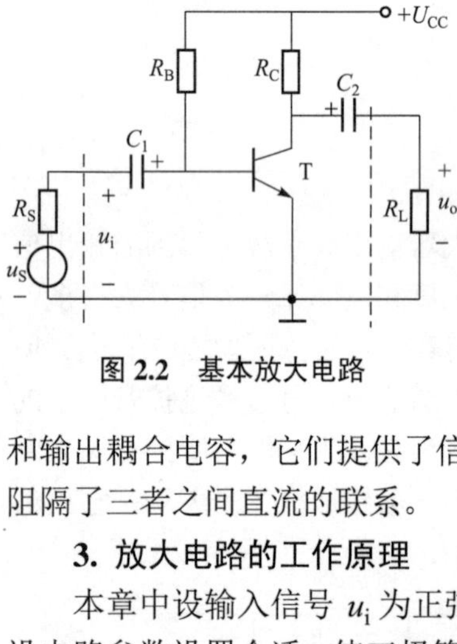

2. 放大电路中各元件的作用

放大电路的核心元件是三极管 T，在此电路中 T 为 NPN 型硅管。其发射结导通电压（也称为死区电压）U_{on} 为 0.4～0.5 V，工作电压为 0.6～0.7 V。电源 U_{CC} 通过电阻 R_B 为三极管提供基极偏置电流 I_B，保证三极管的发射结正偏、集电结反偏，使三极管工作在放大状态。通过电阻 R_C 将集电极电流的变化转化为输出电压的变化。C_1 和 C_2 分别是输入和输出耦合电容，它们提供了信号源和放大器之间、放大器和负载之间交流信号的通路，而阻隔了三者之间直流的联系。

图 2.2 基本放大电路

3. 放大电路的工作原理

本章中设输入信号 u_i 为正弦波。在输入信号 $u_i=0$ 时，放大电路的工作状态称为静态。设电路参数设置合适，使三极管处于放大状态，此时在电容 C_1、C_2 之间的放大器中有静态直流电流 I_B、I_C 和电压 U_{BE} 和 U_{CE}，这些电流和电压的数值称为放大器的静态值（或称为直流量）。利用 KCL 和 KVL，电流 I_E 和电压 U_{BC} 可以由以上电量求得。

当输入信号 $u_i \neq 0$ 时，放大器的工作状态称为动态。u_i 经耦合电容 C_1 送至放大电路的输入端，在静态值的基础上，引起电压 u_{BE} 和电流 i_B 的变化，形成直流量和交流量的叠加，即 $u_{BE}=U_{BE}+u_{be}=U_{BE}+u_i$，$i_B=I_B+i_b$。由于三极管具有电流放大作用，在放大电路的输出回路，引起输出电流 i_C 和电压 u_{CE} 的变化，仍然是在静态值基础上叠加一个放大了的交流量，即 $i_C=I_C+i_c$，$u_{CE}=U_{CE}+u_{ce}$。经过耦合电容 C_2 送到输出端，去掉了 u_{CE} 中的直流分量 U_{CE}，在负

载 R_L 上形成输出电压 $u_o = u_{ce}$。

在放大器输出端开路的情况下，根据输出回路的 KVL 方程 $U_{CC} = u_{CE} + i_C R_C$，当 i_C 增大时，u_{CE} 必定减小，所以在放大器输出端得到的是一个与输入电压 u_i 相位相反且幅值放大了的交流信号电压 u_o。放大电路中各电压、电流的波形如图 2.3 所示。

为了区别放大电路中各电压、电流的直流分量、交流分量和交直流总量，本书中采用不同的文字符号来表示，如表 2.1 所示。

放大电路的工作过程仍然符合能量守恒定律。三极管 T 控制直流电源的能量，将较小的 i_b 放大成较大的 i_c，从而使微弱的输入信号 u_i 被放大成较大的输出电压 u_o。

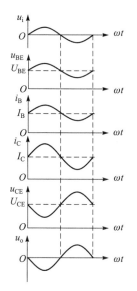

图 2.3　放大电路的工作波形图

表 2.1　放大电路中电压和电流的符号

名　称	静态值	交流分量			交直流总量
		瞬时值	有效值	最大值	
基极电流	I_B	i_b	I_b	I_{bm}	i_B
集电极电流	I_C	i_c	I_c	I_{cm}	i_C
发射极电流	I_E	i_e	I_e	I_{em}	i_E
基-射极电压	U_{BE}	u_{be}	U_{be}	U_{bem}	u_{BE}
集-射极电压	U_{CE}	u_{ce}	U_{ce}	U_{cem}	u_{CE}

前面分析的放大电路是由 NPN 型三极管构成的。对于由 PNP 型三极管构成的放大电路，其电路形式是一样的，只需要根据管子处于放大区的要求（发射结正偏、集电结反偏），将图 2.2 中的电源"$+U_{CC}$"的极性改为"$-U_{CC}$"即可，注意，耦合电容的极性也应随之改变。这两种放大电路静态和动态分析的方法也是一样的，以下主要分析 NPN 型三极管构成的放大电路。

2.1.3　基本放大电路的静态分析

1. 设置静态工作点的原因

通过对放大电路工作原理和工作波形的分析可知，在加入输入信号 u_i 时，放大电路中的电压电流均为交、直流分量共存，而且在输入正弦波变化的一个周期内，三极管始终处于线性放大状态，能够不失真地放大交流信号。

如果在图 2.4 中，静态时将放大电路设置为零偏置，即 $I_B = 0$，$I_C = 0$，$U_{CE} = U_{CC}$，晶体管处于截止状态。当加入 u_i 时，若信号幅值 U_{im} 小于发射结的死区电压 U_{on}，三极管在 u_i 的整个周期内始终为截止状态。即使 u_i 的幅值较大，在 $u_i < U_{on}$ 的大半个周期内，晶体管 T 仍会截止，从而导致输出电压 u_o 严重失真。这种情况与放大器的工作要求是不相符合的，所以设置合适的静态值是非常必要的。静态值就是静态工作点对应的坐标值。

2. 静态值的计算

放大电路的静态分析就是在输入信号 $u_i = 0$，并已知电路参数的情况下，求三极管的电流 I_B、I_C 和电压 U_{BE}、U_{CE} 的值。

静态分析的方法有两种：估算法和图解法。由于静态值是直流量，故可以利用放大电路的直流通路来进行计算。将图 2.2 中耦合电容 C_1 和 C_2 视为开路，即可得到基本放大电路的直流通路，如图 2.5（a）所示。为了分析方便，画为图 2.5（b）的形式。

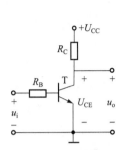

图 2.4 静态工作点为零的情况

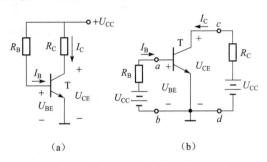

图 2.5 基本放大电路的直流通路
（a）直流通路；（b）改画的直流通路

根据基尔霍夫定律，分别列出放大电路输入回路的 KVL 方程

$$U_{CC} = R_B I_B + U_{BE} \tag{2.1}$$

和输出回路的 KVL 方程

$$U_{CC} = R_C I_C + U_{CE}$$

从而导出求放大器静态值的表达式

$$I_B = \frac{U_{CC} - U_{BE}}{R_B} \tag{2.2}$$

$$I_C = \beta I_B \tag{2.3}$$

$$U_{CE} = U_{CC} - R_C I_C \tag{2.4}$$

在以上各式中，电源 U_{CC}、电阻 R_B 和 R_C、三极管参数 β、U_{BE} 应为已知。对于 NPN 型硅管来说，发射结导通后的工作电压为 0.6～0.7 V，可取 $U_{BE}=0.6$ V 来计算。当 $U_{CC} \gg U_{BE}$ 时，也可以用 $I_B \approx U_{CC}/R_B$ 来近似估算偏置电流 I_B 的数值。

例 2.1 在图 2.2 中，已知：$U_{CC}=12$ V，$R_B=285$ kΩ，$R_C=4$ kΩ，$\beta=37.5$，取 $U_{BE}=0.6$ V，计算放大电路的静态值 I_B、I_C 和 U_{CE}。

解 根据图 2.5 所示的直流通路，利用表达式（2.2）～式（2.4），可求得电路的静态值为

$$I_B = \frac{U_{CC} - U_{BE}}{R_B} = \frac{12 - 0.6}{285} \text{（mA）} = 40 \text{（μA）}$$

$$I_C = \beta I_B = 37.5 \times 0.04 = 1.5 \text{（mA）}$$

$$U_{CE} = U_{CC} - R_C I_C = 12 - 4 \times 1.5 = 6 \text{（V）}$$

3. 静态分析的图解法

图解法是利用在三极管的输入特性和输出特性曲线上作直流负载线的方法求得放大电路的静态值。对图 2.5（b）所示放大电路的输入回路，a、b 左边为线性电路，其伏安特性是式（2.1）所表示的直线方程。a、b 右边为三极管的输入端，其伏安特性为图 2.6（a）所示的输入特性曲线 $I_B=f(U_{BE})$。静态值 I_B、U_{BE} 应同时满足两边的伏安特性。所以将式（2.1）表示的直线画在输入特性的坐标平面中，交点 Q 就是静态工作点，Q 点的坐标值（I_B，U_{BE}）即是静态值。

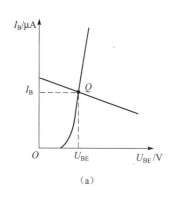
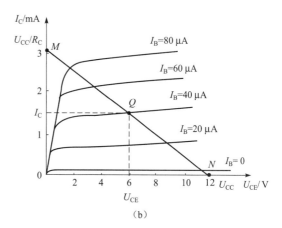

图 2.6 利用图解法进行静态分析
(a) 输入特性的静态分析；(b) 输出特性的静态分析

同理，在图 2.5（b）所示的输出回路 c、d 的左右，静态值 I_C、U_{CE} 既要满足电源 U_{CC} 与集电极电阻 R_C 串联支路的伏安特性——直线方程式（2.4），也要满足三极管的输出特性曲线 $I_C = f(U_{CE})\big|_{I_B=\text{常数}}$。在式（2.4）中，当 $U_{CE} = 0$ 时，$I_C = U_{CC}/R_C$，与纵坐标交于 M 点；当 $I_C = 0$ 时，$U_{CE} = U_{CC}$，与横坐标交于 N 点。将 M 点和 N 点连接起来的直线称为放大电路输出回路的直流负载线。按例 2.1 的电路参数，$I_B = 40\ \mu A$，所以直流负载线与输出特性 $I_B = 40\ \mu A$ 曲线相交的点 Q 即为静态工作点，其坐标值（$U_{CE} = 6\ V$，$I_C = 1.5\ mA$）即是所要求的静态值。

从图 2.6 中可看出，静态工作点 Q 的位置与电路参数 R_B、R_C、U_{CC} 均有关系。当调整这些参数时，会使直流负载线的斜率和静态工作点 Q 的位置有所变动。尤其是在 U_{CC} 和 R_C 确定之后，调节偏置电阻 R_B 即可改变基极电流 I_B，使输出特性上的工作点沿负载线向左上或右下移动。选择合适的工作点，就是通过调整 R_B 的大小来实现的。

由于三极管输入特性的线性段非常陡峭，用图解法求输入回路的静态值不是很精确，所以常常采用估算法求出 I_B 的值，再在输出特性曲线上用图解法求 I_C 和 U_{CE} 的数值。

2.1.4 基本放大电路的动态分析

交流放大电路只有加入了交流信号，其工作才有意义，此时三极管上的各电压和各电流均为直流分量和交流分量的叠加。对放大电路中交流信号分量的工作情况进行分析，是动态分析的任务。动态分析也有两种基本方法：微变等效电路分析法和图解分析法。

2.1.4.1 微变等效电路分析法

微变等效电路分析法是在放大电路的微变等效电路中，对放大电路的电压放大倍数 $\dot{A}_u$、输入电阻 r_i 和输出电阻 r_o 进行分析。所谓"微变"是指交流小信号，"等效电路"是指在一定条件下将非线性的三极管用线性电路模型来等效代替，"一定条件"是指应使输入信号满足交流小信号，且信号频率处于放大电路频率特性的中频段。在第 1 章中已经推导出简化的三极管微变等效电路，本节利用放大电路的交流通路，进一步导出放大电路的微变等效电路。

1. 放大电路的交流通路

交流通路是交流信号流经的路径，图 2.7 是图 2.2 所示放大电路的交流通路。在放大电路频率特性的中频段,当耦合电容 C_1、C_2 的容量足够大时,C_1、C_2 可视为短路;通常直流电源的内阻很小,可忽略不计,由于交流电流流过直流电源时不产生交流压降,所以,电源 U_{CC} 也可视作短路。因此只要将 C_1、C_2 和 U_{CC} 看成短路线,即可画出放大电路的交流通路。

2. 放大电路的微变等效电路

在 1.4 节中,介绍了三极管的微变等效电路。将图 2.7 中的三极管 T 用图 1.38(c)的简化微变等效电路来代替,即得到放大电路的微变等效电路,如图 2.8 所示。由于设定输入信号为正弦信号,所以图中各电流、电压均可用相量来表示,也可用瞬时值表示。

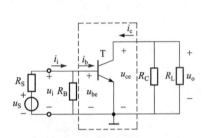

图 2.7 基本放大电路的交流通路

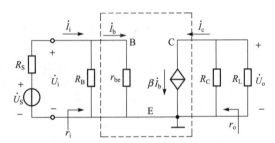

图 2.8 基本放大电路的微变等效电路

3. 放大电路的动态分析

(1) 电压放大倍数 $\dot{A}_u$

电压放大倍数是衡量放大器对输入信号放大能力的主要性能指标,它定义为

$$\dot{A}_u = \dot{U}_o / \dot{U}_i \tag{2.5}$$

由图 2.8 所示微变等效电路,可得放大电路的输入电压

$$\dot{U}_i = \dot{I}_b r_{be}$$

和输出电压

$$\dot{U}_o = -\dot{I}_c (R_C // R_L) = -\beta \dot{I}_b R'_L$$

故有电压放大倍数

$$\dot{A}_u = \frac{\dot{U}_o}{\dot{U}_i} = \frac{-\beta \dot{I}_b R'_L}{\dot{I}_b r_{be}} = -\beta \frac{R'_L}{r_{be}} \tag{2.6}$$

其中 $R'_L = R_C // R_L$,称为放大电路的等效负载电阻。

式(2.6)中负号表示输出电压 $\dot{U}_o$ 与输入电压 $\dot{U}_i$ 的相位相反。显然,电压放大倍数与三极管的电流放大系数 β、管子的输入电阻 r_{be}、集电极电阻 R_C、负载电阻 R_L 以及静态值 I_E 的大小有关,当放大器输出端接有负载电阻 R_L 时,所对应的电压放大倍数 $\dot{A}_u$ 比放大器输出端空载时要小。

(2) 输入电阻 r_i

由图 2.1(b)可见,放大电路的输入端是与信号源相联系的,如果将放大器看成是信号源的负载,这个等效的负载电阻即是放大器的输入电阻 r_i。r_i 可定义为

$$r_i = \dot{U}_i / \dot{I}_i \tag{2.7}$$

实际上,输入电阻 r_i 就是从放大电路输入端看进去的动态等效电阻。由于 r_i 与信号源内阻 R_S 分压,所以实际加到放大电路输入端的输入电压 $\dot{U}_i$ 的幅度比信号源电压 $\dot{U}_S$ 的幅度要小。即

$$\dot{U}_i = \frac{r_i}{R_S + r_i}\dot{U}_S \tag{2.8}$$

上式说明 r_i 是衡量放大器对信号源电压衰减程度的一个参数。显然，r_i 数值越大，$\dot{U}_i$ 越接近 $\dot{U}_S$，而且从信号源索取的电流也会越小。

由图 2.8 的微变等效电路易知

$$r_i = R_B // r_{be} \tag{2.9}$$

通常在电路中 $R_B \gg r_{be}$，因此在数值上有 $r_i \approx r_{be}$，但是二者的概念是不同的，r_i 是放大电路的输入电阻，而 r_{be} 是三极管的输入电阻，注意不要将它们混淆。

利用电压放大倍数的定义式（2.5）和输入电压与信号源电压的关系式（2.8），可以求得放大电路的源电压放大倍数

$$\dot{A}_{u_S} = \frac{\dot{U}_o}{\dot{U}_S} = \frac{\dot{U}_i}{\dot{U}_S} \cdot \frac{\dot{U}_o}{\dot{U}_i} = \frac{r_i}{R_S + r_i}\dot{A}_u \tag{2.10}$$

（3）输出电阻 r_o

在图 2.8 的微变等效电路中，放大电路的输出电阻 r_o 是从输出端向放大器看去的等效电阻，显然这是一个含受控源的电路。根据本书上册第 2 章介绍的含受控源电路的分析方法，可利用外加电源法求二端网络的等效电阻。首先将放大电路的负载 R_L 去掉，再将独立电源除源，即把信号电压源用短路线代替，内阻保留，受控源也保留。然后在放大电路输出端加入恒压源，如图 2.9 所示。由图可见，外加电压源 $\dot{U}$ 在 r_{be} 中产生的基极电流为零，即 $\dot{I}_b = 0$，故集电极电流也为零，即 $\dot{I}_c = \beta\dot{I}_b = 0$，所以受控电流源开路。因此放大电路的输出电阻 r_o 为集电极电阻 R_C，即

$$r_o = R_C \tag{2.11}$$

当放大电路结构复杂或未知时，可以采用实验测量的方法求得 r_o。对于负载 R_L 来说，可将放大电路看成信号源，如图 2.10 所示。若在放大电路输入端加入正弦信号 $\dot{U}_S$，在输出端分别测得空载输出电压 $\dot{U}_o'$ 和接入负载 R_L 后的输出电压 $\dot{U}_o$，由关系式

$$\dot{U}_o = \frac{R_L}{R_L + r_o}\dot{U}_o'$$

可得

$$r_o = \left(\frac{\dot{U}_o'}{\dot{U}_o} - 1\right)R_L \tag{2.12}$$

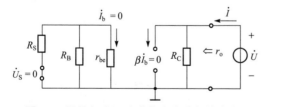

图 2.9 用外加电源法求放大电路的输出电阻

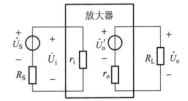

图 2.10 用实验方法求输出电阻

式（2.12）表明输出电阻 r_o 越小，$\dot{U}_o$ 越接近 $\dot{U}_o'$，即放大电路的输出电压受负载的影响越小，所以通常用 r_o 来衡量放大电路的带负载能力。需要特别强调的是，输入电阻 r_i 和输出电阻 r_o 都是动态电阻，是对交流信号而言的。尤其应注意，不要将输出电阻 r_o、负载电阻 R_L 与等效负载电阻 R_L' 三者混淆起来。

例 2.2 在例 2.1 中，若负载 $R_L=10\ \text{k}\Omega$，信号源内阻 $R_S=0.5\ \text{k}\Omega$，输入信号电压为 $u_s=10\sqrt{2}\sin\omega t\ \text{mV}$。① 求 $\dot{A}_u$、$\dot{A}_{u_S}$、r_i、r_o 和 u_o；② 若输出端空载时，求 $\dot{A}'_u$。

解 ① 为了进行动态分析，应求出三极管的输入电阻 r_{be}，需要先求出静态发射极电流 I_E，根据例 2.1 的结果和式（1.17），可得

$$I_E \approx I_C = 1.5\ (\text{mA})$$

$$r_{be} = 300 + (1+\beta)\frac{26(\text{mV})}{I_E(\text{mA})} = 300 + (1+37.5)\frac{26(\text{mV})}{1.5(\text{mA})} = 967.3\ (\Omega)$$

这个电路的微变等效电路如图 2.8 所示，根据式（2.6）到式（2.11）的结论，可求得放大电路的电压放大倍数、源电压放大倍数、输入电阻和输出电阻。

$$r_i = R_B // r_{be} = 280 // 0.967\ 3 = 0.964\ (\text{k}\Omega)$$

$$\dot{A}_u = -\frac{\beta(R_C // R_L)}{r_{be}} = -\frac{37.5\times(4//10)}{0.967\ 3} = -110.8$$

$$\dot{A}_{u_S} = \frac{r_i}{R_S + r_i}\dot{A}_u = \frac{0.964}{0.5+0.964}\times(-110.8) = -72.96$$

$$r_o = R_C = 4\ (\text{k}\Omega)$$

$$\dot{U}_o = \dot{A}_{u_S}\dot{U}_S = (-72.96)\times 10\ (\text{mV}) = -0.73\ (\text{V})$$

得输出电压的瞬时值为

$$u_o = 0.73\sqrt{2}\sin(\omega t - \pi)\ \text{V}$$

② 当输出端空载时，

$$A'_u = -\frac{\beta R_C}{r_{be}} = -\frac{37.5\times 4}{0.967\ 3} = -155.12$$

对比 $\dot{A}_u$、$\dot{A}'_u$ 和 $\dot{A}_{u_S}$，可看出三个电压放大倍数之间的差别。输出端接负载时，电压放大倍数比空载时减小，而考虑到信号源内阻 R_S 对信号源电压 $\dot{U}_S$ 的分压，输入电压 $\dot{U}_i$ 比信号源电源小，源电压放大倍数 $\dot{A}_{u_S}$ 比电压放大倍数 $\dot{A}_u$ 小。

2.1.4.2 图解分析法

在 2.1.4.1 节介绍的微变等效电路分析法是进行放大电路动态分析的主要方法，但它只适用于小信号输入的情况。当输入的交流信号比较大时，特别是当放大器出现非线性失真时，用图解分析法则既方便又直观。

1. 放大电路的图解分析法

在 2.1.2 节分析放大电路的工作原理时曾经讨论过，当一个正弦交流信号 u_i 加到放大电路的输入端后，发射结电压 u_{BE} 和基极电流 i_B 都会随之发生变化，成为直流分量（静态值）和交流分量的叠加，即 $u_{BE}=U_{BE}+u_{be}=U_{BE}+u_i$，$i_B=I_B+i_b$。这一结论可以从图 2.11 所示输入特性曲线中，u_{BE} 和 i_B 的对应关系上看得很清楚。分析中认为输入特性曲线上 Q_1、Q_2 之间近似为直线。

从图 2.12 输出特性曲线中电压 u_{CE} 和电流 i_C 的对应关系可以看出，当放大电路输出端空载时，i_C 和 u_{CE}（u_o）的变化不仅要受 i_B 的控制，同时还应符合输出回路的伏安关系，即 KVL 方程式 $u_{CE}=U_{CC}-i_C R_C$。从几何图形上看，i_C 和 u_{CE} 的变化，可看成放大电路的工作点 Q 随基极电流 i_B 的变化在直流负载线上的移动。

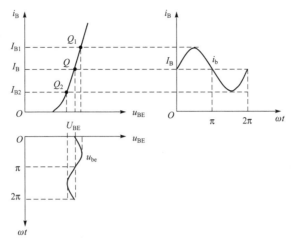

图 2.11 放大电路输入回路分析

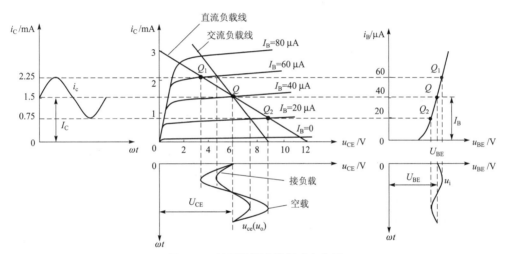

图 2.12 利用图解法进行动态分析

由例 2.1 的结论，$I_B = 40\ \mu A$，$I_C = 1.5\ mA$，$U_{CE} = 6\ V$，据此作出的图解分析已标示于图 2.12 中。设由输入信号 u_i 引起的基极电流的变化量为 $i_b = 20\sin\omega t\ \mu A$，故有基极电流的交直流总量为 $i_B = I_B + i_b = 40 + 20\sin\omega t\ \mu A$。当输入电压 $u_i = 0$ 时，三极管工作在静态，负载线上的工作点为 Q 点，基极电流 $i_B = I_B = 40\ \mu A$。当 u_i 从零变化到正最大值时，基极电流随之变为 $i_B = I_B + i_b = 40 + 20 = 60\ \mu A$，在负载线上，工作点从 Q 相应地变化到 Q_1 点，集电极电流 $i_C = 2.25\ mA$，$u_{CE} = 3\ V$。同理，当 u_i 从正最大值变化到负最大值时，负载线上的工作点从 Q_1 相应地变化到 Q_2 点，对应各电流电压量的数值为 $i_B = 20\ \mu A$，$i_C = 0.75\ mA$，$u_{CE} = 9\ V$。

由图可见 i_C 和 u_{CE} 也是直流分量和交流分量的叠加，即 $i_C = I_C + i_c$，$u_{CE} = U_{CE} + u_{ce}$。若在 $Q_1 \sim Q_2$ 之间的范围内，输出特性曲线平直且间距均匀，即三极管工作在线性放大区，则 i_C 和 u_{CE} 中的交流分量 i_c 和 u_{ce} 均随输入电压按正弦规律变化。若忽略耦合电容 C_2 的容抗对交流输出信号的压降，则有 $u_o = u_{ce}$。显然，输出电压 u_o 与输入电压 u_i 相比，幅度得到了放大，放大倍数为 $A_u = U_{om}/U_{im}$，但 u_o 与 u_i 的相位相反。

当放大电路输出端接有负载电阻 R_L 时，可以利用关系式 $\Delta u_{CE} = -\Delta i_C R_L'$，在原直流负载线的基础上，通过 Q 点作一条交流负载线（静态值不变），其斜率为 $-1/R'_L$，如图 2.12 所示。显而易见，在放大电路参数和输入信号电压均不变的情况下，i_B 和 i_C 的变化量也不变，只是 u_{CE} 变小了，这是由于 R'_L（$=R_C//R_L$）$<R_C$ 的缘故，此时仍有 $A_u=U_{om}/U_{im}$。

2. 非线性失真的分析

以上微变等效电路分析法和图解分析法的前提是三极管应工作在线性放大区，即放大器的静态工作点必须选择得合适，以保证在交流信号变化的整个周期内，三极管均应处于放大状态。若工作点 Q 选得过高或过低，在加入输入信号后，都将导致输出信号进入三极管的非线性区，故将这种波形失真叫作非线性失真。

（1）工作点过高引起饱和失真

在图 2.13 中，若静态工作点选择在 Q_1 点，接近饱和区，则在输入信号较大时，输出信号有半周进入饱和区，故有 i_c 的正半周被削波，而 u_{ce}（u_o）的负半周被削波。将这种由于输出信号进入饱和区引起的非线性失真称为饱和失真。为了消除这种失真，应降低静态工作点，即减小基极电流 I_B。根据式（2.2），适当增大偏置电阻 R_B，即可使静态工作点沿直流负载线向右下方移动，从而使输出信号消除了饱和失真。请注意，饱和失真只发生在输出回路，此时，输入回路的信号 u_{be}、i_b 并没有发生失真。

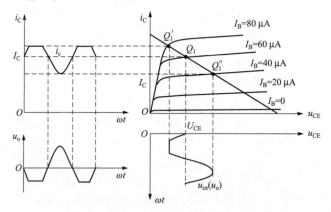

图 2.13　静态工作点偏高引起饱和失真

（2）工作点过低引起截止失真

在图 2.14 中，若静态工作点选择在 Q_2 点，接近截止区，则在输入信号 u_i 的负半周，u_{be}、

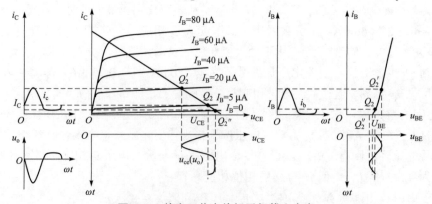

图 2.14　静态工作点偏低引起截止失真

i_b、i_c 的负半周均进入截止区，输出信号 u_{ce}（u_o）的正半周失真，此时三极管各个极的电流均接近于零。将这种由于三极管截止引起的非线性失真称为截止失真。当减小电阻 R_B 时，偏置电流 I_B 增大，静态工作点沿负载线向左上方移动，从而消除了截止失真。

对比以上两种非线性失真，饱和失真的输入信号处于线性区，而输出信号进入了非线性区；截止失真的输入、输出信号均进入了非线性区，所以输出信号的失真波形并没有完全被削平。

当静态工作点选择得合适，即 Q 点基本选在交流负载线的中点，但若输入信号过大，则将使输出信号同时进入饱和区和截止区，输出波形发生严重的非线性失真，这是应避免的。

2.2 静态工作点稳定的放大电路

2.2.1 温度变化对静态工作点的影响

基本放大电路（见图 2.2）的偏置电流 I_B 与偏置电阻 R_B 成反比［见式（2.2）］，当 R_B 不变时，I_B 也不变，故称为固定偏置电路。它虽然结构简单和易于调整，但电路的静态工作点极易受到外界环境因素（如电源电压的波动和温度变化等）的影响，尤其是温度变化引起三极管参数的变化，在导致 Q 点不稳定的诸多因素中是最主要的。

当环境温度升高时，三极管的电流放大系数 β 和穿透电流 I_{CEO} 将随之变大。而外加发射结电压 U_{BE} 不变时，基极电流也会变大，这些均可归结为集电极电流 I_C 变大，如图 2.15 所示。所以虽然电路结构和参数都不变，但静态工作点向左上方移动至 Q'，严重时甚至接近饱和区。显然在这种情况下，要将 Q 点移回到原来的位置，应适当减小偏置电流 I_B。因此，稳定静态工作点的实质是，在

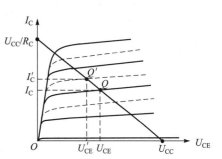

图 2.15　在不同环境温度下的晶体管输出特性曲线

环境温度变化时，利用直流负反馈或温度补偿的方法，使 I_B 的变化与 I_C 的变化方向相反，即用 I_B 的变化抵消 I_C 的变化，从而维持 Q 点基本不变。通常采用分压式偏置电路来实现这一目的。

2.2.2 分压式偏置电路

1. 电路的组成

稳定静态工作点的典型电路——分压式偏置电路如图 2.16 所示，与固定偏置放大电路相比，分压式偏置电路增加了下偏置电阻 R_{B2}，发射极电阻 R_E 和旁路电容 C_E。由于基极回路采用电阻 R_{B1} 和 R_{B2} 构成分压电路，故而得名。

2. 稳定静态工作点的原理

分压式偏置电路的直流通路如图 2.17 所示。对于节点 B，可写出 KCL 方程 $I_1 = I_B + I_2$。为了稳定静态工作点，应适当选取参数，使 $I_1 \approx I_2 \gg I_B$，因而有基极对地电位

$$V_B \approx \frac{R_{B2}}{R_{B1} + R_{B2}} U_{CC} \tag{2.13}$$

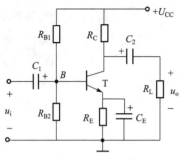
图 2.16 分压式偏置电路

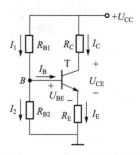
图 2.17 图 2.16 的直流通路

式（2.13）表明，V_B 基本取决于电路参数，而与温度无关，即当上、下偏置电阻和电源电压 U_{CC} 确定以后，V_B 保持基本不变。当 $V_B \gg U_{BE}$ 时，电路的发射极静态电流可用下式估算

$$I_E = \frac{V_B - U_{BE}}{R_E} \approx \frac{V_B}{R_E} \tag{2.14}$$

当 V_B、R_E 一定时，$I_C \approx I_E$ 也保持基本稳定，不仅受温度影响很小，而且与三极管参数几乎无关。当换用参数不同的三极管时，也可以保持静态工作点基本不变。

当温度 T 升高时，分压式偏置电路稳定静态工作点的物理过程可表示如下：

$$T\uparrow \rightarrow I_C\uparrow \rightarrow I_E\uparrow \rightarrow V_E\uparrow \xrightarrow{V_B \approx 常数} U_{BE}\downarrow$$
$$I_C\downarrow \leftarrow I_B\downarrow \leftarrow$$

其中，$U_{BE} = V_B - V_E$。在 V_B 基本不变时，由于 I_E、V_E 的增大，使发射结电压 U_{BE} 减小，进而引起 I_B、I_C 的减小，使 I_C 的增大得到了抑制。在这个电路中，通过电阻 R_E 将 I_E（I_C）的变化送回输入端，从而稳定了电路的静态工作点。故也将该电路称为分压式电流负反馈偏置电路。将输出量通过一定方式引回到输入回路的措施称为反馈，通过反馈的自动调节作用来抑制输出量的变化称为负反馈。关于负反馈的详细讨论，请参见 3.3 节。

2.2.3 静态分析

对分压式偏置电路进行静态分析，通常采用估算法或利用戴维宁定理的方法计算。估算法计算静态值比较简单，利用戴维宁定理的分析方法结果比较精确。本节只讨论估算法，其精度可以满足工程计算的要求。

由式（2.13）和式（2.14）可估算出集电极电流

$$I_C \approx I_E = \frac{V_B - U_{BE}}{R_E} \tag{2.15}$$

进而有

$$I_B = I_C/\beta$$
$$U_{CE} = U_{CC} - I_C R_C - I_E R_E \approx U_{CC} - I_C(R_C + R_E) \tag{2.16}$$

估算法的近似在于式（2.13）分压的条件 $I_1 \approx I_2 \gg I_B$，适当选择电路参数即可满足。应当指出，不管电路参数的配置是否满足 $I_1 \gg I_B$ 的条件，R_E 的直流负反馈作用都存在。另外，U_{BE} 的固定取值，以及 $I_C \approx I_E$ 的近似，都会使静态值的计算产生误差，但在工程上，这种误差是可以接受的。

2.2.4 动态分析

画出图 2.16 所示电路的微变等效电路,如图 2.18(a)所示。若将 R_{B1}、R_{B2} 等效成一个电阻 $R_B = R_{B1}//R_{B2}$,与图 2.8 对比则可看出,分压式偏置电路与固定偏置电路的微变等效电路是完全相同的,所以电压放大倍数、输入电阻和输出电阻分别为

$$\dot{A}_u = \frac{\dot{U}_o}{\dot{U}_i} = -\frac{\beta R'_L}{r_{be}} = -\frac{\beta(R_C//R_L)}{r_{be}} \quad (2.17)$$

$$r_i = \frac{\dot{U}_i}{\dot{I}_i} = R_{B1}//R_{B2}//r_{be} \quad (2.18)$$

$$r_o = R_C$$

若将放大电路中发射极旁路电容 C_E 开路,则微变等效电路如图 2.18(b)所示。由图可知,输入电压和输出电压为

$$\dot{U}_i = \dot{I}_b r_{be} + \dot{I}_e R_E = \dot{I}_b r_{be} + (1+\beta)\dot{I}_b R_E$$

所以有

$$\dot{U}_o = -\beta \dot{I}_b R'_L$$

$$\dot{A}_u = \frac{\dot{U}_o}{\dot{U}_i} = \frac{-\beta \dot{I}_b R'_L}{\dot{I}_b [r_{be} + (1+\beta)R_E]} = -\frac{\beta R'_L}{r_{be} + (1+\beta)R_E} \quad (2.19)$$

$$r_i = \frac{\dot{U}_i}{\dot{I}_i} = R_{B1}//R_{B2}//[r_{be} + (1+\beta)R_E] \quad (2.20)$$

$$r_o = R_C$$

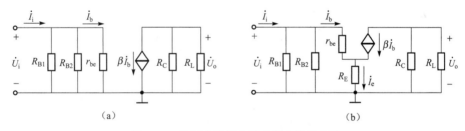

图 2.18 分压式偏置电路的微变等效电路

(a)微变等效电路;(b)将 C_E 开路时的微变等效电路

对比式(2.17)和式(2.19)以及式(2.18)和式(2.20)可看出,当去掉旁路电容 C_E 时,发射极电阻 R_E 对电压放大倍数的影响很大,使 $|\dot{A}_u|$ 大大下降,却提高了输入电阻,改善了放大电路性能。因为当信号源为电压源时,放大电路的输入电阻高,将使其从信号源得到更大的输入电压,而索取的输入电流则较小,即减小了放大电路对信号源的影响。在式(2.19)和式(2.20)中,$(1+\beta)R_E$ 的部分可看成将电阻 R_E 从发射极回路折算到基极回路,其阻值乘以 $(1+\beta)$ 倍。R_E 对电压放大倍数 $\dot{A}_u$ 和输入电阻 r_i 的影响属于交流负反馈,为避免 $|\dot{A}_u|$ 下降过多,在电路中通常将 R_E 分为两部分,只在其中一部分电阻上并联旁路电容 C_E,如图 2.19 所示。

例 2.3 在图 2.19 所示电路中,已知:$U_{CC} = 12\text{ V}$,$R_{B1} = 60\text{ k}\Omega$,$R_{B2} = 20\text{ k}\Omega$,$R_C = 4\text{ k}\Omega$,$R_E = 2\text{ k}\Omega$,$R_e = 200\text{ }\Omega$,$R_L = 4\text{ k}\Omega$,$\beta = 50$,$U_{BE} = 0.6\text{ V}$。① 求静态工作点 I_B、I_C、U_{CE};

② 画出微变等效电路；③ 求 $\dot{A}_u$、r_i、r_o；④ 将 C_E 开路，求 $\dot{A}'_u$、r'_i。

解 电路图中发射极电阻 R_e 未被 C_E 旁路，其中流过交、直流电流，而 R_E 上只流过直流电流，所以在计算静态值时，需要考虑 (R_E+R_e)；画微变等效电路和进行动态分析时，应只考虑 R_e 的作用。

①
$$V_B = \frac{R_{B2}}{R_{B1}+R_{B2}} U_{CC} = \frac{20}{60+20} \times 12 = 3 \text{ (V)}$$

$$I_C \approx I_E = \frac{V_B - U_{BE}}{R_E + R_e} = \frac{3-0.6}{2+0.2} = 1.09 \text{ (mA)}$$

$$I_B = \frac{I_C}{\beta} = \frac{1.09}{50} \text{ (mA)} = 21.8 \text{ (μA)}$$

$$U_{CE} = U_{CC} - I_C(R_C + R_E + R_e) = 12 - 1.09 \times (4+2+0.2) = 5.24 \text{ (V)}$$

② 微变等效电路如图 2.20 所示。

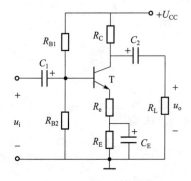

图 2.19 例 2.3 电路图

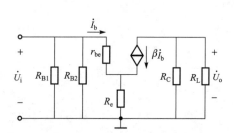

图 2.20 图 2.19 放大电路的微变等效电路

③ 由微变等效电路进行动态分析

$$r_{be} = 300 + (1+\beta)\frac{26(\text{mV})}{I_E(\text{mA})} = 300 + (1+50) \times \frac{26}{1.09} = 1.52 \text{ (k}\Omega)$$

$$\dot{A}_u = -\frac{\beta R'_L}{r_{be}+(1+\beta)R_e} = -\frac{50 \times (4//4)}{1.52+(1+50)\times 0.2} = -8.53$$

$$r_i = R_{B1}//R_{B2}//[r_{be}+(1+\beta)R_e]$$
$$= 60//20//[1.52+(1+50)\times 0.2] = 6.6 \text{ (k}\Omega)$$

$$r_o = R_C = 4 \text{ k}\Omega$$

④ 将 C_E 开路，有

$$\dot{A}'_u = -\frac{\beta R'_L}{r_{be}+(1+\beta)(R_E+R_e)}$$
$$= -\frac{50 \times (4//4)}{1.52+(1+50)\times(2+0.2)} = -0.879$$

$$r'_i = R_{B1}//R_{B2}//[r_{be}+(1+\beta)(R_E+R_e)]$$
$$= 60//20//[1.52+(1+50)\times(2+0.2)]$$
$$= 13.25 \text{ (k}\Omega)$$

对比③、④的计算结果，可知应如何设置 R_E 和 C_E，保证放大电路既有合适的静态工作点，又不致使 $|\dot{A}_u|$ 下降过多。

2.3 共集电极放大电路

根据输入回路与输出回路公共端的不同，单管放大电路共有三种基本组态：共发射极放大电路、共集电极放大电路和共基极放大电路。三种电路的结构不同，性能各异，应用于不同场合。前面两节所介绍的放大电路均属于共发射极放大电路，限于篇幅，本节只介绍共集电极放大电路，共基极放大电路的分析请参阅其他参考文献。

2.3.1 静态分析

共集电极放大电路的结构如图 2.21 所示。输入信号从三极管的基极与地之间加入，输出信号从发射极与地之间取出，所以又称为射极输出器。

当输入信号 $u_i=0$ 时，电路工作于直流工作状态。将耦合电容 C_1、C_2 视为开路，两个电容之间由电源 U_{CC}、三极管 T 和电阻 R_B、R_E 组成的部分即为直流通路，由此可求出静态值。列出输入回路的 KVL 方程为

$$U_{CC} = I_B R_B + U_{BE} + I_E R_E = I_B R_B + U_{BE} + (1+\beta) I_B R_E$$

故有

$$I_B = \frac{U_{CC} - U_{BE}}{R_B + (1+\beta) R_E} \tag{2.21}$$

$$I_E = (1+\beta) I_B$$

$$U_{CE} = U_{CC} - I_E R_E \tag{2.22}$$

2.3.2 动态分析

当加入输入信号 u_i 时，首先画出射极输出器的微变等效电路，如图 2.22 所示。由图可见，集电极 C 接地，故称共集电极电路，由此可对放大电路进行动态分析。

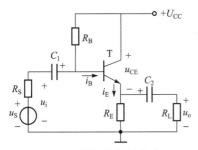

图 2.21 共集电极放大电路

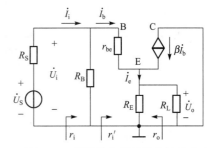

图 2.22 射极输出器的微变等效电路

1. 电压放大倍数

对输入回路可列出 KVL 方程为

$$\dot{U}_i = \dot{I}_b r_{be} + \dot{I}_e (R_E // R_L) = \dot{I}_b r_{be} + (1+\beta) \dot{I}_b R'_L$$

式中，$R'_L = R_E // R_L$ 为电路的等效负载电阻。

对输出回路有

$$\dot{U}_o = \dot{I}_e R'_L = (1+\beta)\dot{I}_b R'_L$$

故有电压放大倍数为

$$\dot{A}_u = \frac{\dot{U}_o}{\dot{U}_i} = \frac{(1+\beta)R'_L \dot{I}_b}{[r_{be}+(1+\beta)R'_L]\dot{I}_b} = \frac{(1+\beta)R'_L}{r_{be}+(1+\beta)R'_L} \tag{2.23}$$

由式（2.23）可见，$\dot{A}_u > 0$，即 $\dot{U}_o$ 与 $\dot{U}_i$ 同相位。当 $(1+\beta)R'_L \gg r_{be}$ 时，$\dot{A}_u \approx 1$，$\dot{U}_o \approx \dot{U}_i$，即射极输出器没有电压放大能力，但由三极管电流关系式 $\dot{I}_e = (1+\beta)\dot{I}_b$ 可知，共集电极电路能够放大电流，从而放大功率。因为输出电压总是与输入电压的变化趋势相同，所以这种电路也称为射极跟随器。

2. 输入电阻

由 $\dot{U}_i$ 的表达式可得

$$r'_i = \frac{\dot{U}_i}{\dot{I}_b} = \frac{[r_{be}+(1+\beta)R'_L]\dot{I}_b}{\dot{I}_b} = r_{be}+(1+\beta)R'_L$$

故有

$$r_i = \frac{\dot{U}_i}{\dot{I}_i} = R_B // r'_i = R_B // [r_{be}+(1+\beta)R'_L] \tag{2.24}$$

式（2.24）表明共集电极放大电路比共发射极放大电路具有更大的输入电阻，通常可达到几十到几百千欧。

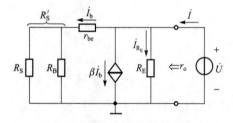

图 2.23 求输出电阻的等效电路

3. 输出电阻

为了推导输出电阻的表达式，利用外加电源法求含受控源二端网络的等效电阻，令图 2.22 中输入信号 $\dot{U}_S = 0$，保留信号源内阻 R_S，同时去掉负载电阻 R_L，在输出端外加一电压源 $\dot{U}$，并由 $\dot{U}$ 的方向标出电流 $\dot{I}_b$ 的方向，再由 $\dot{I}_b$ 的方向标出 $\beta\dot{I}_b$ 的方向，如图 2.23 所示。

列出 KCL 电流方程，并代入 $\dot{I}_{R_E} = \frac{\dot{U}}{R_E}$ 和 $\dot{I}_b = \frac{\dot{U}}{r_{be}+R_S//R_B}$，有

$$\dot{I} = \dot{I}_{R_E} + \dot{I}_b + \beta\dot{I}_b = \dot{I}_{R_E} + (1+\beta)\dot{I}_b$$

$$= \frac{\dot{U}}{R_E} + (1+\beta)\frac{\dot{U}}{r_{be}+R_S//R_B} = \dot{U}\left(\frac{1}{R_E} + \frac{1+\beta}{r_{be}+R'_S}\right)$$

故有输出电阻

$$r_o = \frac{\dot{U}}{\dot{I}} = R_E // \frac{r_{be}+R'_S}{1+\beta} \tag{2.25}$$

式中，$R'_S = R_S // R_B$。

很显然射极输出器的输出电阻可视为两部分并联。可将 $\dfrac{r_{be}+R'_S}{1+\beta}$ 看成将基极回路电阻

$r_{be}+R'_S$ 折算到发射极回路,其阻值除以（1+β）。通常情况下 β≫1,所以输出电阻 r_o 的数值很小,一般在几到几十欧。

例 2.4 在图 2.21 所示射极输出器电路中,已知:$U_{CC}=15$ V,$R_B=150$ kΩ,$R_E=3$ kΩ,$R_L=3$ kΩ,$R_S=0.5$ kΩ,$β=60$,取 $U_{BE}=0.6$ V。① 求静态值 I_B、I_E、U_{CE};② 求 A_u、r_i、r_o。

解 ①
$$I_B = \frac{U_{CC}-U_{BE}}{R_B+(1+β)R_E} = \frac{15-0.6}{150+61×3} \text{（mA）} = 43.24 \text{（μA）}$$

$$I_E = (1+β)I_B = 61×43.24 \text{（μA）} = 2.64 \text{（mA）}$$

$$U_{CE} = U_{CC} - I_E R_E = 15 - 2.64×3 = 7.08 \text{（V）}$$

$$r_{be} = 300 + (1+β)\frac{26}{I_E} = 300 + (1+60)×\frac{26}{2.64}$$

$$= 900.76 \text{（Ω）} \approx 0.9 \text{（kΩ）}$$

②
$$A_u = \frac{(1+β)R'_L}{r_{be}+(1+β)R'_L} = \frac{(1+60)×(3//3)}{0.9+(1+60)×(3//3)} = 0.99$$

$$r_i = R_B // [r_{be}+(1+β)R'_L]$$

$$= 150 // [0.9+(1+60)×(3//3)] = 57.18 \text{（kΩ）}$$

$$r_o = R_E // \frac{r_{be}+R_S//R_B}{1+β} = 3 // \frac{0.9+(0.5//150)}{1+60} \text{（kΩ）} = 22.75 \text{（Ω）}$$

2.3.3 特点及应用

由以上分析可归纳出射极输出器电路的特点:
① 电压放大倍数小于 1,但接近于 1;
② 输出信号与输入信号同相,具有跟随作用;
③ 输入电阻高;
④ 输出电阻低。

利用射极输出器输入电阻高的特点,可将其用作多级放大电路的输入级,使放大电路从信号源获得更大的输入电压,同时,又可以减小信号源所提供的电流。利用其输出电阻低的特点,可作为多级放大电路的输出级,使输出电压相对稳定,电压放大倍数基本不随负载变化,将放大电路的这种性能称为带负载能力强。另外,还可以将射极输出器接在两级共发射极放大电路之间,作为中间隔离级。它既可以提高前级放大电路的电压放大倍数,又能很好地与输入电阻低的共发射极电路配合,起到阻抗变换（或阻抗匹配）的作用。因此,射极输出器在电子电路中应用非常广泛。

2.4 多级放大电路

放大电路的输入信号一般都很微弱,为毫伏或微伏量级。为了达到负载所要求的电压或功率,应采用多级放大电路,其组成框图如图 2.24 所示。为了推动负载正常工作,通常放大电路的最后 1~2 级为功率放大电路,功率放大电路将在 2.6 节中介绍。

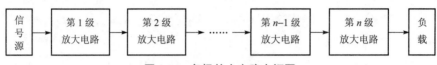

图 2.24　多级放大电路方框图

2.4.1　多级放大电路的级间耦合方式

将多个单级放大电路连接起来，即构成多级放大电路。各级放大电路之间的连接方式称为级间耦合方式，实现耦合的电路称为级间耦合电路。

1. 对耦合电路的要求

① 保证各级均有合适的静态工作点；

② 信号传输不产生失真；

③ 信号能有效地传输，即尽量减少信号在耦合电路上的损失。

2. 级间耦合方式

通常多级放大电路的级间耦合方式有四种：阻容耦合、直接耦合、变压器耦合和光电耦合。

（1）阻容耦合方式

由级间耦合电容与后一级放大电路的输入电阻构成两级之间的耦合电路，是交流放大电路中使用最多的耦合方式。本节重点讨论阻容耦合多级放大电路。

（2）直接耦合方式

将前、后两级用导线直接相连即构成直接耦合，因此它既能放大交流信号，又能放大变化缓慢的"直流"信号，常用于集成电路中。在 2.5 节差动放大器中将专门讨论直接耦合放大电路的特点和应用。

（3）变压器耦合方式

利用变压器将前、后两级连接起来即构成变压器耦合。这种耦合方式在早期的功率放大器和正弦波振荡电路中较为常见，它可以起到阻抗变换和功率匹配的作用。由于变压器笨重、体积大、不能集成，现在只有在集成功放不能满足要求的情况下，才采用变压器耦合作为功放的级间耦合方式。

（4）光电耦合方式

即利用光电耦合器（简称光耦）将前、后两级连接起来所构成的耦合。由于它是一种通过光线实现信号传递，构成电–光–电的转换器件，实现了两部分电路的电气隔离，也称为光电隔离器，因此具有使用可靠、抗干扰能力强等特点。

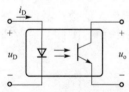

图 2.25　光电耦合器的结构

光电耦合器内部结构如图 2.25 所示，它由发光元件和受光元件（或称光敏元件）相互绝缘地组装而成。发光元件常采用砷化镓红外发光二极管，光敏元件常采用光电三极管、光敏二极管和光敏集成电路等。将这两部分封装在同一个不透明的管壳内，由绝缘且透明的树脂隔开。光电耦合器的封装形式有管形、双列直插式和光导纤维连接等不同形式。

光电耦合器具有以下特点：

① 信号传递采用电–光–电的形式，发光元件和受光元件不接触，具有很高的绝缘电阻

（可达 10^{10} Ω 以上），能承受 2 000 V 以上的高压，因此被耦合的两个部分可以分别接地，而不需要"共地"，绝缘和隔离性能都很好。

② 发光二极管是电流驱动器件，动态电阻很小，对系统内外的噪声和干扰信号形成低阻抗旁路，因此具有很强的抗电气干扰的能力。

③ 作为开关使用时，具有耐用、可靠性高和速度快等优点，响应时间一般为 μs 量级，高速光耦可达 ns 量级。

应该指出的是，光耦更多地用于信号隔离或转换、高压开关、脉冲系统间的电平匹配以及各种数字逻辑电路中。

2.4.2 阻容耦合放大电路的分析

两级阻容耦合放大电路如图 2.26 所示，由级间耦合电容 C_2 与第二级输入电阻 r_{i2} 构成两级之间的耦合电路。由于电容对直流的容抗为无穷大，具有隔直作用，所以对放大器进行静态分析时，各级的静态工作点可单独确定，分析计算方法与前面的讨论完全相同。下面进行动态分析。

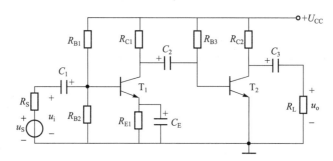

图 2.26 两级阻容耦合放大电路

1. 电压放大倍数

在放大器工作的频率范围内，耦合电容上的交流压降可忽略不计，所以认为第一级放大电路的输出电压全部加到了第二级放大电路的输入端，即 $\dot{U}_{o1} = \dot{U}_{i2}$。所以对于两级放大电路来说，总的电压放大倍数为

$$\dot{A}_u = \frac{\dot{U}_o}{\dot{U}_i} = \frac{\dot{U}_{o2}}{\dot{U}_{i1}} = \frac{\dot{U}_{o1}}{\dot{U}_{i1}} \times \frac{\dot{U}_{o2}}{\dot{U}_{i2}} = \dot{A}_{u1} \cdot \dot{A}_{u2} \tag{2.26}$$

对多级放大电路来说，总的电压放大倍数等于各级放大电路电压放大倍数的乘积。其条件是后级输入电压等于前级的输出电压，或等效于后级输入电阻作为前级的负载电阻。

2. 输入电阻和输出电阻

对于两级放大电路，有：

输入电阻　　　　　　　　　　　　　　　$r_i = r_{i1}$

输出电阻　　　　　　　　　　　　　　　$r_o = r_{o2}$

例 2.5 在图 2.26 所示的两级阻容耦合放大电路中，已知：$U_{CC}=12$ V，$R_{B1}=30$ kΩ，$R_{B2}=10$ kΩ，$R_{B3}=300$ kΩ，$R_{C1}=R_{C2}=R_L=3.9$ kΩ，$R_{E1}=2.2$ kΩ，信号源电压 $\dot{U}_S=2$ mV，内阻

$R_S=0.6\text{ k}\Omega$,$\beta_1=50$,$r_{be1}=1.6\text{ k}\Omega$,$\beta_2=40$,$r_{be2}=1\text{ k}\Omega$。要求:① 画出放大电路的微变等效电路;② 求总电压放大倍数、输入电阻和输出电阻;③ 求输出电压 $\dot{U}_o$。

解 ① 微变等效电路如图 2.27 所示。

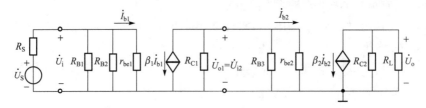

图 2.27 两级放大电路的微变等效电路

② 第二级放大电路的输入电阻为

$$r_{i2}=R_{B3}//r_{be2}=300//1\approx1\text{ (k}\Omega\text{)}$$

第一级电压放大倍数为

$$\dot{A}_{u1}=-\beta_1\frac{R_{C1}//r_{i2}}{r_{be1}}=-50\times\frac{3.9//1}{1.6}=-24.87$$

第二级电压放大倍数为

$$\dot{A}_{u2}=-\beta_2\frac{R_{C2}//R_L}{r_{be2}}=-40\times\frac{3.9//3.9}{1}=-78$$

总的电压放大倍数为

$$\dot{A}_u=\dot{A}_{u1}\times\dot{A}_{u2}=(-24.87)\times(-78)=1\,939.9$$

输入电阻为

$$r_i=r_{i1}=R_{B1}//R_{B2}//r_{be1}=30//10//1.6=1.32\text{ (k}\Omega\text{)}$$

输出电阻为

$$r_o=r_{o2}=R_{C2}=3.9\text{ (k}\Omega\text{)}$$

③ 输入电压为

$$\dot{U}_i=\dot{U}_S\frac{r_i}{R_S+r_i}=2\times\frac{1.32}{0.6+1.32}=1.375\text{ (mV)}$$

输出电压为

$$\dot{U}_o=\dot{A}_u\dot{U}_i=1\,939.9\times1.375\text{ (mV)}=2.67\text{ (V)}$$

2.4.3 阻容耦合放大电路的频率特性

在前面放大电路的动态分析中,假定输入信号为单一频率的正弦信号,且忽略了电容的容抗。而实际的输入信号往往是含有不同频率分量的信号电压(如语言、音乐、图像信号等)。此时,耦合电容 C_1、C_2 和旁路电容 C_E 等大电容,以及三极管的结电容和负载的电容效应 C_o 等,都会对不同的频率分量产生不同的容抗,造成电压放大倍数的模和相位均随频率产生变化。

若输出信号的不同频率分量之间在幅值和相位上的比例与输入信号的比例不完全相同,

则称输出信号产生了频率失真。

幅频特性表示电压放大倍数的模随频率的变化规律。相频特性表示电压放大倍数的相位随频率的变化规律。单级共发射极放大电路的幅频特性和相频特性如图2.28(a)、(b)所示,在放大电路频率特性的中间段,电压放大倍数基本上是一个常数$|\dot{A}_{u0}|$,输出电压对输入电压的相位移为180°,这一频率范围称为中频段。但在频率降低或升高时,$|\dot{A}_u|$均会下降,同时在180°基础上产生超前或滞后的附加相位移。

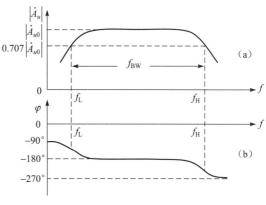

图 2.28 放大电路的频率特性

(a) 幅频特性;(b) 相频特性

当电压放大倍数的模下降为$|\dot{A}_{u0}|/\sqrt{2}=0.707|\dot{A}_{u0}|$时,所对应的低端频率$f_L$称为下限截止频率;高端频率$f_H$称为上限截止频率。定义:$f_L \sim f_H$之间的频率范围称为放大器的通频带(或称带宽),即

$$f_{BW}=f_H-f_L \tag{2.27}$$

f_{BW}是放大电路的一个重要的性能指标。可认为处于通频带范围内的输入信号的频率分量,都能通过放大电路。若输入信号中部分频率分量低于f_L或高于f_H,则输出信号中这部分频率的幅值将明显减小,所以通常希望通频带宽一些,以减小频率失真。

下面利用图 2.29 对共发射极放大电路幅频特性的三个频段做一定性说明。图中C_i表示三极管结电容和输入端分布电容的综合效应;C_o表示负载电容和输出端分布电容的综合效应。

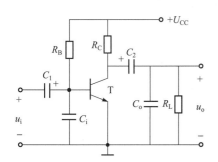

图 2.29 考虑电容效应的单级共发射极放大电路

在中频段,耦合电容C_1和C_2的容量较大,对信号频率来说容抗$X_C=1/(\omega C)$较小,可视为短路。而C_i和C_o的容量很小,容抗很大,可视为开路。所以各电容的作用均可不考虑,电压放大倍数基本为一常数,与频率无关。

在低频段,X_{C_i}和X_{C_o}更大,可看成开路而不考虑,而X_{C_1}和X_{C_2}较大,且串联在信号通路上,分压作用不再能忽略不计。因此,发射结上得到的电压U_{be}和负载上得到的输出电压U_o都会随频率下降而减小。因而导致$|\dot{A}_u|$比中频段下降。

在高频段,X_{C_1}和X_{C_2}比中频段更小,可忽略不计。而X_{C_i}和X_{C_o}则随频率增大而减小。X_{C_i}的分流作用使I_b减小;X_{C_o}与R_L并联引起U_o下降,进而导致$|\dot{A}_u|$下降。另外,在高频段,三极管电流放大系数β的下降也会引起$|\dot{A}_u|$下降。

关于各电容对放大电路相频特性高频段和低频段的影响,请读者自行分析。

2.5 差动放大电路

在实际的自动控制系统中,被控制量大多是模拟量,如温度、压力、流量等。它们经传感器转换成微弱的、变化缓慢的"直流"信号,送到放大器中进行放大或经信号处理,再输出进行系统控制。此时放大器只能采用直接耦合方式,其电路形式如图 2.30 所示。由于没有了耦合电容,放大电路具有良好的低频特性,较宽的通频带,直流放大器的幅频特性如图 2.31 所示。直接耦合放大器也称为直流放大器,集成电路中均采用直接耦合方式。

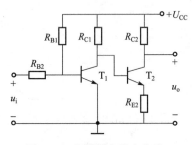

图 2.30 直接耦合放大电路

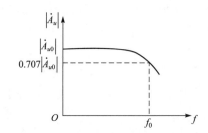

图 2.31 直接耦合放大器的幅频特性

2.5.1 直接耦合放大电路的零点漂移

直接耦合方式用导线将前、后级直接相连,两级之间直流通路和交流通路均相互连通,因此带来了两方面的问题:① 前、后级静态工作点的互相影响;② 零点漂移。第一个问题的解决应在配置电路参数时,统一考虑前、后两级的静态工作点;而第二个问题则需要重点讨论。

1. 零点漂移现象及其产生原因

在理想状态下,若直接耦合放大电路的输入信号 $u_i=0$ 时,输出电压 u_o 应不随时间变化,即 $u_o=0$,或 $u_o=$ 常数,但实际情况并非如此。如果在放大电路输出端接一灵敏的直流电压表,就会测量到缓慢变化的输出电压,如图 2.32 所示,这种现象称为零点漂移。

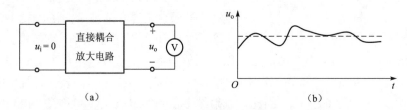

图 2.32 零点漂移现象
(a) 测试电路;(b) 输出电压的漂移

事实上,零点漂移存在于任何耦合方式的放大电路中。阻容耦合放大电路不会将这种变化缓慢的漂移电压传输到下一级进行逐级放大,因此对放大电路的工作不会有太大影响。而对直接耦合放大电路则会产生比较严重的后果,漂移电压会逐级传送和逐级放大,甚至在输出端会分不清信号和漂移,使放大电路不能正常工作。

在放大电路中很多原因都会引起零点漂移,如电源电压的波动、电路元件的老化、三极管参数(β、U_{BE}、I_{CEO} 等)受温度影响而产生的变化等。温度影响是产生零点漂移的最主要原因,所以有时也称零点漂移为温度漂移。

2. 抑制零点漂移的方法

抑制零点漂移的实质就是稳定放大电路的静态工作点。归纳起来，抑制零点漂移的方法有以下几种：

① 采用直流负反馈，如 2.2 节所讨论的电路措施。

② 采用温度补偿的方法，用热敏元件补偿晶体管参数随温度变化对放大器工作性能的影响。

③ 采用特性和参数基本相同的两个三极管构成差动放大器，使它们的漂移在放大电路输出端相互抵消。差动放大电路（简称差放）是一种非常有效地抑制零点漂移的电路形式。

由于差动放大电路的输入信号可以是任意信号，所以在本节和第 3 章中，各变化的信号均采用瞬时值形式（如 u_i、u_o 等）来表示。

2.5.2　差动放大电路的组成和工作原理

1. 差动放大电路的组成

差动放大器的原理电路如图 2.33 所示，电路由 T_1 和 T_2 为核心的两个共发射极电路组成。要求两个管子的特性和参数相同，两边的电路结构对称，对应的电阻参数也相等，因此静态工作点也相同。输入信号分别从两管的基极与地之间加入，输出信号从两管的集电极之间取出。

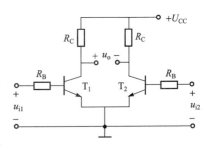

图 2.33　差动放大电路原理图

2. 抑制零点漂移的原理

当温度 T 升高时，两个管子的 I_B、I_C 都会增大，基极电位 $V_C = U_{CE}$ 则会下降，而且变化的幅度相等，在输出端漂移互相抵消，即

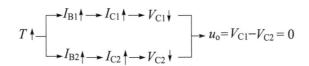

在电路采用双端输出和理想对称的情况下，只要两管的漂移是同方向的，均能够得到完全的抑制，这是差动放大器得到广泛应用的主要原因。

3. 差模输入和共模输入

由于两管输入信号分别加入，因此两个输入信号之间必然有大小和相位上的关系，共分为以下三种情况。

（1）差模输入

两个输入信号大小相等，极性相反，称为差模信号，即 $u_{i1} = -u_{i2}$。此时两管各自的输出电压也是大小相等，极性相反，即 $u_{o2} = -u_{o1}$，故有 $u_o = u_{o1} - u_{o2} = 2u_{o1}$。差模输出电压是每管输出电压的两倍，可以实现差模电压放大。

（2）共模输入

两个输入信号大小相等，极性相同，称为共模信号，即 $u_{i1} = u_{i2}$，两管的输出电压也是大小相等，极性相同，即 $u_{o1} = u_{o2}$。故有 $u_o = u_{o1} - u_{o2} = 0$，共模输出电压为零，因此在理想对称的情况下，差动放大电路对共模输入信号没有放大作用。

(3) 任意输入

两个输入信号大小和极性是任意的,为了便于分析,可将它们分解为一对差模信号与一对共模信号的和。分解方法如下:两个输入信号 u_{i1} 和 u_{i2} 的差模输入分量 u_{id} 和共模输入分量 u_{ic} 分别为

$$u_{id} = \frac{1}{2}(u_{i1} - u_{i2}) \tag{2.28}$$

$$u_{ic} = \frac{1}{2}(u_{i1} + u_{i2}) \tag{2.29}$$

例如:$u_{i1} = 7 \text{ mV}$,$u_{i2} = -3 \text{ mV}$,则分解后得 $u_{id} = 5 \text{ mV}$,$u_{ic} = 2 \text{ mV}$。此时对差动放大电路进行动态分析,即先进行差模分析和共模分析,再利用叠加定理对差模输出分量与共模输出分量求代数和。

实际上,任意输入是差动放大电路的一般输入方式。例如在自动控制系统中,常将基准信号和被控制量所对应的输入信号,分别加到差动放大器的两个输入端,对二者之间的差值进行放大,从而使被控制量朝着所需要的方向变化,而每个输入信号本身的数值大小并不是很重要,所以这种输入方式也称为比较输入。

2.5.3 差动放大电路的输入输出方式

差动放大电路的输入信号有两种不同的连接方式,将输入信号加在两个管子的基极之间的输入方式称为双端输入;而将输入信号加在一个管子的基极和地之间,另一个管子的基极直接接地的输入方式称为单端输入。

在差动放大电路的输出端也有两种不同的连接方式。输出电压取自两个管子的集电极之间时,称为双端输出;输出电压取自一个管子的集电极与地之间时,称为单端输出。因此组合起来共有四种输入、输出的连接方式,即双端输入双端输出、单端输入单端输出、双端输入单端输出和单端输入双端输出。本节重点分析前两种。

1. 双端输入双端输出电路

(1) 典型差动放大电路的结构

利用图 2.34 所示的典型差动放大电路来分析双端输入双端输出电路的动态工作情况和特点。与差动放大器原理电路相比,典型差动放大电路多出了三个元件:调零电位器 R_P,发射极电阻 R_E 和负电源 U_{EE}。它们在电路中所起的作用是:

① 电位器 R_P:由于实际电路元件参数和特性的分散性,不可能做到两边电路完全对称。因此用 R_P 调整偏置电流,使电路在 $u_i = 0$ 时,$u_o = 0$。通常选取 R_P 为几十到几百欧姆。

② R_E 的作用是稳定静态工作点,减小零点漂移(工作原理与 2.2 节的分析完全相同)。当有共模信号输入时,R_E 同样具有负反馈的作用,而且由于流入 R_E 的电流为 $2i_e$,所以负反馈的作用更强,大大减小了输出电

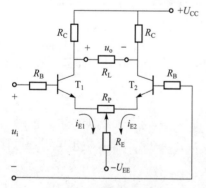

图 2.34 双端输入双端输出差动放大电路

压 u_o 中的共模分量,故将 R_E 称为共模负反馈电阻。实际上,可将零点漂移看成是共模信号的一种形式。通常 R_E 的阻值选为几到十几千欧。

③ 加入负电源 U_{EE} 是为了补偿 R_E 上的压降,保证静态时基极电位 $V_B \approx 0$,以减小干扰对差动放大电路的影响。在多数情况下,电源 U_{EE} 与 U_{CC} 的数值相等。

(2) 差模电压放大倍数 A_d

典型差动放大电路加差模输入信号时的交流通路如图 2.35(a)所示。由于两个输入信号大小相等,方向相反,在电阻 R_E 上引起的电流 $i_{e1} = -i_{e2}$,互相抵消掉,所以 R_E 对差模信号不产生压降。而 R_P 对差模信号会产生压降,且具有一定的负反馈作用,但因其阻值较小可忽略不计,因此图 2.35 中没有画出电阻 R_E 和 R_P。由电路结构的对称性有

$$u_{i1} = -u_{i2} = \frac{1}{2} u_i$$

$$u_{o2} = -u_{o1}$$

$$u_o = u_{o1} - u_{o2} = 2u_{o1}$$

u_{o1} 与 u_{o2} 大小相等、极性相反,所以负载电阻 R_L 的中点为交流信号的地电位,相当于每管接负载 $R_L/2$。画出单管差模信号微变等效电路如图 2.35(b)所示。

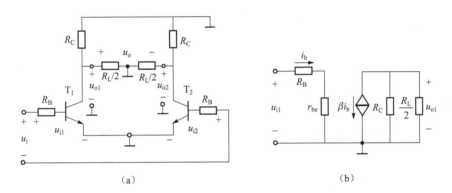

图 2.35 差动放大器差模信号交流通路及其微变等效电路
(a) 差模信号交流通路;(b) 单管差模信号微变等效电路

差动放大电路的差模电压放大倍数为

$$A_d = \frac{u_o}{u_i} = \frac{2u_{o1}}{2u_{id1}} = A_{d1} = -\frac{\beta R_L'}{R_B + r_{be}} \tag{2.30}$$

式中,$R_L' = R_C // (R_L/2)$ 为差动放大电路双端输出时的等效负载电阻;负号表示输出电压 u_o 与输入电压 u_i 的极性相反。虽然差模电压放大倍数与单管电压放大倍数相等,但电路对共模信号和零点漂移的抑制作用却大大加强。R_E 可自动区分差模输入信号和共模输入信号,且区别对待。若将零点漂移视为共模信号的一种特例,则双端输出的差动放大电路抑制共模信号的措施有两条:第一,利用对称性抵消共模输出信号;第二,利用 R_E 的强负反馈作用来减小共模输出信号。

2. 单端输入单端输出电路

单端输入单端输出的差动放大电路如图 2.36(a)所示。单端输入电路看似只有一个管子加入了输入信号,但实际上可以通过信号分解,等效成两管各取得了差模信号 $u_i/2$、$-u_i/2$ 和共模信号 $u_i/2$,所以仍相当于双端输入,其输入信号等效电路如图 2.36(b)所示。

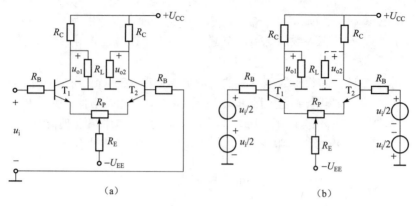

图 2.36 单端输入单端输出差动放大电路
(a) 电路图；(b) 单端输入信号的等效电路

与双端输入差动放大电路不同，单端输入电路不仅加入了差模信号，而且同时加入了共模信号，输出电压中也是差模输出分量和共模输出分量之和，即

$$u_{id} = \frac{1}{2}u_i, \quad u_{ic} = \frac{1}{2}u_i$$

$$u_o = u_{od} + u_{oc} = A_d u_{id} + A_c u_{ic} \tag{2.31}$$

（1）差模电压放大倍数

单端输出时，输出电压仅取自某一个管子的输出端，有

$$\left. \begin{array}{l} A_d = \dfrac{u_{o1}}{u_i} = \dfrac{u_{o1}}{2u_{id1}} = \dfrac{1}{2}A_{d1} = -\dfrac{\beta R'_L}{2(R_B + r_{be})} \quad （反相输出）\\[2mm] 或 \quad A_d = \dfrac{u_{o2}}{u_i} = \dfrac{u_{o2}}{2u_{id1}} = -\dfrac{u_{o1}}{2u_{id1}} = -\dfrac{1}{2}A_{d1} = \dfrac{\beta R'_L}{2(R_B + r_{be})} \quad （同相输出） \end{array} \right\} \tag{2.32}$$

式中，$R'_L = R_C // R_L$ 为等效负载电阻。对比式（2.30）和式（2.32）可见，在差动放大电路输出端空载的条件下，单端输出的差模电压放大倍数为双端输出的差模电压放大倍数的一半。A_d 的大小只与输出方式有关，而与输入方式无关。

（2）共模电压放大倍数

由于差动放大电路两边输入信号的共模分量大小相等，极性相同，所以流过 R_E 的电流为 $2i_e$，可以认为是 i_e 流过 $2R_E$，且 $R_E \gg R_P$，当 $2(1+\beta)R_E \gg (R_B + r_{be})$ 时，共模电压放大倍数为

$$A_c = \frac{u_{oc}}{u_{ic}} = -\frac{\beta(R_C // R_L)}{R_B + r_{be} + 2(1+\beta)R_E}$$

$$\approx -\frac{\beta R'_L}{2(1+\beta)R_E} \approx -\frac{R'_L}{2R_E} \tag{2.33}$$

式（2.33）表明差动放大器的共模电压放大倍数与 R_E 成反比，当 R_E 阻值越大，对共模信号的负反馈作用就越强，共模输出电压也就越小。单端输出时，不可能利用两管对称来抵消共模输出电压 u_{oc}，只能利用 R_E 对共模信号的负反馈作用来减小 u_{oc}。

（3）共模抑制比

为了表示差动放大器对差模信号的放大能力和对共模信号的抑制能力，定义差模电压放

大倍数 A_d 与共模电压放大倍数 A_c 之比为"共模抑制比",用 K_{CMR} 表示,即

$$K_{CMR} = \frac{A_d}{A_c} \quad (2.34)$$

若用分贝表示,有 $K_{CMR} = 20\lg\left|\frac{A_d}{A_c}\right|$ (dB)

3. 单端输入双端输出电路

具有恒流源的差动放大电路如图2.37所示,它采用单端输入双端输出的连接方式。图中恒流源由 T_3、R_1、D_Z 和 R_{E3} 组成,在不太高的电源电压(U_{EE})下,既为差动放大电路设置了静态工作点,又大大增强了共模负反馈作用。

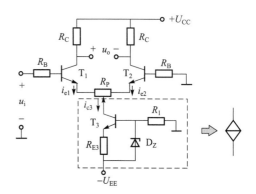

图 2.37 具有恒流源的单端输入双端输出差动放大器

电阻 R_1 和稳压管 D_Z 使三极管 T_3 的基极电位固定,由于电路两边对称,有 $i_{c3} = i_{e1} + i_{e2} = 2i_{e1}$。当温度变化或加入共模信号时,$R_{E3}$ 的负反馈作用使 i_{c3} 保持基本不变,故可将虚线框内电路视为一个受控恒流源,使电路具有更强的抑制共模信号的能力。

4. 双端输入单端输出电路

这种连接方式常用来将差动信号转换成单端输出的信号,以便与后面的放大电路处于共地状态,运放中常常采用这种连接方式。

表2.2给出了差动放大电路的四种输入输出方式及其性能的比较。

表 2.2 差动放大电路四种输入输出方式的比较

输入方式	双端输入		单端输入	
原理电路图	(双管差动电路图)		(双管差动电路图)	
输出方式	双端输出	单端输出	双端输出	单端输出
差模电压放大倍数 A_d	$A_d = -\dfrac{\beta R_C}{r_{be}}$	$A_d = \mp\dfrac{\beta R_C}{2r_{be}}$	$A_d = -\dfrac{\beta R_C}{r_{be}}$	$A_d = \mp\dfrac{\beta R_C}{2r_{be}}$
共模电压放大倍数 A_c	$A_c \to 0$	很小	$A_c \to 0$	很小
共模抑制比 K_{CMR}	很高	高	很高	高
差模输入电阻 r_{id}	$r_{id} = 2r_{be}$		$r_{id} = 2r_{be}$	
输出电阻 r_o	$r_o = 2R_C$	$r_o = R_C$	$r_o = 2R_C$	$r_o = R_C$

2.6 功率放大电路

功率放大电路（简称功放）的功能是向负载提供较大的输出功率。功放的种类有很多，早期的甲类单管功放、乙类推挽功放等电路，大多采用变压器耦合方式，以解决阻抗匹配的问题，使负载得到最大功率。但由于变压器笨重、体积大、效率低，不便于集成，现在变压器耦合的功放已经很少见，取而代之的是广泛应用的互补对称功率放大器。本节介绍两种互补对称功放电路，并以 LM386 为例介绍集成功率放大器的结构、特点和使用。

2.6.1 功率放大电路的概念

1. 对功率放大电路的要求

要推动负载工作，例如使扬声器发出声音、继电器动作等，必须使用功率放大电路。从能量转换和控制的角度来说，电压放大电路和功率放大电路并没有本质的差别。但对两种放大电路的要求是不同的。电压放大电路只要提供较大的、不失真的输出电压，具有高而稳定的电压放大倍数。而对功率放大电路则有以下三点要求：

① 能够输出足以推动负载工作的功率，即必须同时提供足够大的电压和电流。

② 要有较高的效率，即将电源提供的直流功率 P_E，尽可能多地转化成输出功率 P_o，而减小功放本身的功率损耗，使 $\eta = P_o/P_E$ 较大。

③ 非线性失真较小，由于三极管在大信号情况下工作，运用接近极限状态，所以减小失真是一个很重要的问题。

另外，在功率放大电路中必须使用功率型三极管，其散热和保护也是需要认真考虑的问题。如果使用不当，极易造成功率管的损坏甚至烧毁，使整个功放不能正常工作。

2. 功率放大电路的三种工作状态

根据静态工作点在交流负载线上的位置不同，可将功率放大电路的工作状态分为以下三种：

① 甲类工作状态：Q 点选择在交流负载线的中点，如图 2.38（a）所示，输出信号不失真。但在输入信号为零时，电源提供的功率全部消耗在功放内部。可以证明，在理想情况下最大效率也只有 50%，而实际效率远远低于这个水平。因此实际功放很少采用甲类工作状态。

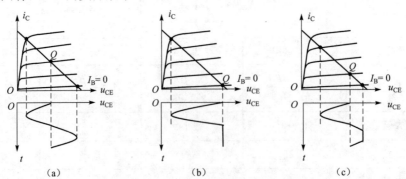

图 2.38 功率放大电路的 3 种工作状态
(a) 甲类工作状态；(b) 乙类工作状态；(c) 甲乙类工作状态

② 乙类工作状态：Q 点选择在交流负载线的下端，输出特性曲线截止区的边缘，如图 2.38（b）所示，若输入信号为正弦波时，输出信号只剩下半周，发生了严重失真。但输入信号 $u_i=0$ 时，功放本身的功率消耗也接近于零。因此乙类功放比甲类功放明显提高了效率，在理想情况下最大效率的理论值为 78.5%。

③ 甲乙类工作状态：Q 点的位置比乙类工作状态略向上移，输出仍有较大失真，效率介于甲类和乙类之间，如图 2.38（c）所示。

2.6.2 互补对称功率放大电路

为了解决信号失真和提高功放的效率，常采用互补对称功率放大电路。利用两个类型不同（NPN 型和 PNP 型）、但特性及参数相同的三极管 T_1 和 T_2 组成功率放大电路。由于它们对偏置电压极性要求不同，所以 NPN 管工作在输入信号的正半周，PNP 管工作在输入信号的负半周，构成完整的输出信号。这种工作方式称为互补对称方式：互补是指两管为不同类型，对称是指两管的特性和参数相同。本节讨论两种互补对称电路：双电源的无输出电容 OCL（Output Capacitorless）电路；单电源的有输出电容、无输出变压器 OTL（Output Transformerless）电路。

1. OCL 功率放大电路

（1）OCL 电路的工作原理

无输出电容的互补对称功率放大电路的原理电路如图 2.39（a）所示。图中三极管 T_1 为 NPN 型管，T_2 为 PNP 型管，两个电源大小相等，极性相反，输入信号接于两个管子的基极，负载接于两个管子的发射极。该电路实质上是由两个工作在乙类状态的射极输出器组合而成。

设输入信号为正弦波。当输入 $u_i=0$ 时，两管都处于截止状态，所以输出信号 $u_o=0$，管子损耗也接近零。当输入信号 $u_i>0$，且大于三极管发射结死区电压 U_{on} 时，T_1 管发射结正向偏置，T_2 管发射结反向偏置，故 T_1 导通，T_2 截止，由电源 $+U_{CC}$ 向负载 R_L 供电，从而得到输出电压 u_o（电流 i_L）的正半周，其电流路径如图 2.39（a）中 i_{C1} 所示。

当输入信号 $u_i<0$，且 $|u_i|$ 大于三极管发射结死区电压 U_{on} 时，T_1 截止，T_2 导通，由电源 $-U_{CC}$ 向负载 R_L 供电，其电流路径为 i_{C2}，得到输出电压 u_o（电流 i_L）的负半周，因此 R_L 上得到一个完整的波形，如图 2.39（b）所示。显然输出波形存在着失真，这是由于在 u_i 过零且小于三极管发射结死区电压 U_{on} 时，两个管子均不导通，由此产生的波形失真称为交越失真。图 2.40 给出了在输入特性上对交越失真的分析。

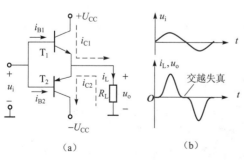

图 2.39 OCL 功放电路及交越失真波形
（a）OCL 功效电路；（b）交越失真波形

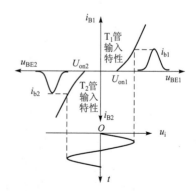

图 2.40 交越失真的产生

（2）消除交越失真的 OCL 电路

为了消除交越失真，可为 OCL 电路设置很小的静态工作点，以克服三极管发射结的死区电压，设置偏置的一种常用电路如图 2.41 所示。图中利用二极管的正向压降为三极管提供正向偏置电压，使 T_1 和 T_2 具有很小的静态偏置电流。采用二极管作为偏置电路的元件，是由于二极管与三极管发射结的结构和导通电压基本相同，同时二极管还可起到温度补偿的作用，能够稳定 T_1 和 T_2 的静态工作点。

在电路中，静态时从 $+U_{CC}$ 经 D_1、D_2 支路至 $-U_{CC}$ 有一直流电流，在两个三极管基极之间所产生的压降为 $U_{B_1B_2} = U_{R_P} + U_{D_1} + U_{D_2}$，使 $U_{B_1B_2}$ 稍大于两管发射结电压之和。此时 T_1 和 T_2 均处于微导通状态。当加入输入电压 u_i 时，T_1 或 T_2 即可根据 u_i 的极性处于导通或截止。即使 u_i 很小，也能保证有一个管子导通，从而消除了交越失真。消除交越失真的输入特性图解分析如图 2.42 所示。电路中 R_P 的作用是在静态时，调节 R_P 使 T_1 和 T_2 的发射极对地电位 $V_E \approx 0$，即在 $u_i = 0$ 时，$u_o = 0$。

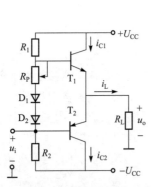

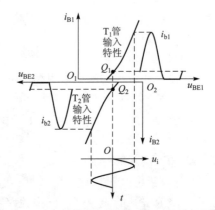

图 2.41　消除交越失真的 OCL 电路　　图 2.42　T_1 和 T_2 管在 u_i 作用下输入特性的图解分析

综上所述，在 u_i 的一个周期中，T_1 和 T_2 的导通时间均大于 u_i 的半个周期，所以两管工作于甲乙类状态。

2. OTL 功率放大电路

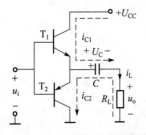

图 2.43　OTL 功放电路原理图

另一种互补对称电路 OTL 功率放大电路的原理电路如图 2.43 所示，它与 OCL 电路的结构和工作原理类似。T_1 和 T_2 在输入信号的正、负半周交替导通，在输出端组合成完整的 u_o 波形。与 OCL 电路不同的是，OTL 电路采用单电源供电。它用一个大容量的电容 C 代替了负电源 $-U_{CC}$，为输出信号的负半周提供电流。

在 u_i 的正半周，T_1 导通，T_2 截止，电流 i_{C1} 从 $+U_{CC}$ 经 $T_1 \to C \to R_L \to$ 地，在 R_L 上输出电压正半周的同时，还给电容 C 充电。到 u_i 的负半周，T_1 截止，T_2 导通，电流从 $C \to T_2 \to R_L$ 形成回路，构成 R_L 上输出电压的负半周。为了保证输出电压的正、负半周对称，要求在静态时，$U_C = U_{CC}/2$。只要电容 C 的容量足够大（通常选为几百微法），使充电和放电时间常数远大于信号周期，即可保证 U_C 在 u_i 的整个周期保持基本不变。

3. 复合管

采用复合管（也称达林顿管）是为了提高电路的输出功率而采取的措施，常用于功放电路和直流稳压电源电路。将三极管中 T_1 的集电极或发射极接到 T_2 的基极，即构成复合管，可等效为一个电流放大系数很大的晶体管，如图 2.44 所示。

下面以图 2.44（a）为例，推导复合管的电流放大系数 β 的表达式，由于 $I_{C2} \gg I_{C1}$，所以有 $I_C = I_{C1} + I_{C2} \approx I_{C2}$，利用 $I_E \approx I_C = \beta I_B$，有

$$I_C \approx I_{C2} = \beta_2 I_{B2} = \beta_2 I_{E1} \approx \beta_2 (\beta_1 I_{B1}) = \beta_1 \beta_2 I_{B1} = \beta_1 \beta_2 I_B$$

所以
$$\beta = \frac{I_C}{I_B} \approx \beta_1 \beta_2$$

若 $\beta_1 = 50$，$\beta_2 = 20$，则 $\beta = \beta_1 \cdot \beta_2 = 1\,000$。只要用 $I_{B1} = 2$ mA 的推动电流即可达到输出电流为 2 A 的要求。因此，它能大大增加输出功率。在同样的输出电流的情况下，它比普通功率管要求更小的推动级驱动电流。

对于图 2.44（b）复合管的电流放大系数同样符合 $\beta = \beta_1 \beta_2$ 的关系式。复合管的类型取决于 T_1 管的类型，而与 T_2 管的类型无关。通常复合管由不同类型的晶体管组成，T_1 为小功率管，T_2 为大功率管。这是因为由不同类型的小功率管和同样类型的大功率管组成的复合管比较容易配对，恰恰可以用来组成特性和参数一致的复合管互补对称电路，称为复合互补对称功率放大电路。

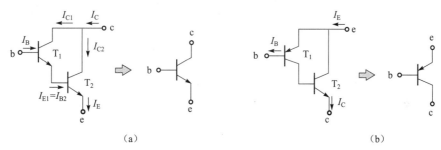

图 2.44　复合管电路原理图

图 2.45 给出带有前置放大级的复合互补对称功率放大电路。其基本工作原理与 OTL 电路完全相同：T_1 和 T_2、T_3 和 T_4 组成复合管，元件 R_2、D_1、D_2 的功能为设置静态工作点，避免交越失真。R_5、R_6 为电流负反馈电阻，使电路工作更加稳定。由 T_5 构成的电压放大器，是功放的前置放大级，它的结构是典型的分压式偏置电路。

在理想情况下，假定 OCL 或 OTL 功放电路工作在乙类，忽略管子的饱和压降 U_{CES}，输出信号幅度为 $U_{om} = U_{CC}$ 时，可得功放的最大效率 $\eta_m = P_o/P_E = 78.5\%$。但实际效率比这个数值要低一些。

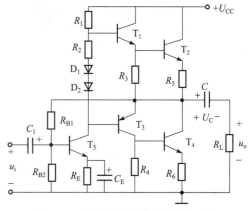

图 2.45　复合互补对称功率放大电路

2.6.3 集成功率放大器

集成电路（Integrated Circuit，IC）是 20 世纪 60 年代初期发展起来的一种新型半导体器件。集成电路是将晶体管、电阻、电容及其连线同时制造在一块半导体芯片上，组成一个具有完整功能的电路。将输入端、输出端和外接元器件的端子引出，构成集成电路的引脚。引脚的数量有几个到几十个，甚至上百个不等。集成电路的种类很多，例如：集成功放、集成运放、集成比较器等属于模拟集成电路；集成门电路、集成触发器、集成计数器等属于数字集成电路。与分立元件相比，集成电路具有体积小、质量轻、可靠性高等优点。

集成功放的种类和型号很多，本节以音频集成功放 LM386 为例，介绍集成功放的结构和典型应用。LM386 的特点是输出功率较大（达几百到 1 000 mW）、外接元件少、自身功耗低、通频带宽（达几百 MHz）、电源电压的允许范围宽（4~18 V）等。LM386 在收音机、录音机等电路中得到广泛应用。

1. LM386 的结构和符号

图 2.46（a）所示为 LM386 的外形图，为双列直插式塑封结构；图 2.46（b）为 LM386 的引脚排列图，共有 8 个引脚。其中输入端有两个（2 脚和 3 脚），5 脚的输出电压与 2 脚加入的信号电压反相，与 3 脚加入的信号电压同相。7 脚接入相位补偿电路是为了消除自激振荡。1、8 脚之间接不同元件可构成不同的电压增益。1、8 脚之间开路时，电压放大倍数最小，为 $A_{u\min}=20(26\text{ dB})$；1、8 脚之间接 10 μF 电容时，电压放大倍数最大，为 $A_{u\max}=200(46\text{ dB})$；若在 1、8 脚之间接可变电阻 R 与电容 $C=10$ μF 串联，则 A_u 在 20~200 之间可调，电阻 R 的阻值越小，A_u 越高。

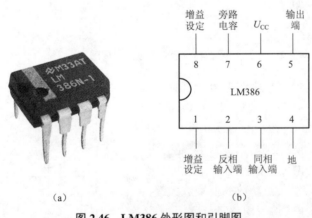

图 2.46 LM386 外形图和引脚图
(a) 外形图；(b) 引脚图

2. LM386 的典型应用电路

LM386 的一种典型应用电路如图 2.47 所示。图中输入信号从 3 脚加入，则输出电压与输入同相。在 1、8 脚之间接入电阻 $R=1.2$ kΩ 与电容 $C=10$ μF 串联，则有 $A_u=50$。

第 2 章 交流放大电路

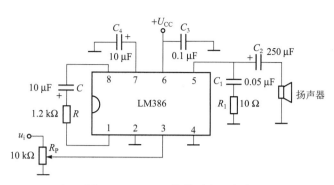

图 2.47 LM386 的典型应用电路

2.7 场效应管放大电路

在第 1 章中介绍了绝缘栅型场效应管的结构、特性曲线和参数，它的最大特点是输入电阻高，所以常用来作为多级放大电路（特别是运算放大器等电路）的输入级，可有效地提高放大电路的输入电阻。本节只介绍一种分压式偏置共源极放大电路。

2.7.1 静态分析

由增强型 NMOS 场效应管构成的分压式偏置共源极放大电路如图 2.48 所示。由于管子的输入电阻很大，栅极电流近似为零，电阻 R_G 中无电流通过，所以栅极电位由电阻 R_{G1}、R_{G2} 分压确定，即

$$V_G = V_G' = \frac{R_{G2}}{R_{G1}+R_{G2}} U_{DD}$$

源极电位为

$$V_S = I_D R_S$$

所以栅源电压为

$$U_{GS} = V_G - V_S = \frac{R_{G2}}{R_{G1}+R_{G2}} U_{DD} - I_D R_S \tag{2.35}$$

上式表明，只要适当选择 R_{G1}、R_{G2}，就可使 $U_{GS}>0$，满足增强型 NMOS 管栅源电压的要求，也可满足耗尽型 NMOS 管的偏压 U_{GS} 可正可负的要求，所以这种偏置电路能适合由各种不同类型的场效应管构成的放大电路。

放大电路的漏源电压为

$$U_{DS} = U_{DD} - I_D(R_D+R_S) \tag{2.36}$$

将式（2.35）、式（2.36）与场效应管的转移特性联立，即可求出 U_{GS}、I_D 和 U_{DS} 的数值，完成场效应管放大电路的静态分析。

2.7.2 动态分析

在输入为小信号时，可用微变等效电路分析法来求得电路的电压放大倍数、输入电阻和

输出电阻。在 1.5 节介绍了场效应管及其小信号微变等效电路,利用图 1.45(b)的结果,画出图 2.48 放大电路的微变等效电路,如图 2.49 所示,虚线框内为场效应管。由图可见,输入电压为

$$\dot{U}_i = \dot{U}_{gs}$$

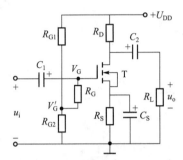

图 2.48 分压式偏置共源极放大电路

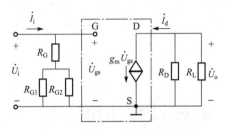

图 2.49 图 2.48 的微变等效电路

输出电压为

$$\dot{U}_o = -\dot{I}_d R'_L = -g_m \dot{U}_{gs} R'_L$$

式中,$R'_L = R_D /\!/ R_L$ 为等效负载电阻。电压放大倍数为

$$\dot{A}_u = \frac{\dot{U}_o}{\dot{U}_i} = -\frac{g_m \dot{U}_{gs} R'_L}{\dot{U}_{gs}} = -g_m R'_L \qquad (2.37)$$

式中负号表示输出电压与输入电压反相。输入电阻为

$$r_i = \frac{\dot{U}_i}{\dot{I}_i} = R_G + R_{G1} /\!/ R_{G2} \qquad (2.38)$$

输出电阻为

$$r_o = R_D \qquad (2.39)$$

式(2.38)表明,输入电阻主要取决于 R_G,其阻值不能太小,通常选择几到几十 MΩ。

场效应管还常用来构成差动放大电路。由增强型 NMOS 管构成的具有恒流源的差动放大电路如图 2.50 所示。它的工作原理与 2.5 节分析的由双极型三极管构成差动放大器类似。但电路结构简单,便于集成。与双极型三极管构成的差动放大器相比,输入电阻大几个数量级,因此几乎不从信号源索取电流。由于场效应管放大电路具有输入电阻大、功耗小的特点,常用于多级放大电路的输入级,以适应微弱信号放大电路对低噪声、低功耗的要求。

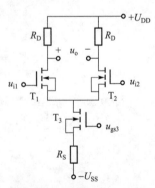

图 2.50 场效应管恒流源差动放大电路

例 2.6 在如图 2.48 所示放大电路中,已知:$U_{DD} = 24$ V,$R_{G1} = 180$ kΩ,$R_{G2} = 60$ kΩ,$R_G = 1$ MΩ,$R_D = R_L = 10$ kΩ,$R_S = 6$ kΩ,$g_m = 0.9$ mA/V。要求:① 估算静态值;② 求电压放大倍数、输入电阻和输出电阻。

解 ①

$$V_G = \frac{R_{G2}}{R_{G1} + R_{G2}} U_{DD} = \frac{60}{180 + 60} \times 24 = 6 \text{ (V)}$$

设 $U_{GS} \approx 0$,$I_D \approx V_G/R_S = 6/6 = 1$(mA)

$$U_{DS} = U_{DD} - I_D(R_D + R_S) = 24 - 1 \times (10+6) = 8 \text{ (V)}$$

② $$\dot{A}_u = -g_m R'_L = -g_m(R_D // R_L) = -0.9 \times (10 // 10) = -4.5$$

$$r_i = R_G + R_{G1} // R_{G2} = 10^3 + 180 // 60 = 1\,045 \text{ (k}\Omega\text{)} = 1.045 \text{ (M}\Omega\text{)}$$

$$r_o = R_D = 10 \text{ (k}\Omega\text{)}$$

例 2.7 在如图 2.51 所示放大电路中，已知：$U_{DD} = 20$ V，$R_{G1} = 300$ kΩ，$R_{G2} = 100$ kΩ，$R_G = 1$ MΩ，$R_D = 10$ kΩ，$R_{S1} = 1$ kΩ，$R_{S2} = 10$ kΩ，$R_{B1} = 30$ kΩ，$R_{B2} = 10$ kΩ，$R_C = 750$ Ω，$R_E = 430$ Ω，NMOS 场效应管 $g_m = 1$ mA/V，三极管 $\beta = 99$，$U_{BE} = 0.7$ V。要求：① 画出放大电路的微变等效电路；② 求输入电阻和输出电阻；③ 求总电压放大倍数。

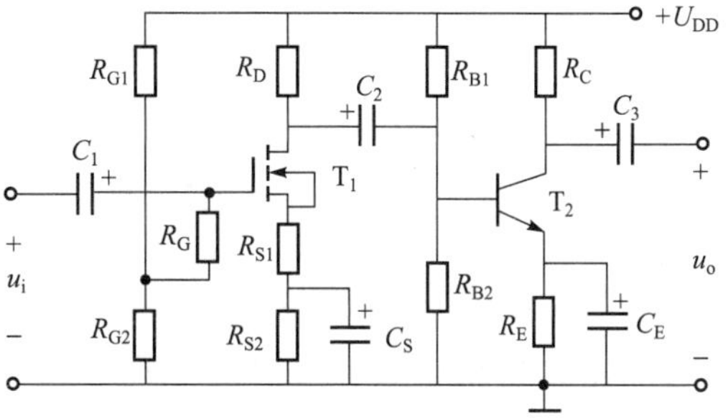

图 2.51 例 2.7 电路图

解 ① 放大电路的微变等效电路如图 2.52 所示。由于场效应管放大电路存在着负反馈，在画微变等效电路和计算动态参数时应考虑电阻 R_{S1} 的影响。

② 由微变等效电路，可求得放大电路的输入电阻和输出电阻为

$$r_i = R_G + R_{G1} // R_{G2} = 10^3 + 300 // 100 = 1\,075 \text{ (k}\Omega\text{)}$$

$$r_o = R_C = 0.75 \text{ (k}\Omega\text{)}$$

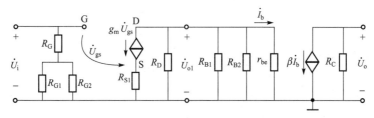

图 2.52 例 2.7 放大电路的微变等效电路

③ $$V_B = \frac{R_{B2}}{R_{B1} + R_{B2}} U_{DD} = \frac{10}{30+10} \times 20 = 5 \text{ (V)}$$

$$I_E = \frac{V_B - U_{BE}}{R_E} = \frac{5 - 0.7}{430} = 10 \text{ (mA)}$$

$$r_{be} = 300 + (1+\beta)\frac{26}{I_E} = 300 + 100 \times \frac{26}{10} = 560 \text{ (}\Omega\text{)}$$

$$r_{i2} = R_{B1} // R_{B2} // r_{be} = 30 // 10 // 0.56 = 0.52 \text{ (k}\Omega\text{)}$$

第一级电压放大倍数为

$$\dot{U}_i = \dot{U}_{gs} + g_m \dot{U}_{gs} R_{S1}$$

$$\dot{U}_{o1} = -g_m \dot{U}_{gs} (R_D // r_{i2})$$

$$\dot{A}_{u1} = \frac{\dot{U}_{o1}}{\dot{U}_i} = -\frac{g_m \dot{U}_{gs}(R_D \| r_{i2})}{\dot{U}_{gs}(1+g_m R_{S1})} = -\frac{g_m(R_D // r_{i2})}{1+g_m R_{S1}}$$

$$= -\frac{10^{-3} \times (10 // 0.52) \times 10^3}{1+10^{-3} \times 10^3} = -\frac{0.5}{2} = -0.25$$

第二级电压放大倍数为

$$\dot{A}_{u2} = \frac{\dot{U}_o}{\dot{U}_{o1}} = -\frac{\beta R_C}{r_{be}} = -\frac{99 \times 0.75}{0.56} = -132.6$$

总电压放大倍数为

$$\dot{A}_u = \dot{A}_{u1} \cdot \dot{A}_{u2} = -0.25 \times (-132.6) = 33.15$$

由以上两个例题的计算结果可看出，场效应管放大电路的输入电阻高，适合作为多级放大电路的输入级。但由于场效应管跨导 g_m 数值较小，导致放大电路的电压放大倍数比较低。若与三极管构成的共发射极放大电路相连，则可兼有二者的优点：既有很高的输入电阻，又有较大的电压放大倍数。

习题

2.1 基本交流放大电路如题图 2.1 所示，说明电路中各元件的作用。

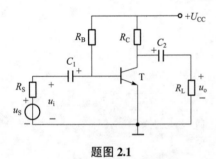

题图 2.1

2.2 在题图 2.1 所示放大电路中，已知：$U_{CC}=16$ V, $R_B=385$ kΩ, $R_C=4$ kΩ, $\beta=50$, 取 $U_{BE}=0.6$ V。

（1）用估算法求静态值 I_B、I_C 和 U_{CE}；

（2）若 $R_B=210$ kΩ, 再求静态值，说明静态工作点是否合适，并说明原因。

2.3 在 2.2 题中，三极管的输入、输出特性曲线如题图 2.3（a）、(b) 所示，已知输入电压 $u_i=0.02\sin\omega t$ V，负载电阻 $R_L=4$ kΩ, u_i 引起 i_B 在 20～60 μA 之间变化。要求：

（1）利用图解法求静态工作点（提示：用估算法求 I_B，再用图解法求 I_C 和 U_{CE})；

（2）利用图解法分别求输出端开路和接负载 R_L 时的电压放大倍数 $A_u = U_{om}/U_{im}$；

（3）若用示波器测得 u_i 和 u_o 的波形如题图 2.3 (c) 所示，说明电路发生了何种失真、失真产生的原因以及如何消除此失真。

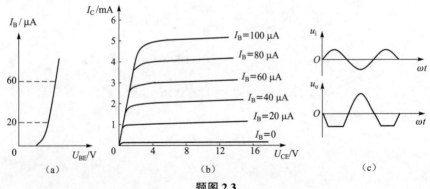

题图 2.3

2.4 在题图 2.1 所示放大电路中，已知：$U_{CC}=16\text{ V}$，$R_B=385\text{ k}\Omega$，$R_C=4\text{ k}\Omega$，$\beta=50$，$U_{BE}=0.6\text{ V}$，三极管的输入电阻 $r_{be}=1\text{ k}\Omega$。

（1）画出放大电路的微变等效电路；

（2）求输出端开路时的电压放大倍数 $\dot{A}_u$ 和接负载 $R_L=4\text{ k}\Omega$ 时的电压放大倍数 $\dot{A}_u'$；

（3）求电路的输入电阻 r_i 和输出电阻 r_o；

（4）计算放大电路从空载到负载时电压放大倍数的相对变化率 $\left|\dfrac{\dot{A}_u'-\dot{A}_u}{\dot{A}_u}\right|$。

2.5 写出题图 2.1 所示电路的各种名称，写出该电路所具有的特点。

2.6 题图 2.1 所示固定偏置共发射极放大电路，假设电路其他参数不变，分别改变以下某一项参数时，试定性说明放大电路的静态值 I_B、I_C 和 U_{CE} 将增大、减小还是基本不变，并说明这些变化对放大电路性能的影响。（1）减小 U_{CC}；（2）减小 R_B；（3）减小 R_C；（4）减小 β；（5）减小 R_S；（6）减小 R_L。

2.7 题图 2.1 所示固定偏置共发射极放大电路，假设电路其他参数不变，分别改变以下某一项参数时，试定性说明放大电路的电压放大倍数 $\dot{A}_u$、源电压放大倍数 $\dot{A}_{us}$、输入电阻 r_i 和输出电阻 r_o 将增大、减小还是基本不变，并说明这些变化对放大电路性能的影响。（1）减小 U_{CC}；（2）减小 R_B；（3）减小 R_C；（4）减小 β；（5）减小 r_{be}；（6）减小 R_S；（7）减小 R_L。

2.8 试判断题图 2.8 所示各电路能否放大交流信号，如不能，应如何改正？（提示：画出放大电路的直流通路和交流通路进行分析。）

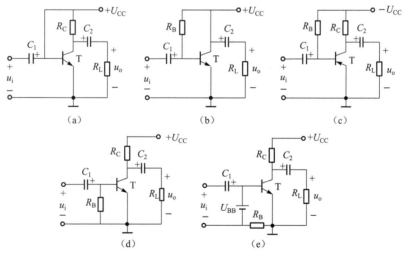

题图 2.8

2.9 固定偏置共发射极放大电路如题图 2.9（a）所示，三极管的输出特性曲线及直流负载线如题图 2.9（b）所示，已知 $U_{BE}=0.7\text{ V}$。

（1）写出 Q 点对应的静态值 I_B、I_C、U_{CE} 的数值；

（2）求出电源 U_{CC} 和电阻 R_B、R_C 的数值；

（3）求三极管的电流放大系数 β；

（4）若静态工作点处于 Q_1 的位置，试说明静态工作点是否合适，为什么？

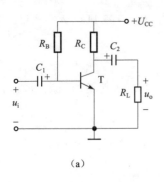
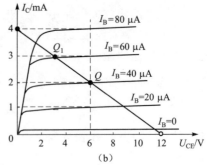

题图 2.9

2.10 固定偏置共发射极放大电路的直流负载线和三极管输出特性曲线如题图2.10所示。

（1）Q_1点或Q_2点作为静态工作点是否合适？并分别说明理由；

（2）为使放大电路的输出幅度达到最大，静态工作点Q选在哪个位置较好，试在题图2.10中标出；

（3）若原来静态工作点分别处于Q_1点和Q_2点的位置，分别应如何调整电路元件的参数，以使静态工作点Q处于合适位置。

2.11 固定偏置共发射极放大电路的直流负载线和三极管输出特性曲线如题图2.11所示。

（1）写出Q点对应的静态值I_B、I_C、U_{CE}的数值；

（2）求三极管的电流放大系数β；

（3）求出电源U_{CC}和电阻R_C的数值；

（4）设放大电路的饱和压降$U_{CES}=1$ V，求最大不失真输出电压的峰值U_{om}。

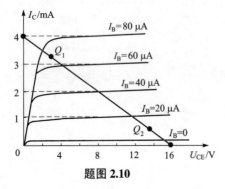

题图 2.10

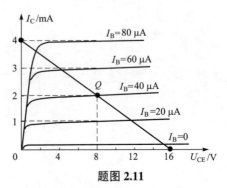

题图 2.11

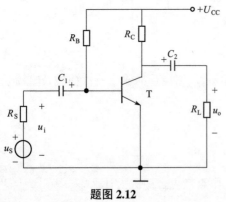

题图 2.12

2.12 在题图2.12所示电路中，电容C_1、C_2的容量足够大，已知：$U_{CC}=12$ V，$R_B=800$ kΩ，$R_C=8$ kΩ，$R_S=200$ Ω，$R_L=8$ kΩ，三极管的参数为$\beta=60$，$U_{BE}=0.7$ V。

（1）计算静态值I_B、I_C、U_{CE}；

（2）画出放大电路的微变等效电路；

（3）求电压放大倍数$\dot{A}_u$和源电压放大倍数$\dot{A}_{us}$；

（4）求输入电阻r_i、输出电阻r_o；

（5）若电路出现截止失真，通常调整电路中哪个元件的参数？如何调整？

2.13 题图 2.12 所示放大电路的输入 u_i 和输出 u_o 波形分别如题图 2.13（a）、(b) 所示，分别说明电路发生了何种非线性失真（饱和、截止），若要削弱失真，应调整电路中哪个元件，如何调整（增大、减小）？

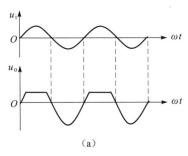
(a)

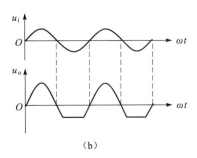
(b)

题图 2.13

2.14 用 PNP 型三极管分别构成固定偏置共发射极放大电路和分压式偏置共发射极放大电路，分别画出电路图。

2.15 在题图 2.15 中，已知：$U_{CC}=15\text{ V}$，$R_{B1}=27\text{ k}\Omega$，$R_{B2}=12\text{ k}\Omega$，$R_E=2\text{ k}\Omega$，$R_C=R_L=3\text{ k}\Omega$，$R_S=0.6\text{ k}\Omega$，三极管的 $\beta=50$，$U_{BE}=0.6\text{ V}$。

（1）计算放大电路的静态值；

（2）画出微变等效电路；

（3）计算输入电阻 r_i 和输出电阻 r_o；

（4）计算电压放大倍数 $\dot{A}_u$ 和源电压放大倍数 $\dot{A}_{us}$。

2.16 在题图 2.16 中，已知：$U_{CC}=12\text{ V}$，$R_{B1}=20\text{ k}\Omega$，$R_{B2}=10\text{ k}\Omega$，$R_C=R_L=6\text{ k}\Omega$，$R_{E1}=50\text{ }\Omega$，$R_{E2}=3\text{ k}\Omega$，三极管的 $\beta=40$，$U_{BE}=0.6\text{ V}$。

（1）试计算将开关 S 分别连到 a 点和 b 点这两种情况下的放大电路的静态值 I_B、I_C 和 U_{CE}；

（2）分别画出 S 连到 a 点和 b 点这两种情况下的微变等效电路；

（3）试计算将开关 S 分别连到 a 点和 b 点这两种情况下的 $\dot{A}_u$、r_i、r_o。

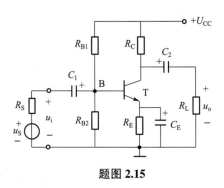

题图 2.15

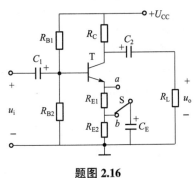

题图 2.16

2.17 写出题图 2.15 所示电路的名称，写出该电路所具有的特点。

2.18 题图 2.15 所示分压式偏置放大电路，假设电路其他参数不变，分别改变以下某一项参数时，试定性说明放大电路的静态值 I_B、I_C 和 U_{CE} 将增大、减小还是基本不变，并说明这些变化对放大电路性能的影响。(1) 减小 U_{CC}；(2) 减小 R_{B1}；(3) 减小 R_{B2}；(4) 减小 R_C；(5) 减小 R_E；(6) 减小 β；(7) 减小 R_S；(8) 减小 R_L。

2.19 题图 2.15 所示电路，假设电路其他参数不变，分别改变以下某一项参数时，试定性说明放大电路的电压放大倍数 $\dot{A}_u$、源电压放大倍数 $\dot{A}_{us}$、输入电阻 r_i 和输出电阻 r_o 将增大、减小还是基本不变，并说明这些变化对放大电路性能的影响。(1) 减小 U_{CC}；(2) 减小 R_{B1}；(3) 减小 R_{B2}；(4) 减小 R_C；(5) 减小 R_E；(6) 减小 β；(7) 减小 r_{be}；(8) 减小 R_S；(9) 减小 R_L。

2.20 在题图 2.20 所示的由 PNP 型三极管组成的放大电路中，已知：$-U_{CC}=-10$ V，$R_B=490$ kΩ，$R_C=3$ kΩ，$R_L=3$ kΩ，$R_S=20$ Ω，三极管的参数为 $\beta=100$，$U_{BE}=-0.2$ V。

(1) 计算电路的静态值 I_B、I_C 和 U_{CE}；
(2) 画出电路的微变等效电路；
(3) 计算电路的电压放大倍数 $\dot{A}_u$ 和源电压放大倍数 $\dot{A}_{us}$；
(4) 计算输入电阻 r_i 和输出电阻 r_o。

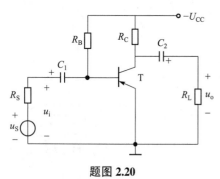

题图 2.20

2.21 在题图 2.21 所示的由 PNP 型三极管组成的放大电路中，已知：$-U_{CC}=-16$ V，$R_{B1}=30$ kΩ，$R_{B2}=10$ kΩ，$R_C=3$ kΩ，$R_E=2$ kΩ，$R_L=6$ kΩ，$R_S=0.1$ kΩ，三极管的参数为 $\beta=50$，$U_{BE}=-0.5$ V。

(1) 计算电路的静态值 I_B、I_C 和 U_{CE}；
(2) 画出电路的微变等效电路；
(3) 计算电路的电压放大倍数 $\dot{A}_u$ 和源电压放大倍数 $\dot{A}_{us}$；
(4) 计算输入电阻 r_i 和输出电阻 r_o。

2.22 画出题图 2.22 所示放大电路的直流通路和微变等效电路，并写出计算电压放大倍数 $\dot{A}_u$、输入电阻 r_i 和输出电阻 r_o 的表达式。

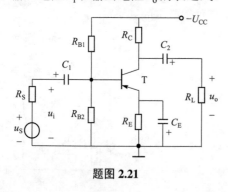

题图 2.21

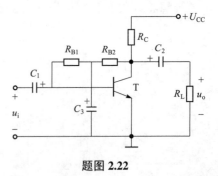

题图 2.22

2.23 放大电路如题图 2.23 所示，已知：$U_{CC}=16$ V，$R_B=390$ kΩ，$R_{C1}=1$ kΩ，$R_{C2}=3$ kΩ，$R_L=6$ kΩ，三极管参数 $\beta=50$，$U_{BE}=0.6$ V。

(1) 计算放大电路的静态值 I_B、I_C、U_{CE}；
(2) 画出放大电路的微变等效电路；

（3）计算电压放大倍数 $\dot{A}_u$，输入电阻 r_i 和输出电阻 r_o。

2.24 写出题图 2.24 所示电路的各种名称，写出该电路所具有的特点。

2.25 在题图 2.24 所示射极输出器电路中，已知：$U_{CC}=12\text{ V}$，$R_B=420\text{ k}\Omega$，$R_E=6.2\text{ k}\Omega$，$R_L=6.2\text{ k}\Omega$，三极管的电流放大系数 $\beta=80$，信号源内阻 $R_S=0.5\text{ k}\Omega$。

（1）计算放大电路的静态值；

（2）画出微变等效电路，计算输入电阻 r_i 和输出电阻 r_o；

（3）分别计算输出端空载时的电压放大倍数 $\dot{A}_u$ 和接上负载 R_L 时的电压放大倍数 $\dot{A}'_u$；

（4）计算放大电路从空载到接负载 R_L 时，电压放大倍数的相对变化率 $\left|\dfrac{\dot{A}'_u-\dot{A}_u}{\dot{A}_u}\right|$。

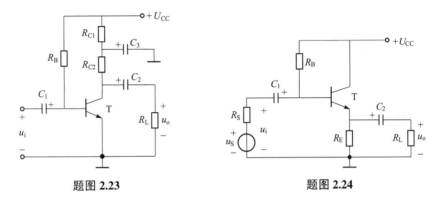

题图 2.23　　　　　　题图 2.24

2.26 在题图 2.26 所示两级阻容耦合放大电路中，已知：$U_{CC}=15\text{ V}$，$R_{B1}=250\text{ k}\Omega$，$R_{B2}=15\text{ k}\Omega$，$R_{B3}=3.5\text{ k}\Omega$，$R_{C1}=3\text{ k}\Omega$，$R_{C2}=2\text{ k}\Omega$，$R_{E1}=0.5\text{ k}\Omega$，$R_{E2}=0.75\text{ k}\Omega$，$R_L=2\text{ k}\Omega$，信号源电压 $\dot{U}_S=1.8\text{ mV}$，内阻 $R_S=0.5\text{ k}\Omega$，三极管的输入电阻 $r_{be1}=0.8\text{ k}\Omega$，$r_{be2}=0.74\text{ k}\Omega$，$\beta_1=\beta_2=50$。

（1）画出微变等效电路；

（2）求总电压放大倍数 $\dot{A}_u$、输入电阻 r_i 和输出电阻 r_o；

（3）求输出电压 $\dot{U}_o$。

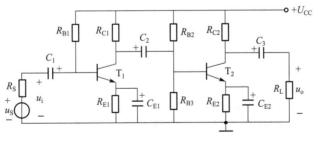

题图 2.26

2.27 在题图 2.27 所示两级放大电路中，已知：$U_{CC}=12\text{ V}$，$R_{B1}=120\text{ k}\Omega$，$R_{B2}=30\text{ k}\Omega$，$R_C=5.1\text{ k}\Omega$，$R_{E1}=2\text{ k}\Omega$，$R_{B3}=150\text{ k}\Omega$，$R_{E2}=3\text{ k}\Omega$，$R_L=1.5\text{ k}\Omega$，$\beta_1=\beta_2=50$。

（1）画出微变等效电路；

（2）求总电压放大倍数 $\dot{A}_u$、输入电阻 r_i 和输出电阻 r_o；

（3）说明射极输出器作为输出级的优点。

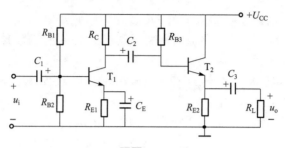

题图 2.27

2.28 在题图 2.28 所示放大电路中，已知：$U_{CC}=20\text{ V}$，$R_{B1}=820\text{ k}\Omega$，$R_{E1}=24\text{ k}\Omega$，$R_{B2}=62\text{ k}\Omega$，$R_{B3}=33\text{ k}\Omega$，$R_C=6.2\text{ k}\Omega$，$R'_{E2}=510\text{ }\Omega$，$R''_{E2}=5.6\text{ k}\Omega$，$R_L=6.2\text{ k}\Omega$，$\beta_1=\beta_2=60$。

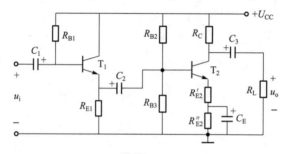

题图 2.28

（1）画出微变等效电路；
（2）求总电压放大倍数 $\dot{A}_u$、输入电阻 r_i 和输出电阻 r_o；
（3）若输入 $u_i=30\sin\omega t$ mV，求输出电压 u_o；
（4）说明输入级采用射极输出器有何好处。

2.29 把题图 2.29 所示射极输出器接在题图 2.26 所示两级共发射极放大电路之间作为中间级，已知：射极输出器三极管的电流放大系数 $\beta=40$，输入电阻 $r_{be}=1.08\text{ k}\Omega$。

（1）画出电路图；
（2）画出放大电路的微变等效电路；
（3）计算三级放大电路总的电压放大倍数 $\dot{A}_u$；
（4）说明接入射极输出器的好处。

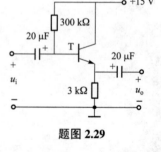

题图 2.29

2.30 说明多级放大电路中采用阻容耦合方式与直接耦合方式有何异同。

2.31 说明什么是零点漂移，分析图 2.35 所示的典型差动放大器是如何抑制零点漂移和共模信号的。若差动放大电路采用单端输出方式，分析是否还能抑制共模信号。

2.32 差动放大电路如题图 2.32 所示，写出双端输出时的差模电压放大倍数 A_d、差模输入电阻 r_{id} 和输出电阻 r_o 的表达式。

2.33 在题图 2.32 所示差动放大器中，设两边电路完全对称，若输入信号为 $u_{i1}=-5\text{ mV}$，$u_{i2}=+3\text{ mV}$，单管的差模电压放大倍数 $A_{d1}=-50$，共模电压放大倍数 $A_{c1}=-0.05$。求：

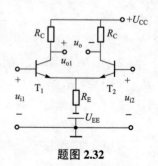

题图 2.32

(1)输入信号的差模分量 u_{id} 和共模分量 u_{ic};
(2)双端输出时的输出电压 u_o;
(3)单端输出时的输出电压 u_{o1}。

2.34 指出题图 2.34 所示各差动放大电路有什么错误,并说明分析依据。

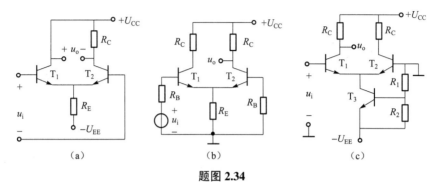

题图 2.34

2.35 分析题图 2.35 所示复合管的几种接法中,哪些合理,哪些不合理。对于合理接法的复合管,请指出它可作为 NPN 型管还是 PNP 型管,并标出复合管的三个极。

2.36 说明功率放大电路具有哪三种工作状态。为了提高输出功率和效率,功率放大电路应工作在哪种状态?为了避免交越失真,功率放大电路应工作在哪种状态?

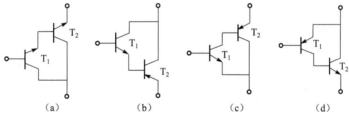

题图 2.35

2.37 在图 2.45 所示有输出电容的 OTL 电路中,试说明:
(1)电容 C 的作用是什么?
(2)静态时为什么要使电容上的电压等于 $U_C = U_{CC}/2$?
(3)若二极管 D_1 或 D_2 反接,会出现什么后果?

2.38 利用集成功率放大器 LM386 构成电压放大倍数为 50 ~ 200 的功率放大器,将电容 $C=10\ \mu F$ 和电位器 R_P 串联接至 LM386 的 1、8 脚之间,试选择 R_P 的阻值,并画出 LM386 的外部接线图。

2.39 在题图 2.39 所示场效应管放大电路中,已知:电源 $U_{DD}=20\ V$,$R_{G1}=220\ k\Omega$,$R_{G2}=82\ k\Omega$,$R_G=1.2\ M\Omega$,$R_D=R_S=10\ k\Omega$,$R_L=9.1\ k\Omega$,场效应管的跨导 $g_m=1.8\ mA/V$。
(1)估算静态值(设 $V_S \approx V_G$);
(2)画出微变等效电路;
(3)计算电压放大倍数 $\dot{A}_u$、输入电阻 r_i 和输出电阻 r_o。

2.40 在题图 2.40 所示场效应管放大电路中,已知:电源 $U_{DD}=20\ V$,$R_{G1}=200\ k\Omega$,$R_{G2}=62\ k\Omega$,$R_G=1\ M\Omega$,$R_D=10\ k\Omega$,$R_{S1}=910\ \Omega$,$R_{S2}=9.1\ k\Omega$,$R_L=10\ k\Omega$,场效应管的跨导 $g_m=$

1.6 mA/V。画出微变等效电路，并计算电路的电压放大倍数 $\dot{A}_u$ 和输入电阻 r_i。

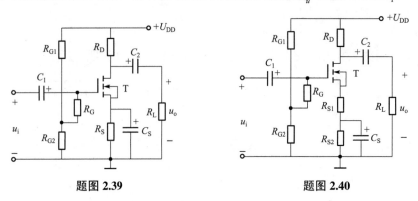

题图 2.39　　　　　　　　　　　题图 2.40

以下仿真练习目的：熟练掌握 Multisim 软件中的仪器仪表（信号发生器、示波器、波特仪等）的使用方法，掌握基本分析方法——瞬态分析、直流工作点分析、参数扫描分析、温度参数扫描分析和交流分析等分析方法的应用。

2.41　在 Multisim 中按题图 2.41 创建放大电路。

（1）用直流工作点分析方法计算电路的静态工作点；

（2）用瞬态分析方法观察其输入电压和输出电压的波形；

（3）用交流分析方法绘制放大电路的幅频特性和相频特性。

（4）调整电位器 R_P，观察电路输出电压 u_o 发生非线性失真时的输出波形。（注：观察截止失真时，应适当加大输入信号的幅值。）

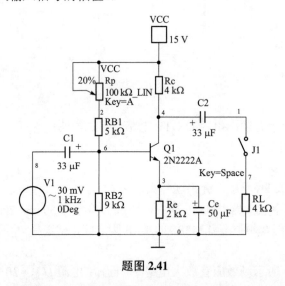

题图 2.41

2.42　在 Multisim 中按题图 2.24 创建共集电极放大电路。在电路的输入端加入正弦波测试信号（幅值应较大），并用示波器观察输入、输出波形。当改变负载电阻 R_L 的大小时，用交流电压表测量输出电压。说明射极输出器的带负载能力强。

2.43　在 Multisim 中按图 2.39 创建功率放大电路，电源和三极管的参数自定。在电路的输入端加入正弦波测试信号（幅值应较大），用示波器观察输出波形的交越失真，说明其原因。

第3章 集成运算放大器

集成运算放大器(简称集成运放或运放)是一种具有很高的开环电压放大倍数的多级直接耦合放大器。自20世纪60年代初期第一代集成运放出现,经过几十年的发展,产品种类和型号很多,按性能指标可分为两大类:通用型运放和专用型运放。通用型运放按发展进程可以划分为四代,性能指标逐代提高;专用型按性能可分为高精度型、高速型、高输入阻抗型、低漂移型、低功耗型等许多类型。在集成运算放大器发展的早期,它主要用于模拟计算机的加、减、乘、除、积分、微分、对数和指数等各种运算,故将"运算放大器"的名称保留至今。现在,集成运放的应用已经大大扩展,可用于各种不同频带的放大器、振荡器、有源滤波器、模/数转换电路、高精度测量电路中以及电源模块等许多场合。本章将介绍运放的电路结构、参数和电压传输特性,着重介绍运放在模拟运算、信号处理和信号产生电路中的应用,并以运放电路为例讨论放大电路中的负反馈。

3.1 集成运放的结构、特性和分析依据

3.1.1 集成运放的结构和参数

1. 集成运放的内部电路结构

集成运算放大器的性能不同,用途不同,在内部电路结构上也有很大差别。但不论运放电路有多么复杂,其基本结构通常都是由4个部分组成,即输入级、中间级、输出级和偏置电路,如图3.1所示。

集成运放的输入级是决定运放输入电阻、共模抑制比、零点漂移和输入失调等诸多性能指标的关键部分,运放的输入级通常由差动放大器组成,其特点是可以抑制零点漂移,且具有灵活的输入输出方式。

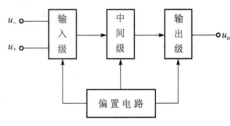

图3.1 集成运放内部电路结构框图

中间级也称电压放大级,通常由一级或多级共发射极或共基极等放大电路组成,运放对中间级的要求是具有很高的电压放大倍数,而提高电压放大倍数最有效的措施是采用恒流源作为负载。恒流源负载的交流电阻很大,可高达兆欧量级,使放大器用较少的级数即可获得足够高的电压放大倍数,一般可达10^5以上。

运放与负载连接的部分称为输出级。输出级要向负载提供一定的功率,应具有较小的输出电阻,即较强的带负载能力,通常由射极输出器或互补对称功率放大器组成。输入级、中

间级和输出级电路的组成和基本工作原理已在第 2 章中介绍过。

偏置电路由镜像恒流源、微电流源等电路形式组成,它为运放提供静态偏置电流。对于镜像恒流源的工作原理,请参阅其他参考文献。

图 3.2 给出了 μA741 型集成运放的电路原理图,目的只是为了对集成运放的内部电路结构有一个大致了解,所以此处不对它进行详细分析。μA741 是第二代通用型集成运放的典型产品,国内产品的对应型号为 CF741。其典型参数为:开环电压放大倍数为 2.6×10^5,开环差模输入电阻为 2 MΩ。

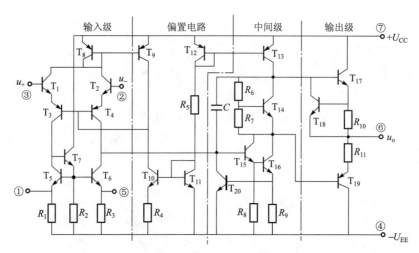

图 3.2　μA741 型集成运放的电路原理图

图 3.3 所示为 μA741 型运放的引脚图,它共有 8 个引脚。7 脚和 4 脚分别为正、负电源端,2 脚和 3 脚分别为运放的反相输入端和同相输入端,6 脚为运放的输出端,8 脚为空脚。1 脚和 5 脚之间可外接调零电位器 R_P,用于调整运放输出的零点,其接线图如图 3.4 所示。目前很多运放产品将调零电路设计在运放内部,不需要外接调零电路。

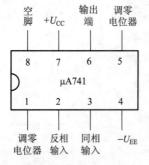
图 3.3　μA741 引脚图

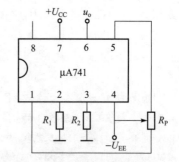
图 3.4　μA741 调零电路接线图

2. 集成运放的参数

为了正确、合理地使用集成运算放大器,首先必须了解其主要性能参数的含义。运放的参数繁多,本节主要介绍涉及差模特性和共模特性的基本参数。

(1) 差模性能参数

运算放大器的放大性能是对差模输入信号而言,而对共模输入信号,其放大作用应越小越好,下面的参数为运放在开环状态(即不加反馈情况下)的技术指标。

① 开环电压放大倍数 A_{uo}。

A_{uo} 是指运放工作在线性状态下的差模电压放大倍数,即

$$A_{uo} = \frac{u_o}{u_i} = \frac{u_o}{u_+ - u_-}$$

式中,u_+ 和 u_- 分别表示运放同相输入端和反相输入端所加的输入信号;u_o 表示运放的输出信号。一般运放的开环电压放大倍数大于 10^5,若用对数表示 A_{uo},则称之为开环电压增益,即

$$A_{uo} = 20 \lg \frac{u_o}{u_i} \quad (\text{dB})$$

② 开环差模输入电阻 r_{id}。

r_{id} 是指运放在加入差模输入信号时的等效输入电阻(简称输入电阻)。r_{id} 越大,运放从信号源取用的电流越小。通用型运放的输入电阻一般为兆欧量级。

③ 开环输出电阻 r_o。

r_o 是指无外接反馈时运放的输出电阻,它与内部电路输出级的性能有关。r_o 越小,运放的带负载能力越强。r_o 一般为几至几百欧姆。

④ 最大输出电压 U_{OM}。

U_{OM} 是指运算放大器在额定负载的情况下,无明显失真的最大输出电压,亦称为运放的动态输出范围。

(2)共模性能参数

① 共模抑制比。

运放的共模抑制比与差动放大器对这一指标的定义相同,为开环差模电压放大倍数 A_{uo} 与共模电压放大倍数 A_c 之比,即

$$K_{CMR} = \frac{A_{uo}}{A_c} \quad \text{或} \quad K_{CMR} = 20 \lg \left| \frac{A_{uo}}{A_c} \right| \quad (\text{dB})$$

K_{CMR} 表明运放对共模信号的抑制能力,故越大越好,一般大于 70 dB。

② 共模输入电压范围 U_{icm}。

U_{icm} 指运放所能承受的最大共模输入电压,若共模输入电压超过这个值,K_{CMR} 将明显下降。

除以上参数外,运算放大器还有其他一些参数:如输入失调电压、输入失调电流、频率参数、静态功耗等。在选择运放时,必须使运放的有关参数满足实际应用的要求。

3.1.2 集成运放的理想化模型

在分析集成运算放大器的应用电路时,如果将实际运放理想化,会使分析和计算大大简化。所谓运放的理想化模型实际上是一组理想化参数,或者可看成是实际运放等效为理想运放的一组条件,它们是:

① 开环电压放大倍数 $A_{uo} \to \infty$;

② 开环差模输入电阻 $r_{id} \to \infty$;

③ 开环输出电阻 $r_o \to 0$；
④ 共模抑制比 $K_{CMR} \to \infty$；
⑤ 通频带 $f_{BW} \to \infty$；
⑥ 输入失调及温漂为零。

实际集成运放的技术指标都是有限值，理想化后必然带来一定的误差，但在工程计算和设计中这不太大的误差是允许的，况且目前不少新型运放的参数已接近理想运放，使误差进一步缩小，在以下的分析中均采用以上理想化模型。非理想运放的分析举例见 3.2.3 节。

集成运放的电路符号如图 3.5 所示。由于理想运放的开环电压放大倍数为无穷大，故图 3.5（a）中用 "∞" 表示 A_{uo}；而实际运放的 A_{uo} 为有限值，图 3.5（b）中用 "A" 表示 A_{uo}。符号 "▷" 表示信号的传输方向。

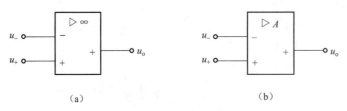

图 3.5　集成运算放大器的电路符号

（a）理想运放的符号；（b）实际运放的符号

3.1.3　集成运放的电压传输特性和分析依据

1. 运放的电压传输特性

运算放大器的输出电压 u_o 与输入电压 u_i（设 $u_i = u_+ - u_-$）之间的关系称为运放的电压传输特性，即 $u_o = f(u_i)$。用曲线表示的电压传输特性如图 3.6 所示。

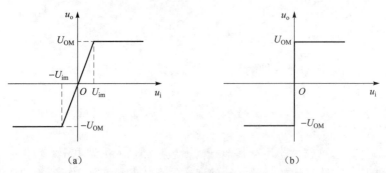

图 3.6　运放的电压传输特性曲线

（a）实际运放；（b）理想运放

电压传输特性分为线性区和非线性区两部分。当运放工作在线性区时，u_o 与 u_i 之间是线性关系，即当 $|u_i| < U_{im}$ 时，有

$$u_o = A_{uo} u_i = A_{uo}(u_+ - u_-) \tag{3.1}$$

此时，集成运放内部的三极管都工作在放大状态。当运放处于开环或接入正反馈时，由于开环电压放大倍数 A_{uo} 很大，即使只有很小的输入电压，也会导致集成运放的输出对管中一个饱和导通，另一个截止，相应的输出电压不是偏向于正饱和值，就是偏向于负饱和值。由于

晶体管的饱和管压降很小,所以运放的最大输出电压(即正、负饱和值)±U_{OM}在数值上接近正、负电源电压,通常取正、负电源的电压绝对值相等时,U_{OM}比U_{CC}低 1～2 V。在电压传输特性上,非线性区可表示为

$$\left. \begin{array}{l} u_i > U_{im}时, \quad u_o = +U_{OM} \\ u_i < -U_{im}时, \quad u_o = -U_{OM} \end{array} \right\} \tag{3.2}$$

式(3.2)中,U_{im}为运放线性工作区最大输入电压。由于U_{im}的数值非常小,运放处于开环或正反馈的状态时,通常运放工作在非线性区。

对于实际运放来说,开环电压放大倍数A_{uo}很大,所以运放开环工作的线性范围非常小,通常仅在毫伏量级以下。要使运放在较大信号输入时也能工作在线性区,必须在电路中引入深度负反馈,其实质是扩展运放的线性工作区。

若运放为理想运放时,其电压传输特性曲线如图 3.6(b)所示。由于开环电压放大倍数$A_{uo} \to \infty$,所以在传输特性曲线上,线性区部分与纵轴重合,在输入电压u_i过零(即$u_+ = u_-$)时,输出电压u_o发生跃变。

需要说明的是,如果定义输入信号为$u_i = u_- - u_+$,则图 3.6 以及上面各式中的输出电压u_o应反相,请读者自己画出相应的电压传输特性曲线。

2. 运放的分析依据

为了分析方便,将运放在线性区和非线性区工作的特点归纳如下:

(1)线性区工作的特点

① 虚断路原则:在图 3.7 所示电路中,理想运放的差模输入电阻$r_{id} \to \infty$,流入运放输入端的电流极小,可认为近似为零,即

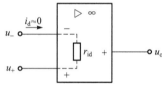

图 3.7 运放的"虚断路"

$$i_d \approx 0 \tag{3.3}$$

输入电流趋于零,接近于断路,但并未真正断路,所以称为"虚断路"。

② 虚短路原则:在式(3.1)中理想运放的开环电压放大倍数$A_{uo} \to \infty$,所以有

$$u_i = u_+ - u_- = \frac{u_o}{A_{uo}} \approx 0$$

由此可得

$$u_+ \approx u_- \tag{3.4}$$

式(3.4)说明运放两个输入端对地电压近似相等,可把同相输入端和反相输入端之间看成短路,但并未真正短路,故称为"虚短路"。

特别需要指出的是,当同相输入端接地时,即$u_+ = 0$,由式(3.4)可知,$u_- \approx u_+ = 0$,反相输入端的电位接近地电位,但实际上并未真正接地,通常称反相输入端为"虚地"。当信号从反相输入端加入时,常利用"虚地"进行分析。

以上两条是分析运放在线性区工作的基本依据。在以下分析中,用到式(3.3)和式(3.4)时,均采用等号。

(2)非线性区工作的特点

运放工作在非线性状态时,"虚断路"原则仍适用,但"虚短路"原则不再适用。输出的非线性——式(3.2)和虚断路原则——式(3.3)是分析运放在非线性区工作的依据。

3.2 运放在模拟运算方面的应用

运算放大器和外接电路元件组成模拟运算电路时,必须保证运放工作在线性状态。为此,应在运放的输出端和反相输入端之间接入不同的元器件,以形成深度负反馈,从而构成各种不同的运算电路。本节介绍由运算放大器构成的比例运算、加法、减法、微分、积分、测量等电路形式。

3.2.1 比例运算电路

1. 反相比例运算电路

反相比例运算电路如图 3.8 所示。输入信号 u_i 经电阻 R_1 加到运放的反相输入端,同相输入端经电阻 R_2 接地,电阻 R_F 跨接在反相输入端和输出端之间,形成运放的深度负反馈,使运放工作在线性状态。下面分析反相比例运算电路输出信号与输入信号之间的运算关系式。

由"虚断路"原则可知,流入运放输入端的净输入电流 $i_d=0$,电阻 R_2 上的压降为零,同相输入端经 R_2 接地,故有 $u_+=0$。由"虚短路"原则可知,$u_-=u_+=0$,所以反相输入端为"虚地",有

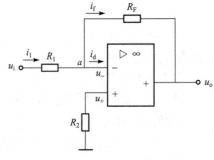

图 3.8 反相比例运算电路

$$i_1 = \frac{u_i - u_-}{R_1} = \frac{u_i}{R_1}$$

$$i_f = \frac{u_- - u_o}{R_F} = -\frac{u_o}{R_F}$$

列出反相输入端 a 点的 KCL 方程

$$i_1 = i_d + i_f = i_f$$

代入 $\dfrac{u_i}{R_1} = -\dfrac{u_o}{R_F}$,得

$$u_o = -\frac{R_F}{R_1} u_i \tag{3.5}$$

闭环电压放大倍数为

$$A_{uf} = \frac{u_o}{u_i} = -\frac{R_F}{R_1} \tag{3.6}$$

以上分析结果表明,输出电压 u_o 与输入电压 u_i 之间为比例放大或比例运算关系,负号表示输出与输入反相,比例系数为 R_F/R_1,故称为反相比例运算。当 $R_F=R_1$ 时,式(3.5)和式(3.6)可写为

$$u_o = -u_i$$
$$A_{uf} = -1$$

由上式可见,电路成为反相器。

从表面看来,反相比例运算的闭环电压放大倍数 A_{uf} 只与外接电阻 R_F 与 R_1 的阻值有关,

而与运放本身的参数无关。但可以证明,由实际运放构成的反相比例运算电路,其闭环电压放大倍数与运放的开环电压放大倍数 A_{uo} 有关,而且运放的 A_{uo} 越大,实际电路的闭环电压放大倍数 A_{uf} 越接近式(3.6)的结果(参见式(3.21))。对于下面分析的其他电路,结论与此相类同。用理想运放模型推导运算关系的过程简单,结论简洁明了,便于进行工程设计与分析计算,而且与利用实际运放参数所推得的结果误差不大。

为了保证运放的两个输入端在静态时外接电阻相等,即在 $u_i=0$ 时,从同相输入端和反相输入端向运放外看去所接的电阻相等,有

$$R_2 = R_1 /\!/ R_F$$

电阻 R_2 的接入是为了平衡运放输入级的静态基极偏置电流造成的失调,故称为平衡电阻,以避免偏置电流在两输入端电阻上产生的压降不等而引入附加的差动输入电压。

分析表明,当外接电阻 R_F 和 R_1 的精度足够高时,就能使反相比例运算具有较高的精度和稳定性,而且调整灵活方便。

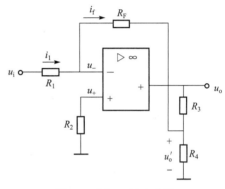

图 3.9 例 3.1 的电路图

例 3.1 在图 3.9 所示电路中,设 $R_F \gg R_4$,求:
① 闭环电压放大倍数 A_{uf};② 平衡电阻 R_2 的阻值。

解 ① 由给定条件 $R_F \gg R_4$,可忽略 R_F 在输出回路的分流作用,即

$$u'_o = \frac{R_4}{R_3 + R_4} u_o$$

根据"虚地"的原则,$u_- = u_+ = 0$

$$i_1 = \frac{u_i}{R_1}$$

$$i_f = -\frac{u'_o}{R_F} = -\frac{1}{R_F} \frac{R_4}{R_3 + R_4} u_o$$

根据"虚断路"原则,有 $i_1 = i_f$,所以

$$\frac{u_i}{R_1} = -\frac{u_o}{R_F} \frac{R_4}{R_3 + R_4}$$

则有

$$A_{uf} = \frac{u_o}{u_i} = -\frac{R_F}{R_1}\left(1 + \frac{R_3}{R_4}\right) \quad (3.7)$$

若取 $R_1 = R_F$,则有

$$A_{uf} = -\left(1 + \frac{R_3}{R_4}\right)$$

② 由于 $R_F \gg R_4$,则平衡电阻 R_2 为

$$R_2 = R_1 /\!/ (R_F + R_3 /\!/ R_4) \approx R_1 /\!/ R_F$$

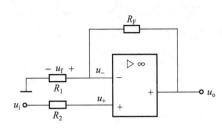

图 3.10 同相比例运算电路

这个电路的特点是，在 R_F 和 R_1 固定不变时，通过调节 R_3 与 R_4 的比值 R_3/R_4，即可方便地调节输出电压 u_o 与输入电压 u_i 的比例，而不必改变平衡电阻 R_2 的阻值。

2. 同相比例运算电路

图 3.10 所示为同相比例运算的电路图。

根据"虚断路"原则，有 $u_+ = u_i$，电阻 R_1 上的电压为

$$u_f = u_- = \frac{R_1}{R_1 + R_F} u_o$$

又由"虚短路"的原则，有

$$u_+ = u_- = \frac{R_1}{R_1 + R_F} u_o$$

$$u_o = \frac{R_1 + R_F}{R_1} u_+ = \left(1 + \frac{R_F}{R_1}\right) u_+ \tag{3.8}$$

代入 $u_+ = u_i$，得

$$u_o = \left(1 + \frac{R_F}{R_1}\right) u_i \tag{3.9}$$

闭环电压放大倍数为

$$A_{uf} = \frac{u_o}{u_i} = 1 + \frac{R_F}{R_1} \tag{3.10}$$

电路的平衡电阻为

$$R_2 = R_1 /\!/ R_F$$

同相比例运算电路的闭环电压放大倍数 $A_{uf} > 0$，说明输出电压 u_o 与输入电压 u_i 同相，且 $A_{uf} \geq 1$，所以称为同相比例运算电路。对于理想运放来说，同相运算电路的比例系数 $\left(1 + \dfrac{R_F}{R_1}\right)$ 只与反相输入端所接电阻 R_1 和 R_F 有关，与同相输入端电阻 R_2 无关，与运放本身的参数也无关，并且调整非常方便。

3. 同相跟随器

同相跟随器是同相比例运算电路的特例。在图 3.10 的电路中，若将电阻 R_1 开路，并令 $R_F = R_2 = 0$，则有如图 3.11 所示的同相跟随器电路。将所设条件代入式（3.9）和式（3.10），可得

$$u_o = u_i \tag{3.11}$$
$$A_{uf} = 1 \tag{3.12}$$

输出电压 u_o 与输入电压 u_i 同相且相等，故称为同相跟随器或电压跟随器。它具有射极跟随器的所有特点，而且性能更加优良。同相跟随器的输入电阻很高（约为运放的开环输入电阻），几乎不从信号源吸取电流；输出电阻很低，向负载输出电流时几乎不在内部引起压降，可视作恒压源；电路带负载的能力很强，在多级电路中常作为输入级、输出级或中间缓冲级。

特别需要指出的是，因为输入信号 u_i 接在同相输入端，故有关系式 $u_- = u_+ = u_i$，所以同相比例运算电路中不存在"虚地"，只能利用"虚断路"和"虚短路"原则分析输出信号与输入信号之间的关系。

例 3.2 试分析图 3.12 所示电路中,输出信号 u_o 与输入信号之间的关系式,并说明电路的功能。设电源电压与稳压管稳压值的关系为 $U>U_Z$。

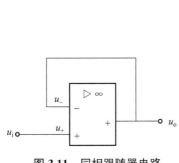

图 3.11 同相跟随器电路　　　图 3.12 例 3.2 电路图

解 电路中反相输入端与地之间没有接入电阻 R_1(即 $R_1\to\infty$),反相输入端与输出端之间接有电阻 R_F,构成深度负反馈,稳压管两端电压 U_Z 作为输入信号加到同相输入端,电阻 R 是稳压管 D_Z 的限流电阻,为稳压管提供合适的工作电流,与图 3.11 比较,可知电路形式为同相跟随器,故有

$$u_o = u_+ = U_Z$$

由于 U_Z 比较稳定、精确,此电路可作为基准电压源。

例 3.3 同相输入直流电压表的原理电路如图 3.13 所示。在运算放大器的输出端接有量程为 150 mV 的表头,若被测量的电压为 0~2.5 V,$R_3=5$ kΩ,电阻 R_2 的取值应为多少?

解 从图中运放的外接电路来看,整个电路实质上是一个同相比例运算电路。根据题意,当输入电压 $U_x=2.5$ V 时,输出电压满量程为 150 mV,由式(3.8),有

$$U_o = \left(1+\frac{R_F}{R_1}\right)U_+ = \left(1+\frac{R_F}{R_1}\right)\frac{R_3}{R_2+R_3}U_x = \left(1+\frac{100}{20}\right)\frac{5}{R_2+5}\times 2.5 = 0.15\text{(V)}$$

故有

$$R_2 = 495\text{(k}\Omega\text{)}$$

此电路可利用电阻分压器来扩大量程(见习题 3.20),分压后的各挡电压在同相输入端的值 U_+ 均不应超过 25 mV。由于运放采用同相输入方式时,输入电阻非常大,所以此电路可看作是内阻无穷大的直流电压表,它几乎不从被测电路吸收电流。

4. 差动比例运算电路

差动比例运算电路如图 3.14 所示。

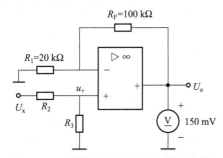
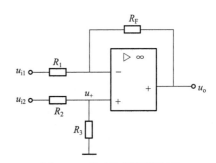

图 3.13 同相输入直流电压表原理电路　　　图 3.14 差动比例运算电路

在运算放大器的反相输入端加入的输入信号 u_{i1} 和同相输入端加入的输入信号 u_{i2} 形成差动输入方式，为使运放工作在线性状态，仍需接入反馈电阻 R_F。

差动比例运算可看成反相比例运算和同相比例运算的合成，利用叠加定理先求出 u_{i1} 和 u_{i2} 分别作用所产生的输出电压分量，再求出两个输出分量的代数和。由于运放接有深度负反馈，处于线性状态，可满足叠加定理的使用条件。

设反相输入信号 u_{i1} 单独作用时产生输出电压分量 u'_o，同相输入信号 u_{i2} 单独作用时产生输出电压分量 u''_o。由反相比例运算和同相比例运算的运算关系式（3.5）和式（3.8），并考虑到同相输入端电压 u_+ 与输入信号 u_{i2} 之间存在关系式

$$u_+ = \frac{R_3}{R_2 + R_3} u_{i2}$$

可分别求得输出电压的两个分量为

$$u'_o = -\frac{R_F}{R_1} u_{i1}$$

$$u''_o = \left(1 + \frac{R_F}{R_1}\right) u_+ = \left(1 + \frac{R_F}{R_1}\right) \frac{R_3}{R_2 + R_3} u_{i2}$$

当输入 u_{i1} 和 u_{i2} 同时作用时，输出电压

$$u_o = u'_o + u''_o = -\frac{R_F}{R_1} u_{i1} + \frac{R_1 + R_F}{R_1} \cdot \frac{R_3}{R_2 + R_3} u_{i2} \tag{3.13}$$

平衡电阻

$$R_2 // R_3 = R_1 // R_F$$

若取 $R_2 = R_1$，$R_3 = R_F$，式（3.13）可写成

$$u_o = \frac{R_F}{R_1} (u_{i2} - u_{i1}) \tag{3.14}$$

若再取 $R_1 = R_F$，则有

$$u_o = u_{i2} - u_{i1}$$

由以上分析可知，输出信号 u_o 与两个输入信号之差（$u_{i2} - u_{i1}$）成正比，故称之为差动比例运算或差动输入放大电路，适当选取外接电阻，则成为减法运算电路。差动比例运算电路结构简单，但从式（3.13）可看出，输出与电路中各个电阻均有关系，所以参数调整比较困难。

差动比例运算电路的实际应用较为广泛，例如在自动控制和测量系统（大多为带有负反馈的闭环系统）中，两个输入信号分别为从输出端采样的反馈信号和系统给定的基准电压信号。由于差动输入放大电路的输出与其输入的差值成正比，所以系统能够自动检测当前输出电压与基准电压之间的差值，经放大后去控制执行机构做及时准确的调整，达到自动控制的目的。

例 3.4 图 3.15 所示为电压放大倍数连续可调的运放电路。已知：$R_1 = R_2 = 10 \text{ k}\Omega$，$R_F = 30 \text{ k}\Omega$，$R_P = 20 \text{ k}\Omega$。求电压放大倍数的调节范围。

解 该电路的输入信号 u_i 经 R_1 加到运放的反相输入端，u_i 又由电位器 R_P 分压后，经 R_2 加到运放的同相

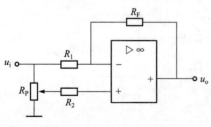

图 3.15 例 3.4 的电路图

输入端,所以电路为差动输入方式。当 R_P 的滑动端调至最下端时,运放的同相输入端接地,电路成为反相比例运算电路,由式(3.6),电压放大倍数为

$$A_{uf}=\frac{u_o}{u_i}=-\frac{R_F}{R_1}=-\frac{30}{10}=-3$$

当电位器 R_P 的滑动端调至最上端时,输入信号 u_i 同时加在运放的反相输入端和同相输入端。由式(3.13),可得电路的输出电压为

$$u_o=-\frac{R_F}{R_1}u_i+\left(1+\frac{R_F}{R_1}\right)u_i=u_i$$

有

$$A_{uf}=\frac{u_o}{u_i}=1$$

所以电压放大倍数的调节范围为 $-3\sim+1$。

3.2.2 模拟运算电路

运算放大器除构成比例运算电路外,还可以组成加法、减法、积分、微分等运算电路。表 3.1 给出常见的典型运算电路及其关系式,仿照比例运算电路的推导方法,可导出这些运算关系式,此处不再详述。为了便于查找,将 3 种比例运算一并列于表中。

表 3.1 运放的典型运算电路及其运算关系式

电路名称	电 路 图	运算关系式	平衡电阻
反相比例运算电路	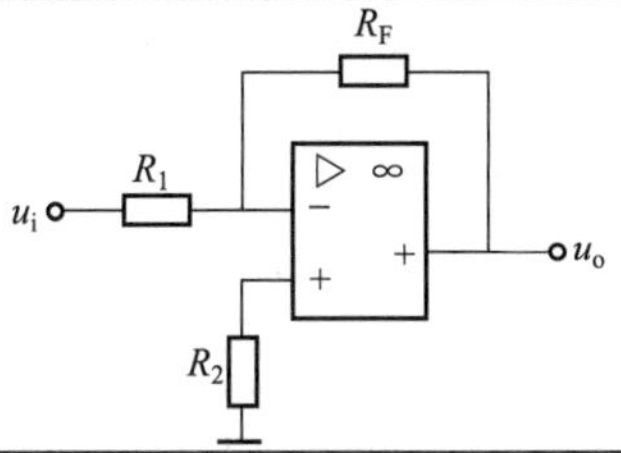	$u_o=-\dfrac{R_F}{R_1}u_i$	$R_2=R_1 /\!/ R_F$
同相比例运算电路	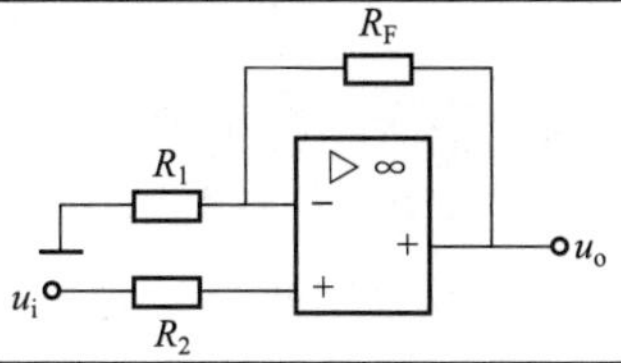	$u_o=\left(1+\dfrac{R_F}{R_1}\right)u_i$	$R_2=R_1 /\!/ R_F$
同相跟随器	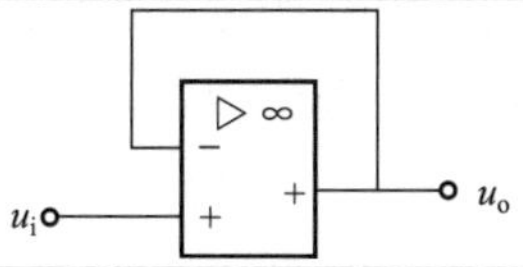	$u_o=u_i$	
反相加法运算电路	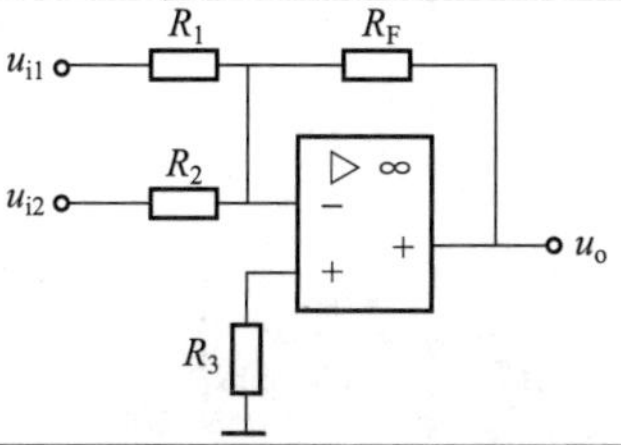	$u_o=-\left(\dfrac{R_F}{R_1}u_{i1}+\dfrac{R_F}{R_2}u_{i2}\right)$ (3.15)	$R_3=R_1 /\!/ R_2 /\!/ R_F$

续表

电路名称	电 路 图	运算关系式	平衡电阻
同相加法运算电路	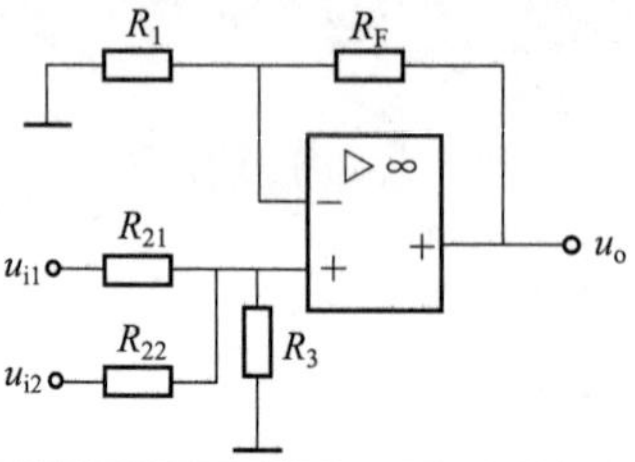	$u_o = \left(1 + \dfrac{R_F}{R_1}\right) R' \left(\dfrac{u_{i1}}{R_{21}} + \dfrac{u_{i2}}{R_{22}}\right)$ (3.16) 其中 $R' = R_{21} // R_{22} // R_3$	$R_1 // R_F$ $= R_{21} // R_{22} // R_3$
差动比例运算电路（减法运算）	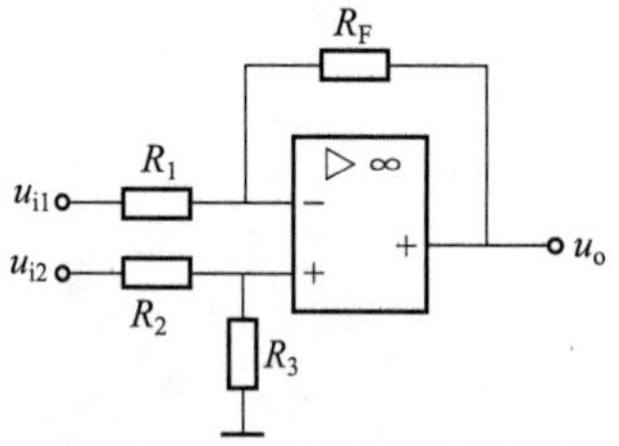	$u_o = \left(1 + \dfrac{R_F}{R_1}\right) \dfrac{R_3}{R_2 + R_3} u_{i2} - \dfrac{R_F}{R_1} u_{i1}$	$R_2 // R_3 = R_1 // R_F$
反相积分运算电路	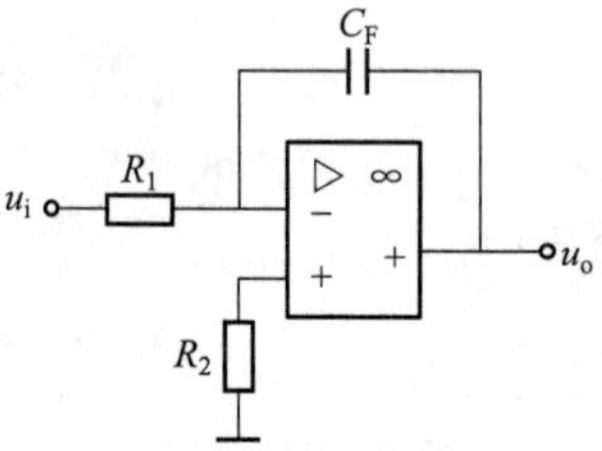	$u_o = -\dfrac{1}{R_1 C_F} \int u_i \mathrm{d}t$ (3.17)	$R_2 = R_1$
反相微分运算电路	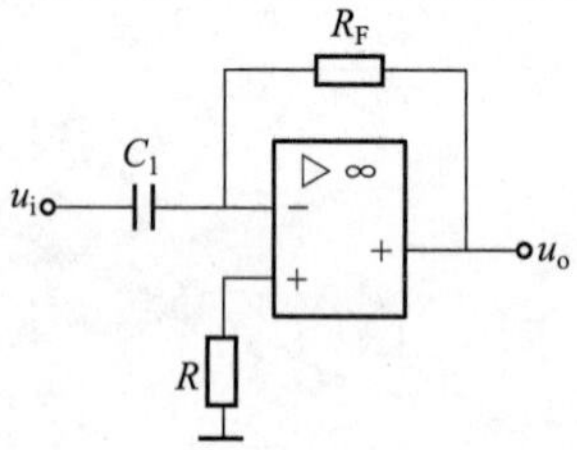	$u_o = -R_F C_1 \dfrac{\mathrm{d} u_i}{\mathrm{d}t}$ (3.18)	$R = R_F$

下面通过例题进一步说明运算放大器的线性应用。

例 3.5 设计一加法运算电路，要求运算电路输出信号与各个输入信号之间的关系式为 $u_o = 2u_{i1} + 5u_{i2} + 10u_{i3}$。设反馈电阻 $R_F = 100$ kΩ，画出电路图，计算各电阻的阻值。

解 由表 3.1 可见，实现题目要求既可采用同相加法运算电路，也可采用反相加法运算电路。由式（3.16）可知，同相加法运算电路的参数设置会涉及电路中所有电阻，故电路设计很不方便。所以此题采用反相加法运算电路，再加入一级反相器，以保证输出信号与输入信号同相位。

加法运算电路形式如图 3.16 所示，输出信号与输入信号之间的关系式为

$$u_{o1} = -\left(\dfrac{R_F}{R_1} u_{i1} + \dfrac{R_F}{R_2} u_{i2} + \dfrac{R_F}{R_3} u_{i3}\right)$$

$$u_o = -\dfrac{R_F}{R_5} u_{o1} = \dfrac{R_F}{R_5} \left(\dfrac{R_F}{R_1} u_{i1} + \dfrac{R_F}{R_2} u_{i2} + \dfrac{R_F}{R_3} u_{i3}\right)$$

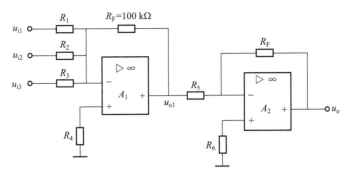

图 3.16 例 3.5 的电路图

由 $R_F=100\ \text{k}\Omega$ 的条件，可求得第一级运放 A_1 的各参数

$$\frac{R_F}{R_1}=\frac{100}{R_1}=2,\ \frac{R_F}{R_2}=\frac{100}{R_2}=5,\ \frac{R_F}{R_3}=\frac{100}{R_3}=10$$

解之，得

$$R_1=50\ \text{k}\Omega,\ R_2=20\ \text{k}\Omega,\ R_3=10\ \text{k}\Omega$$

平衡电阻

$$R_4=R_1\ //\ R_2\ //\ R_3\ //\ R_F=50\ //\ 20\ //\ 10\ //\ 100=5.56\ (\text{k}\Omega)$$

对于运放 A_2，仍取反馈电阻 $R_F=100\ \text{k}\Omega$，有

$$R_5=R_F=100\ \text{k}\Omega$$

平衡电阻

$$R_6=R_5\ //\ R_F=100\ //\ 100=50\ (\text{k}\Omega)$$

从运算关系式可以看出，在反相加法运算电路中，如果改变某一输入支路的电阻，即可改变输出信号与该项输入信号之间的比例系数，但对其他输入信号的运算关系没有影响，因而调整非常方便。在实际系统中，常用反相加法运算电路的这种性质对各信号的不同比例进行设置。

例 3.6 两级运放电路如图 3.17 所示，若电路参数为：$R_1=10\ \text{k}\Omega$，$R_2=20\ \text{k}\Omega$，$R_F=20\ \text{k}\Omega$，$C_F=1\ \mu\text{F}$，输入电压为 $u_{i1}=1\ \text{V}$，$u_{i2}=2\ \text{V}$，设运放的最大输出电压 $U_{OM}=\pm10\ \text{V}$，电容的初始储能为 0。① 求电压 u_{o1} 的大小；② 求接通电源后输出电压 u_o 的表达式；③ 计算平衡电阻 R_3 和 R_4 的阻值；④ 若断开第一级运放，并且在运放 A_2 的输入端加入方波信号，画出 u_o 的波形。

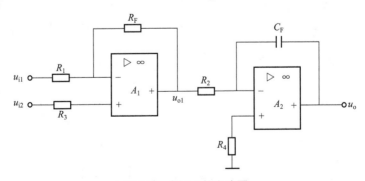

图 3.17 例 3.6 的电路图

解 电路的第一级为差动比例运算电路，第二级为反相积分运算电路，由表 3.1 可查得

计算公式为式（3.17）。

① $u_{o1} = -\dfrac{R_F}{R_1}u_{i1} + \left(1+\dfrac{R_F}{R_1}\right)u_{i2} = -\dfrac{20}{10}u_{i1} + \left(1+\dfrac{20}{10}\right)u_{i2} = -2\times1 + 3\times2 = 4\ (\text{V})$

② $u_o = -\dfrac{1}{R_2 C_F}\int u_{o1}\,dt = -\dfrac{4}{20\times1\times10^{-3}}\int dt = -200t \qquad (t\leqslant 50\ \text{ms})$

输出电压 u_o 为时间 t 的一次函数，但积分电压值超出运放的线性范围时，u_o 达到运放的负向饱和值 $-U_{OM}$，不再维持与输入信号之间的反相积分关系，变化曲线如图 3.18（a）所示。此时 u_o 用分段函数表示为

$$u_o = \begin{cases} -200t & (t\leqslant 50\ \text{ms}) \\ -10\ \text{V} & (t > 50\ \text{ms}) \end{cases}$$

③ 平衡电阻应取

$$R_3 = R_1 /\!/ R_F = 10 /\!/ 20 = 6.67\ (\text{k}\Omega)$$
$$R_4 = R_2 = 20\ (\text{k}\Omega)$$

④ 若输入信号为方波，则在运放的线性工作范围内，反相积分电路的输出为三角波，如图 3.18（b）所示。

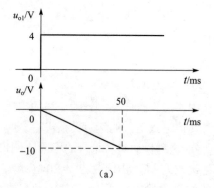
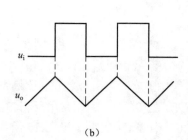

图 3.18　例 3.6 的输出波形

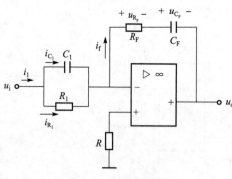

图 3.19　PID 调节器

例 3.7　图 3.19 为自动调节系统中常用的 PID 调节器，它将比例运算、积分运算和微分运算 3 种功能组合在一起。试推导输出电压与输入电压之间的关系式。

解　① 根据"虚地"的概念，可得

$$i_1 = i_{R_1} + i_{C_1} = \dfrac{u_i}{R_1} + C_1\dfrac{du_i}{dt}$$

$$-u_o = u_{R_F} + u_{C_F} = i_f R_F + \dfrac{1}{C_F}\int i_f\,dt$$

将 $i_f = i_1$ 代入上式，可得

$$-u_o = \left(\dfrac{u_i}{R_1} + C_1\dfrac{du_i}{dt}\right)R_F + \dfrac{1}{C_F}\int\left(\dfrac{u_i}{R_1} + C_1\dfrac{du_i}{dt}\right)dt$$

所以有

$$u_o = -\left[\left(\frac{R_F}{R_1} + \frac{C_1}{C_F}\right)u_i + R_F C_1 \frac{du_i}{dt} + \frac{1}{R_1 C_F}\int u_i dt\right] \quad (3.19)$$

由于式（3.19）中包括比例、微分和积分三个部分，故称为 PID 调节器。

② 若令 $R_F=0$，则式（3.19）可写为

$$u_o = -\left(\frac{C_1}{C_F}u_i + \frac{1}{R_1 C_F}\int u_i dt\right)$$

上式中只有比例和积分两个部分，故称为 PI 调节器，在控制或调节系统中用来克服积累误差，抑制输入端的噪声和干扰。

③ 若将 C_F 短路，则有 $u_{C_F}=0$，式（3.19）可写为

$$u_o = -\left(\frac{R_F}{R_1}u_i + R_F C_1 \frac{du_i}{dt}\right)$$

上式中只有比例和微分两个部分，故称为 PD 调节器，在控制或调节系统中起加速作用。

例 3.8 由三个运算放大器组成的测量放大器如图 3.20 所示。求输出电压与输入电压的关系式，并说明电路的特点。

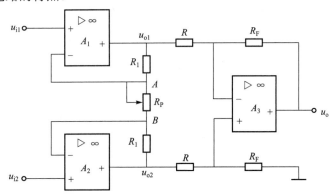

图 3.20 测量放大器

解 测量放大器的第一级为运放 A_1 和 A_2 组成同相并联差动运算电路，它为双端输入、双端输出形式，并且有很好的对称性，第二级 A_3 为减法运算电路。根据理想运放"虚短路"的原则，对 A_1 和 A_2 有下面关系式

$$u_A = u_{1-} = u_{i1}, \quad u_B = u_{2-} = u_{i2}$$

又由"虚断路"原则，运放输入端不取电流，运算放大器 A_1 和 A_2 输出端的电阻构成分压电路，有

$$u_B - u_A = u_{i2} - u_{i1} = \frac{R_P}{R_1 + R_P + R_1}(u_{o2} - u_{o1})$$

对第二级电路运放 A_3，由式（3.14）和电路参数可得

$$u_o = \frac{R_F}{R}(u_{o2} - u_{o1})$$

测量放大器输出与输入之间的关系式为

$$u_o = \frac{R_F}{R}\left(1 + \frac{2R_1}{R_P}\right)(u_{i2} - u_{i1}) \quad (3.20)$$

调节电位器 R_P 的大小可调整运算电路的比例系数（即测量放大器的增益）。

综上所述，这个电路的特点是：

① 输入电阻高，A_1 和 A_2 的输入信号均由运算放大器同相输入端接入，输入电阻可高达 10 MΩ 以上。

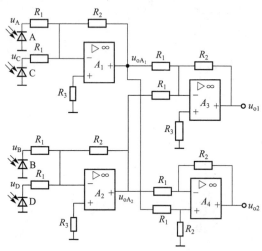

图 3.21 例 3.9 的电路图

② 利用集成工艺制成的单片测量放大器电路有很好的对称性，其共模抑制比高于普通差动放大器。

③ 可方便地调节放大器的增益而不影响电路的对称性。

鉴于以上特点，测量放大器常被用在仪器仪表和检测、控制系统中。

例 3.9 图 3.21 所示是一个由运放组成的电路在 CD-ROM 中实现光电信号转换的例子。设 4 个光电二极管的输出电压分别为 u_A、u_B、u_C 和 u_D，并将它们作为电路的输入信号。求输出电压与输入电压的关系式，并说明电路的特点。

解 该系统由 4 个运放电路组成，其中 A_1、A_2 和 A_3 组成反相求和电路，运放 A_4 是减法电路。根据反相求和电路输出与输入的关系式可得

$$u_{o1} = -\frac{R_2}{R_1}(u_{oA_1} + u_{oA_2}) = \left(\frac{R_2}{R_1}\right)^2 [(u_A + u_C + u_B + u_D)]$$

根据减法运算电路和反相求和电路输出与输入的关系式可得

$$u_{o2} = \frac{R_2}{R_1}(u_{oA_1} - u_{oA_2}) = -\left(\frac{R_2}{R_1}\right)^2 [(u_A + u_C) - (u_B + u_D)]$$

由输出电压的表达式可见，该电路可实现 4 个输入电压相加及两两相加后再相减的功能，具有这种功能的电路可用在 CD-ROM 中实现光电信号的转换。

CD-ROM 中实现光电信号转换的电路称为激光拾音器。在激光拾音器中，A、B、C、D 这 4 个光电二极管组成"田"字形，顺时针排列。当激光拾音器中的激光束聚焦正确时，打在以"田"字形排列的 4 个光电二极管上的光斑为圆，4 个光电二极管接受的光照度相等，u_{o1} 的输出信号最大，该信号就是激光拾音器从光盘上读取的信号；u_{o2} 的输出为零，说明激光拾音器聚焦透镜工作在正确的聚焦位置上。

当激光拾音器中的激光束聚焦不正确时，打在以"田"字形排列的 4 个光电二极管上的光斑为椭圆，4 个光电二极管接收的光照度不相等，u_{o2} 的输出不为零，u_{o2} 的输出信号与激光拾音器中聚焦透镜聚焦的状态成正比。该信号可作为聚焦透镜的伺服信号，对聚焦透镜的聚焦状态进行自动跟踪校正。

3.2.3 非理想运算放大器运算电路的分析

本节关于集成运放应用电路的分析，都是以理想运放模型作为基础的。当运算电路采用

实际的集成运放组件构成电路时,必然会引起分析和计算的误差。为了进行对照和比较,对非理想运算放大器构成的运算电路,进行闭环电压放大倍数的推导。由于实际运放的开环电压放大倍数 A_{uo}、开环差模输入电阻 r_{id} 和共模抑制比 K_{CMR} 都不是无穷大,开环输出电阻 r_o 也不为零。若同时考虑它们的影响会使分析比较复杂,此处只讨论 A_{uo}、r_{id} 为有限值、r_o 不为零时对反相比例运算电路 $A_{uf(实)}$ 的影响。

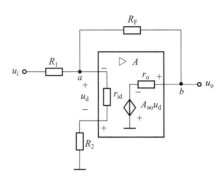

图 3.22 实际运放构成的反相比例运算电路

这里以反相比例运算电路为例,讨论 $A_{uf(实)}$、r_{id} 和 r_o 的关系。由实际运放构成的反相比例运算电路的线性电路模型如图 3.22 所示。

由图可见,运放框内为实际运放的等效电路,两个输入端之间为开环差模输入电阻 r_{id},输出端等效为输出电阻 r_o 串联受控电压源 $A_{uo}u_d$,u_d 表示运放两个输入端之间的净输入电压。利用节点电位分析法,可求得输出电压 u_o 与输入电压 u_i 的关系。列出节点 a 和 b 的节点电位方程组为

$$\begin{cases} \left(\dfrac{1}{R_1} + \dfrac{1}{r_{id}+R_2} + \dfrac{1}{R_F}\right)v_a - \dfrac{1}{R_F}v_b = \dfrac{u_i}{R_1} \\ -\dfrac{1}{R_F}v_a + \left(\dfrac{1}{R_F} + \dfrac{1}{r_o}\right)v_b = -\dfrac{A_{uo}u_d}{r_o} \end{cases}$$

电阻 r_{id} 通常为兆欧量级,一般情况下有 $r_{id} \gg R_2$,可将 R_2 忽略不计。又由图得知,$v_a = u_d$,$v_b = u_o$,代入上面方程组,有

$$\begin{cases} \left(\dfrac{1}{R_1} + \dfrac{1}{r_{id}} + \dfrac{1}{R_F}\right)u_d - \dfrac{1}{R_F}u_o = \dfrac{u_i}{R_1} \\ -\dfrac{1}{R_F}u_d + \left(\dfrac{1}{R_F} + \dfrac{1}{r_o}\right)u_o = -\dfrac{A_{uo}u_d}{r_o} \end{cases}$$

解之,得

$$A_{uf(实)} = \dfrac{u_o}{u_i} = -\dfrac{R_F}{R_1}\left[1 + \dfrac{\left(1+\dfrac{R_F}{R_1}+\dfrac{R_F}{r_{id}}\right)\cdot\left(1+\dfrac{r_o}{R_F}\right)}{A_{uo} - \dfrac{r_o}{R_F}}\right]^{-1} \tag{3.21}$$

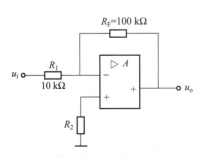

图 3.23 μA741 构成的反相比例运算电路

由以上分析可知,当实际运放的参数 A_{uo}、r_{id} 越大,r_o 越小时,$A_{uf(实)}$ 越接近理想运放的电压放大倍数 $A_{uf(理)} = -R_F/R_1$。

为进一步说明问题,利用如图 3.23 所示由 μA741 运放构成的反相比例运算电路计算电压放大倍数 $A_{uf(实)}$。μA741 运放的参数为:$A_{uo}=2\times10^5$,$r_{id}=2$ MΩ,$r_o=200$ Ω。由式(3.21)计算得到实际运放

$$A_{uf(实)} = -9.99945$$

对于理想运放构成的电路

$$A_{uf(理)} = -10$$

它们的相对误差为

$$\varepsilon = \frac{A_{uf(理)} - A_{uf(实)}}{A_{uf(实)}} \times 100\% = \frac{10 - 9.99945}{9.99945} \times 100\% = 0.0055\%$$

由以上实例可见，当利用实际运放的参数 A_{uo}、r_{id} 和 r_o 计算所得的 $A_{uf(实)}$ 与用理想运放计算所得的 $A_{uf(理)}$ 的误差非常小。所以，在实际分析运放电路时，均采用理想运放模型。

3.3 放大电路中的负反馈

在现代社会的各个领域，大到经济、军事、工程技术、管理等系统，小到人体微循环，反馈几乎无处不在。在大多数自动控制系统中，常利用"负反馈"构成闭环系统，使被控制量的变化处于规定的范围内，并能有效地改善系统的性能指标。因此，在系统中加入负反馈的目的是通过输出对输入的影响来改善系统的性能。

在前面的章节中，已经介绍过一些负反馈放大电路，例如：分压式偏置电路中的直流和交流负反馈，差动放大器中的共模负反馈，运算放大器在构成各种运算电路时的深度负反馈等。本节将重点讨论集成运算放大器电路中的负反馈，主要介绍反馈的概念、反馈的类型及其判别、负反馈对放大器性能的影响，并对分立元件放大电路中的负反馈进行举例分析。

3.3.1 反馈的基本概念

1. 反馈的概念

将放大器输出信号的一部分或全部经反馈网络送回到输入端，称为反馈。图 3.24 为反馈放大器的方框图。反馈放大器由无反馈的放大电路 A 和反馈电路 F 构成，放大电路为任意组态的放大电路，它既可以是单级也可以是多级放大器；反馈电路可以是电阻、电感、电容、晶体管等单个元件或它们的组合，也可以是较为复杂的网络。反馈网络的作用是对放大器的输出信号进行采样并回馈至输入端，形成闭环放大器。

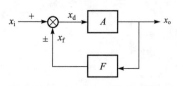

图 3.24 反馈放大器的框图

在图 3.24 中，x_i 为闭环放大电路总的输入信号，x_o 为输出信号，x_f 为反馈信号，x_d 为净输入信号，即 x_i 与反馈信号 x_f 进行比较后产生的输入信号。以上信号既可以是电压也可以是电流，故用符号 x 表示。图中"⊗"是比较环节的符号，实现输入信号和反馈信号的比较，箭头表示信号传输方向，放大环节中信号为正向传输，反馈环节中信号为反向传输。

2. 开环和闭环

若图 3.24 中反馈环节开路，信号从放大电路的输入端至输出端只有正向传输时，称为开环放大电路。当放大环节和反馈环节共存，信号既有正向传输又有反向传输时，称为闭环放大电路。

3. 正反馈和负反馈

根据反馈信号 x_f 的极性，将反馈分为正反馈和负反馈。当反馈信号 x_f 与输入信号 x_i 极性

相同时，净输入信号 x_d 为

$$x_d = x_i + x_f \tag{3.22}$$

由于 $x_d > x_i$，即反馈信号加强了输入信号，因此称为正反馈。当反馈信号 x_f 与输入信号 x_i 极性相反时，净输入信号为

$$x_d = x_i - x_f \tag{3.23}$$

由于 $x_d < x_i$，即反馈信号削弱了输入信号，因此称为负反馈。

正反馈使放大电路工作不稳定，极易产生振荡，一般用于信号发生器等电路中。负反馈可使放大电路可靠地工作，并能有效地改善放大电路的各项性能指标。本节重点介绍负反馈。

4. 负反馈放大器放大倍数的一般分析

（1）闭环放大倍数 A_f 的一般表达式

基本放大电路的放大倍数 A 称为开环放大倍数，定义为

$$A = \frac{x_o}{x_d} \tag{3.24}$$

反馈网络的输出信号与输入信号之比称为反馈系数 F，它表明反馈程度的强弱，定义为

$$F = \frac{x_f}{x_o} \leqslant 1 \tag{3.25}$$

负反馈放大电路的放大倍数（亦称闭环放大倍数）A_f 定义为

$$A_f = \frac{x_o}{x_i}$$

将式（3.23）、式（3.24）、式（3.25）代入上式，得

$$A_f = \frac{x_o}{x_d + x_f} = \frac{x_o/x_d}{x_d/x_d + x_f/x_d} = \frac{A}{1 + AF} \tag{3.26}$$

式（3.26）表明系统的闭环放大倍数 A_f 与开环放大倍数 A 和反馈系数 F 之间的关系，是负反馈放大电路的一般表达式，也是分析各种反馈放大器的基本公式。由于反馈放大器的信号 x_i、x_o 和 x_f 既可以是电压，也可以是电流，它们取不同量纲时组合成不同类型的负反馈放大器，所以 A、A_f 和 F 也具有不同的量纲和意义。

（2）反馈深度

闭环放大倍数 A_f 与 $1+AF$ 成反比，称 $1+AF$ 为反馈深度。$|1+AF|$ 越大，则 A_f 下降得越多，即引入负反馈的程度越深。负反馈对放大器各种性能指标的改善，均与反馈深度 $1+AF$ 有关。若 $1+AF \gg 1$，称放大器引入深度负反馈，在这种条件下，闭环放大倍数 A_f 可表示为

$$A_f = \frac{A}{1+AF} \approx \frac{A}{AF} = \frac{1}{F} \tag{3.27}$$

上式表明，在深度负反馈的情况下，闭环放大倍数 A_f 与开环放大倍数 A 几乎无关，基本取决于反馈系数 F。开环放大倍数 A 越大，即 $AF \gg 1$，式（3.27）越接近准确，放大器工作越稳定。集成运算放大电路的开环电压放大倍数 A_{uo} 一般都大于 10^5，只要反馈系数 F 取得不是太小，均可用 $1/F$ 来估算放大电路的闭环放大倍数 A_f。

3.3.2 负反馈的 4 种典型组态

负反馈放大电路的电路形式多种多样。从放大电路的输入端看，根据反馈信号与输入信

号的连接方式,可分为串联反馈和并联反馈;从放大电路的输出端看,根据反馈信号对输出电压采样,还是对输出电流采样,可分为电压反馈和电流反馈。归纳起来负反馈可分为4种典型组态(或称反馈类型):电压串联负反馈、电压并联负反馈、电流串联负反馈和电流并联负反馈。下面以运放组成的负反馈放大电路为例逐一进行讨论。

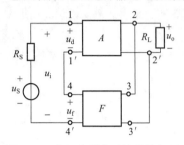

图3.25 电压串联负反馈结构框图

1. 电压串联负反馈

电压串联负反馈电路的结构框图如图3.25所示。由图可见,在放大电路的输出端2-2′,反馈网络与放大电路相并联,即放大电路A的输出电压u_o连接在反馈网络F的输入端3-3′,故反馈网络的输出电压u_f必定与u_o成正比,u_f的变化也必然反映u_o的变化。将这种对输出电压进行采样的反馈方式称为电压反馈。

在放大电路的输入端,反馈信号与输入信号相串联,并均以电压形式出现进行比较,故称为串联反馈。放大电路的净输入电压为

$$u_d = u_i - u_f \tag{3.28}$$

当u_d、u_i和u_f这3个信号的极性相同时,净输入信号小于总输入信号,即$u_d < u_i$,这种由于反馈信号的加入削弱了输入信号的反馈称为负反馈。归纳起来,这种反馈类型为电压串联负反馈。

串联负反馈电路的反馈效果与信号源内阻R_S有关,R_S的阻值越小,信号源越接近恒压源,输入电压u_i越稳定,式(3.28)中u_f的变化对u_d的影响越大,反馈效果就越明显。特别是当$R_S = 0$时,u_f的变化全部转化成u_d的变化,反馈效果最好。

下面通过具体电路分析电压串联负反馈。为了清楚起见,将图3.26(a)的同相比例运算电路画成图3.26(b)的形式。由图可见,运放对应为图3.25中的基本放大电路A,反馈网络F由电阻R_F和R_1串联组成。

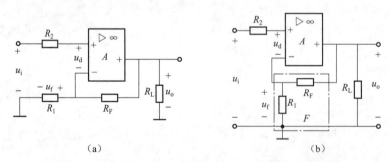

图3.26 电压串联负反馈电路举例——同相比例运算电路
(a)同相比例运算电路;(b)改画的同相比例运算电路

同相比例运算电路的反馈信号是由R_F和R_1对输出电压u_o分压所形成的反馈电压u_f,它将输出电压u_o的一部分回送至输入端,即

$$u_f = \frac{R_1}{R_1 + R_F} u_o$$

由于对输出电压进行采样,且与u_o成正比,故为电压反馈。在放大电路输入端,3个信号均为电压,为串联反馈。利用瞬时极性法判断反馈的性质:设某一时刻u_i的极性对地为正,u_d

的极性亦为正,则 u_o 与 u_d 同相,u_f 的极性对地为正,即图中所标的电压极性均为真实极性,3 个电压之间的关系为 $u_d = u_i - u_f$,因此有 $u_d < u_i$,说明反馈信号的加入削弱了输入信号,故为电压串联负反馈。

反馈系数
$$F = \frac{u_f}{u_o} = \frac{R_1}{R_1 + R_F}$$

由于运放的开环放大倍数 A 很大,且反馈深度 $1 + AF \gg 1$,满足式(3.27)的条件,所以电路的闭环放大倍数为

$$A_f = \frac{1}{F} = 1 + \frac{R_F}{R_1} \tag{3.29}$$

利用反馈概念推导出来的式(3.29)与 3.2 节讨论的结论式(3.10)完全相同。

2. 电压并联负反馈

电压并联负反馈的结构框图和典型电路如图 3.27 所示。

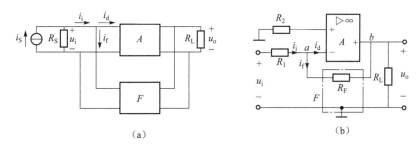

图 3.27 电压并联负反馈

(a) 结构框图;(b) 典型电路

由图 3.27(a)可清楚地看出,从输出端的采样方式分析仍为电压反馈;而从输入端分析,反馈网络输出端与放大器输入端相并联,反馈信号与输入信号进行并联比较,因此为并联反馈。此时,反馈信号必定以电流 i_f 的形式出现,净输入电流与反馈电流的关系为

$$i_d = i_i - i_f \tag{3.30}$$

当 3 个电流的实际方向与图中的假定方向相同时,反馈电流 i_f 的引入使净输入电流减小,即 $i_d < i_i$,故反馈极性为负反馈。所以将电路的这种反馈类型称为电压并联负反馈。

并联负反馈电路的反馈效果与信号源内阻 R_S 有关,R_S 的阻值越大,信号源越接近恒流源,输入电流 i_i 越稳定,式(3.30)中 i_f 的变化对 i_d 的影响越大,反馈效果就越明显。特别是当 R_S 开路时,i_f 的变化全部转化成 i_d 的变化,反馈效果最好。

图 3.27(b)所示为反相比例运算电路,放大电路 A 仍为运放,反馈网络 F 由电阻 R_F 构成。它跨接在运放的输出端与反相输入端之间构成反馈,将输出电压转换成反馈电流 i_f。根据"虚地"的概念,反相输入端近似为地电位,有

$$i_f = \frac{u_- - u_o}{R_F} \approx -\frac{u_o}{R_F} \tag{3.31}$$

式(3.31)表明,反馈信号以电流的形式出现在放大器输入端,且与输出电压 u_o 成正比,故形成电压并联反馈。用瞬时极性法判断反馈的正负:设某一时刻输入信号 u_i 的极性对地为正,由 u_i 引起的输入电流 i_i、i_d 的方向与图 3.27(b)中标示的参考方向一致。由于电路为反相输

入,所以输出信号 u_o 与 u_i 反相,即 u_o 的实际极性对地为负,因此反馈电阻 R_F 上的电压为 a 点高、b 点低,反馈电流 i_f 从 a 流向 b,与参考方向一致。因此,反馈电流 i_f 的引入使 $i_d<i_i$,削弱了净输入信号,故反相比例运算电路的反馈类型为电压并联负反馈。

3. 电流串联负反馈

电流串联负反馈的结构框图和典型电路如图 3.28 所示。

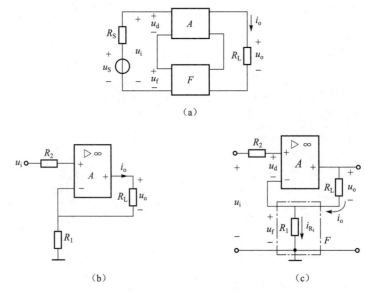

图 3.28 电流串联负反馈
(a)结构框图;(b),(c)典型电路

与电压串联负反馈相同,从放大电路输入端分析为串联反馈。在输出端,反馈网络与放大电路为串联,反馈信号取自输出电流 i_o(即负载 R_L 中的电流),形成电流反馈,因此构成电流串联负反馈。

图 3.28(b)所示电路为一电压控制电流源,或称电压-电流转换电路,反馈网络由电阻 R_1 构成。为便于分析,将电路画为图 3.28(c)的形式。根据"虚断路"原则,R_1 中的电流与输出电流相等,即 $i_{R_1}=i_o$。反馈电压为

$$u_f = i_{R_1} R_1 = i_o R_1 \tag{3.32}$$

式(3.32)说明,反馈信号以电压的形式出现在输入端,与总输入信号 u_i 比较后形成净输入电压 u_d,并且 u_f 与输出电流 i_o 成正比,所以形成电流串联负反馈。

4. 电流并联负反馈

电流并联负反馈的结构框图和典型电路如图 3.29 所示。

根据前 3 种反馈类型的分析结论,从图 3.29(a)中输入、输出回路的连接方式可看出,显然其反馈类型为电流并联负反馈。

在图 3.29(b)电路中,反馈网络由电阻 R_F 和采样电阻 R 组成。在电路的输入端,输入信号 i_i、i_d 和反馈信号 i_f 均以电流形式出现,且 $i_d<i_i$,故为并联负反馈;在放大电路输出端,R_F 接在负载电阻 R_L 和采样电阻 R 之间,设 $R_F \gg R$,有 $i_f \ll i_o$,可认为

$$u_R = (i_o + i_f) R \approx i_o R$$

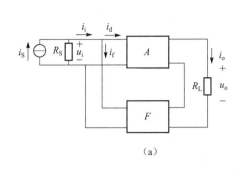 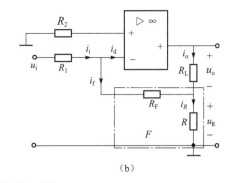

图 3.29 电流并联负反馈

(a) 结构框图；(b) 典型电路

根据"虚地"的概念，$u_- = u_+ = 0$，R_F 和 R 相当于并联，所以有反馈电流的表达式

$$i_f = -\frac{R}{R_F + R} i_o \tag{3.33}$$

式（3.33）表明，反馈电流 i_f 与输出电流 i_o 成正比，故为电流并联负反馈。采样电阻 R 上的电压 u_R 的变化反映了输出电流 i_o 的变化。

不论反馈在放大电路输入端的连接方式是串联反馈还是并联反馈，电压负反馈能够稳定输出电压，电流负反馈能够稳定输出电流。

负反馈在放大器的电路构成中几乎无处不在，以上只列举了由运算放大器构成的 4 种典型组态的反馈电路。在由分立元件组成的放大器中，也存在形式繁多的反馈电路，其构成方式和分析方法与前面的介绍基本相同。

3.3.3 反馈类型的判别

不同类型的负反馈对放大电路的影响是不同的，因此需要判别电路中反馈的类型。所谓判别反馈的类型，是指判别正反馈和负反馈、串联反馈和并联反馈、电压反馈和电流反馈，本节重点讨论交流反馈类型的判别。

1. 正反馈和负反馈的判别

正、负反馈的判别，也称为反馈性质的判别。对于单级运放，若反馈元件从运放输出端连接到反相输入端时，构成负反馈。这是由于输出信号与输入信号极性相反，必然削弱输入信号，使 $x_d < x_i$，因此形成负反馈；同理，若反馈元件从运放输出端连接到同相输入端时，必然加强输入信号，使 $x_d > x_i$，因此形成正反馈。对于多级运放电路中反馈的性质，则需要利用瞬时极性法进行判断。例 3.10 将具体说明如何利用瞬时极性法判别多级放大电路反馈性质的方法。

需要指出，若已判定某电路的反馈性质为正反馈，则放大电路极易产生自激振荡，很难保证其正常工作，所以不必进行其他反馈类型的判别；只有当反馈性质为负反馈时，才需要进行以下反馈类型的判别工作。

2. 串联负反馈和并联负反馈的判别

在电路输入端，根据输入信号的连接方式来进行串联或并联负反馈的判别。一般来说，在运放电路中，若反馈信号与输入信号分别接到运算放大器的两个输入端时，二者必以电压形式在输入端进行比较,即净输入信号 $u_d=u_i-u_f$。凡以电压形式在输入端进行反馈信号与输入信号比较的,即是串联反馈。

若负反馈信号与输入信号接到运算放大器的同一个输入端时,二者必以电流分流的形式在输入端进行比较,即净输入信号 $i_d=i_i-i_f$。凡以电流形式在输入端进行反馈信号与输入信号比较的,即是并联反馈。

3. 电压负反馈和电流负反馈的判别

在放大电路输出端,根据反馈信号的采样方式来区别电压负反馈或电流负反馈。

一种简单的判别方法是:假设将负载 R_L 两端对交流短路,或在负载 R_L 上并联一个大容量电容(如图 3.30 中虚线所示),使输出电压 $u_o=0$。在图 3.30(a)中,由于负反馈信号正比于输出电压,即 $u_f \propto u_o$,所以有 $u_f=0$,负反馈消失,故为电压负反馈。而在图 3.30(b)中,输出电流仍然存在,仍有负反馈信号送回输入端:$i_f \propto u_R=i_o R \neq 0$,故为电流负反馈。

电压负反馈和电流负反馈有什么本质上的差别呢?应特别注意负载在电路输出端的位置以及负载与反馈电路的连接方式。在图 3.30(a)中,反馈信号 u_f 与输出电压 u_o 成正比,即 $u_f = \dfrac{R_1}{R_1+R_F} u_o$,故为电压负反馈。由于运放的输出电阻 $r_o \to 0$,当负载 R_L 变化时,运放的输出电压 u_o 和反馈信号 u_f 保持基本不变,所以在电压负反馈电路中,负载的变化对 u_o 不会产生影响。而在图 3.30(b)中,反馈信号 i_f 与 i_o 成正比,与运放输出量 i_o 相联系,若改变负载 R_L,不会影响输出电流 i_o 和反馈信号 i_f,但会影响输出电压 u_o。

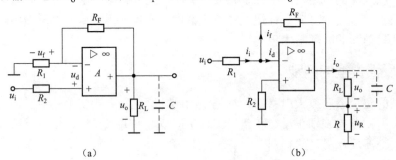

图 3.30 电压负反馈和电流负反馈的判别
(a)电压负反馈;(b)电流负反馈

例 3.10 说明图 3.31 电路中所具有的反馈元件及其反馈类型。

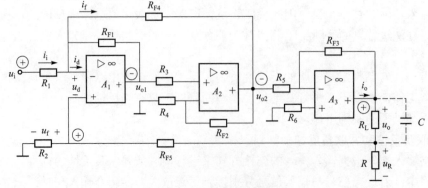

图 3.31 例 3.10 电路图

解 ① 电路中以电阻 $R_{F1} \sim R_{F5}$ 为核心，构成 5 个部分的反馈，其中 $R_{F1} \sim R_{F3}$ 构成的反馈为本级反馈，或称为局部反馈；而 R_{F4}、R_{F5} 则形成后级对前级的反馈，称为级间反馈。

② 利用瞬时极性法判断级间反馈的性质。具体步骤如下：

◆ 首先假设交流输入信号的极性，通常设为正极性；

◆ 再根据运放的输入输出关系，逐级标出交流信号的瞬时极性（见图中各运放输入端和输出端标示的 ⊕ 和 ⊖ 符号）；

◆ 根据瞬时极性，在输入端判断反馈信号 x_f 的真实极性；

◆ 将输入信号 x_i 与反馈信号 x_f 进行比较，若削弱了输入信号，则形成负反馈，若加强了输入信号，则形成正反馈。

反馈电阻 R_{F4} 构成第二级对第一级的反馈，由瞬时极性可知，R_{F4} 中流过的反馈电流 i_f 的真实方向标示于图中，与输入电流 i_i 相比较，显然削弱了净输入电流 i_d，故为负反馈。

电阻 R_{F5}、R_2 构成第三级对第一级的反馈，由瞬时极性可知，在电阻 R_2 上形成反馈电压 u_f，其真实极性标示于图中，与输入电压 u_i 相比较，显然削弱了净输入电压 u_d，故为负反馈。

电阻 R_{F1}、R_{F2} 和 R_4、R_{F3} 构成的局部反馈，均由各个运放的输出端连至本级的反相输入端，故反馈性质均为负反馈。

③ 在放大电路输入端判别串联、并联负反馈。当输入信号 x_i 与反馈信号 x_f 接至运放的同一个输入端时，构成并联负反馈，当二者分别接至运放的两个输入端时，则构成串联负反馈。所以 R_{F1}、R_{F3} 和 R_{F4} 构成并联负反馈，R_{F5} 和 R_2 及 R_{F2} 和 R_4 分别构成串联负反馈。

④ 在放大电路的输出端判别电压、电流负反馈。在运放 A_3 的负载 R_L 两端接入大电容，C 可视为对交流信号短路。显然，这时 $u_o = 0$，但 $u_R \approx i_o R \neq 0$，$u_f \neq 0$，当输出电压为零时，反馈仍然存在，故反馈电阻 R_{F5} 和 R_2 及 R_{F3} 分别引入了电流负反馈。用同样的方法可判别出，反馈电阻 R_{F1}、R_{F2} 和 R_{F4} 分别引入了电压负反馈。

⑤ 结论：R_{F1} 构成并联电压负反馈；R_{F2} 和 R_4 构成串联电压负反馈；R_{F3} 构成并联电流负反馈；R_{F4} 构成级间并联电压负反馈；R_{F5} 和 R_2 构成级间串联电流负反馈。

例 3.11 说明同相跟随器为何种反馈类型，并求电路的闭环放大倍数。

解 为了分析问题方便，将同相跟随器再画于图 3.32 中。

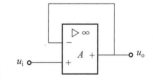

图 3.32 同相跟随器电路图

从电路的输出端可见，利用连线将输出电压 u_o 引回到反相输入端，故为电压负反馈；由于输入信号 u_i 与反馈信号 u_f 分别加在运放的两个输入端，故为串联负反馈。结论：同相跟随器的反馈类型属于电压串联负反馈。

由电路结构可知，$u_+ = u_i$，$u_- = u_f = u_o$，由"虚短路"原则可得 $u_f = u_o$，得反馈系数和闭环放大倍数为

$$F = \frac{u_f}{u_o} = 1$$

$$A_f = \frac{u_o}{u_i} = \frac{1}{F} = 1$$

上面分析说明，同相跟随器为电压串联全反馈，属于深度负反馈。

3.3.4 负反馈对放大电路性能的影响

负反馈使放大器闭环放大倍数降低，但可以使放大器的其他性能指标得到改善，以适应各种场合对放大器不同性能指标的要求，通过增加放大器的级数即可弥补放大倍数的降低。

负反馈可以提高放大倍数的稳定性、减小非线性失真、扩展通频带、改变输入和输出电阻等。由于负反馈使闭环放大倍数 A_f 降低为开环放大倍数 A 的 $\dfrac{1}{1+AF}$，所以引入负反馈对以上各参数影响的程度都与反馈深度 $1+AF$ 有关。

1. 提高放大器放大倍数的稳定性

通常放大器的开环放大倍数 A 是不稳定的，它受到温度变化、电源波动、负载变动以及其他干扰因素的影响。负反馈的引入使放大器的输出信号得到稳定，在输入信号不变的情况下，放大倍数的稳定性也提高了，通常用相对变化率衡量放大倍数的稳定性。

当放大器工作在中频段，并且反馈网络由电阻构成时，放大器的放大倍数 A、A_f 和反馈系数 F 均为实数，在 A_f 的表达式 $A_f = \dfrac{A}{1+AF}$ 中对 A 求导，有

$$\frac{dA_f}{dA} = \frac{1}{(1+AF)^2}$$

$$dA_f = \frac{dA}{(1+AF)^2} = \frac{1}{1+AF} \cdot \frac{dA}{1+AF} = \frac{A_f}{A} \cdot \frac{dA}{1+AF}$$

对上式进行整理，可得

$$\frac{dA_f}{A_f} = \frac{1}{1+AF} \frac{dA}{A} \qquad (3.34)$$

式（3.34）表明，闭环放大倍数 A_f 的相对变化率 $\dfrac{dA_f}{A_f}$ 是开环放大倍数 A 的相对变化率 $\dfrac{dA}{A}$ 的 $\dfrac{1}{1+AF}$，换句话说，放大倍数的稳定性提高了 $1+AF$ 倍，使放大倍数受外界因素的影响大大减小。

严格地说，当 A 的相对变化率较大时，采用微分 $\dfrac{dA}{A}$、$\dfrac{dA_f}{A_f}$ 表示相对变化率误差较大，因而应采用差分 $\dfrac{\Delta A}{A}$、$\dfrac{\Delta A_f}{A_f}$ 表示。

2. 扩展通频带

在 2.4.3 节中讨论了放大器的幅频特性，在低频段和高频段，电压放大倍数都会下降。上限截止频率和下限截止频率之差即为通频带 $f_{BW} = f_H - f_L$。而运算放大器属于直流放大器，故有 $f_{BW} = f_H$。加入负反馈使放大器的闭环通频带比开环时展宽。关于这一点，可定性解释为：当输出信号减小时，反馈信号也随之减小，净输入信号相对增大，从而使放大器输出信号的下降程度减小，放大倍数相应提高。放大器开环和闭环的幅频特性如图 3.33 所示。

扩展后的上限频率为

$$f_{Hf} = (1+AF) f_H$$

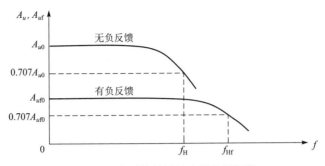

图3.33 负反馈扩展放大器的通频带

对于运算放大器,闭环通频带为$f_{BW}=f_{Hf}$,故有

$$f_{BWf}=(1+AF)f_{BW} \tag{3.35}$$

由式(3.35)可见,通频带扩展了$1+AF$倍。

3. 减小非线性失真

由于放大器核心元件三极管伏安特性和运算放大器电压传输特性的非线性区,均会导致在静态工作点不合适或输出信号较大时,产生非线性失真。设输入信号为正弦波,开环放大器非线性失真波形如图3.34(a)所示。加入负反馈以后,放大倍数下降,使输出信号进入非线性区的部分减少,从而削弱了非线性失真。可以利用图3.34(b)定性说明负反馈削弱非线性失真的原理。负反馈使放大器形成闭环,正、负半周不对称的失真波形经反馈网络采样,送到输入端与不失真的输入信号相减。设输出信号x_o的波形正(半周)大负(半周)小,反馈信号x_f也是正大负小,差值信号x_d则为正小负大,再经过电路放大,从而减小了x_o的波形失真。减小失真的效果取决于失真的严重程度和反馈深度$(1+AF)$的大小。

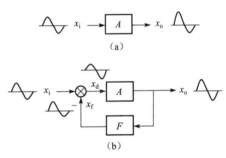

图3.34 负反馈削弱非线性失真
(a)无负反馈;(b)有负反馈

4. 负反馈对输入电阻的影响

根据负反馈在放大器输入端的连接方式,有串联负反馈和并联负反馈两种形式,这两种负反馈对放大器闭环输入电阻的影响是不同的。

(1)串联负反馈提高输入电阻

对于串联负反馈,输入端各个输入电压相互之间的关系如图3.35(a)所示。

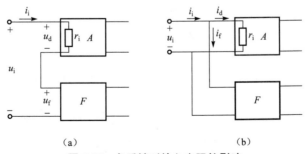

图3.35 负反馈对输入电阻的影响
(a)串联负反馈;(b)并联负反馈

无负反馈时的开环输入电阻定义为 $r_i=u_d/i_i$，加入负反馈后的闭环输入电阻定义为

$$r_{if} = \frac{u_i}{i_i} = \frac{u_d + u_f}{i_i}$$

代入 $u_f = AFu_d$，得

$$r_{if} = \frac{u_d + AFu_d}{i_i} = (1+AF)\frac{u_d}{i_i} = (1+AF) \cdot r_i \tag{3.36}$$

式（3.36）表明，串联负反馈使闭环输入电阻 r_{if} 比开环输入电阻 r_i 增大 $1+AF$ 倍。

（2）并联负反馈降低输入电阻

对于并联负反馈，输入端各个输入电流相互之间的关系如图 3.35（b）所示。无负反馈时的开环输入电阻定义为 $r_i = u_i/i_d$，加入负反馈后的闭环输入电阻定义为

$$r_{if} = \frac{u_i}{i_i} = \frac{u_i}{i_d + i_f}$$

代入 $i_f = AFi_d$，得

$$r_{if} = \frac{u_i}{i_d + AFi_d} = \frac{1}{1+AF} \frac{u_i}{i_d} = \frac{1}{1+AF} \cdot r_i \tag{3.37}$$

式（3.37）表明，并联负反馈使闭环输入电阻 r_{if} 减小为开环输入电阻 r_i 的 $\frac{1}{1+AF}$。

5. 负反馈对输出电阻的影响

负反馈对放大器输出电阻的影响仅取决于放大器输出端的连接方式，而与输入端的连接方式无关。由于定量推导较为烦琐，此处只做定性说明。

（1）电压负反馈减小输出电阻

从负反馈提高放大器放大倍数的稳定性的分析可知，电压负反馈有稳定输出电压的作用，如果将具有电压负反馈的放大电路对负载等效为一个受控电压源，放大电路的输出电阻即是与受控电压源串联的内阻。在输入量不变的条件下，电压负反馈使输出电压 u_o 在负载变动时保持稳定，提高了放大电路的带负载能力，使之更趋向于受控恒压源。而理想恒压源的内阻 $R_S=0$，所以电压负反馈使闭环输出电阻 r_{of} 小于开环输出电阻 r_o。

（2）电流负反馈增大输出电阻

在输入量不变的条件下，电流负反馈使输出电流 i_o 在负载变动时保持稳定。若将具有电流负反馈的放大电路对负载等效为一个受控电流源，放大电路的输出电阻即是与受控电流源并联的内阻。电流负反馈使放大电路更趋向于受控恒流源，理想恒流源的内阻 $R_S \to \infty$，所以电流负反馈使闭环输出电阻 r_{of} 大于开环输出电阻 r_o。

以上介绍的负反馈放大电路的四种典型组态及其判别方法，同样适用于由分立元件构成的放大电路，下面通过两个例题进行说明。

例 3.12 分析图 3.36 所示分压式偏置共发射极放大电路的反馈类型。

解 在第 2 章中讨论了图 3.36（a）分压式偏置放大电路稳定静态工作点的原理，图中电阻 R_E 上并联了旁路电容，其中只流过直流电流，故形成直流负反馈；而电阻 R_e 中流过交、直流电流，故引入了交、直流负反馈。此处重点讨论该电路中交流负反馈的类型。画出电路的交流通路如图 3.36（b）所示，为了简化分析，图中略去了偏置电阻 R_{B1} 和 R_{B2}，用 R'_L 表示等效负载电阻 $R_C /\!/ R_L$。在交流通路中，三极管 T 为放大环节，反馈电阻 R_e 构成反馈环节。

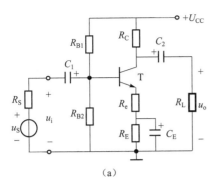
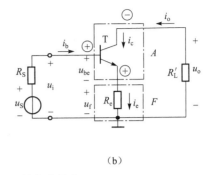

图 3.36 例 3.12 电路图及其交流通路

(a) 电路；(b) 交流通路

从电路的输入端分析，放大环节和反馈环节为串联，总输入信号、净输入信号和反馈信号均为电压，故为串联反馈；流过负载的电流 i_c 即是输出电流 i_o，且与流过反馈电阻的电流 i_e 近似相等，反馈电压 $u_f=i_e R_e \propto i_c$，故为电流反馈；设某一瞬时输入信号的极性对地为正，标出各点瞬时极性和电流方向如图 3.36（b）所示，据此可列出输入回路方程，净输入电压为

$$u_d = u_{be} = u_i - u_f \tag{3.38}$$

从上式可看出反馈信号 u_f 的加入减小了净输入信号 u_{be}，为串联负反馈。归纳以上分析得出结论：电阻 R_e 引入了串联电流负反馈。这一负反馈降低了放大倍数，但提高了输入电阻。

例 3.13 分析图 3.37（a）所示射极输出器的反馈类型。

解 画出电路的交流通路如图 3.37（b）所示，为简化分析，图中略去了偏置电阻 R_B，R'_L 表示等效负载电阻 $R_E // R_L$。与图 3.36（b）对比，可看出电路输入端的构成完全相同，表达式仍为式（3.38），故为串联负反馈。从电路输出端分析，反馈电压等于输出电压，即 $u_f=u_o$，该电路将输出电压 u_o 全部送回到输入端，因此反馈系数 $F=u_f/u_o=1$，属于深度负反馈。结论：电阻 R_E 引入了串联电压负反馈。这一负反馈大大降低了放大倍数，但提高了输入电阻，降低了输出电阻，提高了带负载能力。

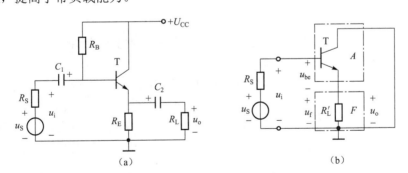

图 3.37 射极输出器电路图及其交流通路

(a) 电路；(b) 交流通路

3.4 运放在信号处理方面的应用

在自动控制系统以及数据采集处理系统等许多场合，经常要对信号进行比较、幅度鉴别、

滤波、波形的变换与整形等不同处理。本节将讨论由运放构成的有源滤波器和电压比较器电路。

3.4.1 有源滤波器

1. 滤波器的概念

滤波器是一种选频电路。它允许指定频率范围内的信号顺利通过，其衰减很小；而对指定频率范围之外的其他频率信号加以抑制，使其衰减很大。根据电路工作频率的范围，滤波器可以分为低通滤波器、高通滤波器、带通滤波器和带阻滤波器等不同类型，带阻滤波器的功能与带通滤波器相反。理想滤波器的幅频特性如图 3.38 所示。实际的滤波器都不可能具有图中所示的幅频特性，在通带与阻带之间存在着过渡带。显然，过渡带越窄，滤波特性越接近理想滤波器，电路的选通性能就越好。

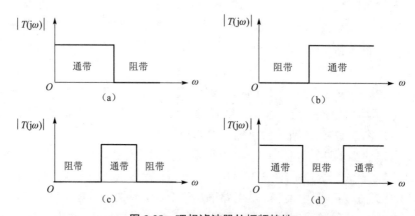

图 3.38 理想滤波器的幅频特性

(a) 低通滤波器的幅频特性；(b) 高通滤波器的幅频特性；
(c) 带通滤波器的幅频特性；(d) 带阻滤波器的幅频特性

由 R、L、C 等无源元件构成的滤波器称为无源滤波器，将有源器件（三极管、场效应管、运放等）与无源元件共同组成的滤波器称为有源滤波器。本节仅介绍由 RC 网络和集成运放组成的有源滤波器。

与无源滤波器比较，有源滤波器有两个突出的特点：① 不需要采用电感元件，因此体积小、质量轻、便于集成；② 具有良好的选择性，对所处理的信号可以不衰减甚至还能放大。当输入信号从运放的同相输入端加入时，有源滤波器还具有输入阻抗高，输出阻抗低，带负载能力强的性能。因而有源滤波器广泛应用于无线电、通信、测量、检测及自控系统的信号处理电路中。

2. 一阶低通有源滤波器

一阶低通有源滤波器可分为反相输入和同相输入两种电路形式。同相输入低通有源滤波器的电路图和幅频特性如图 3.39 所示。由于有源滤波器加入了深度负反馈，使运放工作在线性状态，"虚断路"和"虚短路"原则均适用。为了方便起见，在推导滤波器的频率特性时，设输入、输出信号为正弦稳态信号，电压、电流用相量表示，根据电路结构即可推导出滤波器频率特性的表达式。注意，导出的频率特性只与有源滤波器电路的结构和参数有关，而与输入、输出信号的函数形式无关。

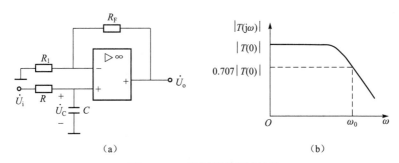

图 3.39　一阶低通有源滤波器
(a) 电路图；(b) 幅频特性

在图 3.39（a）的低通有源滤波器电路中，输入信号 $\dot{U}_i$ 接在同相输入端。根据同相比例电路的运算关系式（3.8），输出电压 $\dot{U}_o$ 与输入电压 $\dot{U}_i$ 之间的关系式为

$$\dot{U}_o = \left(1 + \frac{R_F}{R_1}\right)\dot{U}_+ = \left(1 + \frac{R_F}{R_1}\right)\dot{U}_C = \left(1 + \frac{R_F}{R_1}\right)\frac{1/(j\omega C)}{R + 1/(j\omega C)}\dot{U}_i$$

电路的频率特性为

$$T(j\omega) = \frac{\dot{U}_o}{\dot{U}_i} = \left(1 + \frac{R_F}{R_1}\right)\frac{1}{1 + j\omega RC} = \left(1 + \frac{R_F}{R_1}\right)\frac{1}{1 + j\omega/\omega_0} \tag{3.39}$$

式中，$\omega_0 = \dfrac{1}{RC}$，称为上限截止角频率，相应的上限截止频率为 $f_0 = \dfrac{1}{2\pi RC}$。

低通滤波器的幅频特性为

$$|T(j\omega)| = \left(1 + \frac{R_F}{R_1}\right)\frac{1}{\sqrt{1 + (\omega/\omega_0)^2}} = \frac{|T(0)|}{\sqrt{1 + (\omega/\omega_0)^2}} \tag{3.40}$$

式中，$|T(0)| = 1 + \dfrac{R_F}{R_1}$。由此可得低通滤波器的幅频特性曲线如图 3.39（b）所示。

当 $\omega = 0$ 时，$|T(j\omega)| = |T(0)| = 1 + \dfrac{R_F}{R_1}$；

$\omega = \omega_0$ 时，$|T(j\omega)| = \dfrac{|T(0)|}{\sqrt{2}} = 0.707|T(0)|$；

$\omega \to \infty$ 时，$|T(j\omega)| = 0$。

相频特性为

$$\varphi(\omega) = -\arctan(\omega/\omega_0) \tag{3.41}$$

低通滤波器的通频带为 $0 \sim f_0$，即

$$f_{BW} = f_0 \tag{3.42}$$

上式说明同相输入有源滤波器除有滤波作用外，当 $R_F > R_1$ 时，电路还能够放大信号。若调整电路参数 R 或 C，即可改变上限截止角频率 ω_0 和上限截止频率 f_0，也就改变了通频带，实现了不同性能参数低通滤波器的设计。

3. 一阶高通有源滤波器

同相输入一阶高通有源滤波器如图 3.40 所示。将图 3.39（a）和图 3.40（a）对照可发现，在同相输入的条件下，高通滤波器与低通滤波器的不同之处，只是将电阻 R 和电容 C 的位置互换了。

图 3.40（a）所示的高通滤波器的频率特性为

$$\dot{U}_o = \left(1 + \frac{R_F}{R_1}\right)\dot{U}_R = \left(1 + \frac{R_F}{R_1}\right)\frac{R}{R + 1/(j\omega C)}\dot{U}_i$$

$$T(j\omega) = \frac{\dot{U}_o}{\dot{U}_i} = \left(1 + \frac{R_F}{R_1}\right)\frac{1}{1 + 1/(j\omega RC)} = \left(1 + \frac{R_F}{R_1}\right)\frac{1}{1 - j\omega_0/\omega} \quad (3.43)$$

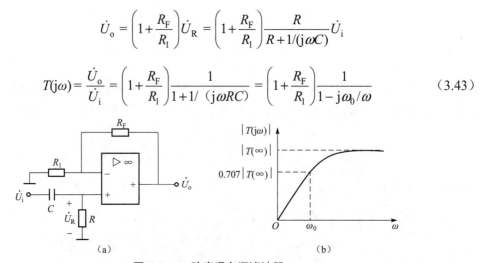

图 3.40 一阶高通有源滤波器
（a）电路图；（b）幅频特性

式中，下限截止角频率和截止频率分别为

$$\omega_0 = \frac{1}{RC}, \quad f_0 = \frac{1}{2\pi RC}$$

高通滤波器的幅频特性为

$$|T(j\omega)| = \left(1 + \frac{R_F}{R_1}\right)\frac{1}{\sqrt{1 + (\omega_0/\omega)^2}} = \frac{|T(\infty)|}{\sqrt{1 + (\omega_0/\omega)^2}} \quad (3.44)$$

式中，$|T(\infty)| = 1 + \frac{R_F}{R_1}$。由此式可得高通滤波器的幅频特性曲线如图 3.40（b）所示，其通频带为 $f > f_0$ 的范围，即 $f > f_0$ 的输入信号的分量能够顺利通过此电路。

高通滤波器的相频特性为

$$\varphi(\omega) = \arctan(\omega_0/\omega) \quad (3.45)$$

4. 滤波器特性的比较

为了使有源滤波器的频率特性在通频带内特性更加平缓，过渡带特性的衰减更加陡峭，可采用二阶或高阶有源滤波器。二阶低通有源滤波器电路如图 3.41（a）所示。图 3.41（b）给出了不同阶数的低通有源滤波器的幅频特性，以便于对它们的滤波性能进行比较。由图 3.41（b）

可见，滤波器的阶数越高，越接近理想滤波器的特性。

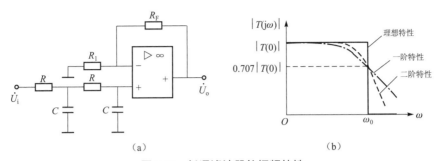

图 3.41 低通滤波器的幅频特性

（a）二阶低通滤波器电路图；（b）幅频特性的比较

3.4.2 电压比较器

电压比较器的功能是将模拟输入电压 u_i 与某参考电压 U_R 进行比较，当二者幅度相等时，输出电压产生跃变，由高电平 U_{OH} 变成低电平 U_{OL}，或者由低电平 U_{OL} 变成高电平 U_{OH}，据此来判断输入信号的大小和极性。在由集成运算放大器所构成的电压比较器中，运放大多处于开环状态或正反馈状态。电压比较器常用于波形的产生和变换、模/数转换以及越限报警等许多场合。本节利用理想运算放大器的电压传输特性来分析比较器的工作情况。

1. 电压比较器

按输入方式的不同，电压比较器可分为反相输入和同相输入两种形式。反相输入电压比较器电路如图 3.42（a）所示。比较器的反相输入端接输入信号 u_i，同相输入端接参考电压 U_R，这两个电压均可以是任意信号，为了简化分析，本节设 U_R 为直流电压。

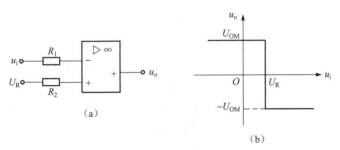

图 3.42 反相输入电压比较器

（a）电路图；（b）电压传输特性（$U_R>0$）

工作原理：当 $u_i<U_R$ 时，净输入信号 $u_d=u_--u_+=u_i-U_R<0$，即 $u_-<u_+$。由于运放处于开环工作状态，且输出与输入反相，故运算放大器输出为正向饱和，比较器输出高电平，即 $u_o=U_{OH}=U_{OM}$；同理，当 $u_i>U_R$，即 $u_->u_+$ 时，运算放大器负向饱和，比较器输出低电平，即 $u_o=U_{OL}=-U_{OM}$，其电压传输特性如图 3.42（b）所示。

例 3.14 电压比较器电路如图 3.43（a）所示，设 $u_i=10\sin\omega t$ V，$U_R=0$ 和 $U_R=-5$ V，运放的最大输出电压 $\pm U_{OM}=\pm 12$ V，要求：① 画出比较器的电压传输特性；② 对应画出输入和输出波形。

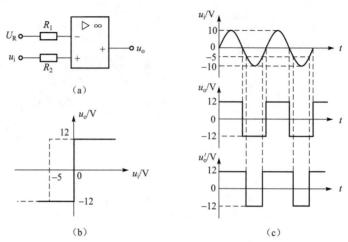

图 3.43 例 3.14 电路图及波形图
(a) 电路图；(b) 电压传输特性；(c) 波形图

解 由图 3.43（a）可见，同相输入端接输入信号 u_i，反相输入端接参考电压 U_R，所以运放构成同相输入电压比较器。

① 当参考电压 $U_R=0$ 时，电路成为过零比较器，即 $u_i>0$ 时，$u_o=U_{OM}=12\text{ V}$；$u_i<0$ 时，$u_o=-U_{OM}=-12\text{ V}$。由此可画出电压传输特性如图 3.43（b）中实线所示。

当参考电压 $U_R=-5\text{ V}$ 时，即 $u_i>-5\text{ V}$ 时，$u_o=U_{OM}=12\text{ V}$；$u_i<-5\text{ V}$ 时，$u_o=-U_{OM}=-12\text{ V}$。电压传输特性如图 3.43（b）中虚线所示。

② 根据输入信号 u_i 和电压传输特性，画出输出电压波形如图 3.43（c）所示。其中，$U_R=0$ 对应的输出波形为 u_o，$U_R=-5\text{ V}$ 对应的输出波形为 u_o'。对比二者的波形可以看出，若调整参考电压 U_R 的大小或极性，即可改变输出电压的脉冲宽度，从而实现波形变换。

上述由集成运放构成的比较器输出的高、低电平 U_{OH} 和 U_{OL}，取决于运放的最大输出电压值 $\pm U_{OM}$，U_{OM} 的大小比集成运放的电源电压低 1~2 V。而在有些场合，要求电压比较器的输出电平与其他电路的高、低电平相配合，通常可在运放的输出端接上稳压管，对输出电压进行限幅，适当选择稳压管的稳压值 U_Z，即可满足输出不同电平的要求。反相输入限幅比较器的电路和电压传输特性如图 3.44 所示。图中 D_Z 为双向稳压管，对运放的输出电压进行双向限幅。正常工作时，稳定电压为 $\pm(U_Z+U_D)\approx\pm U_Z$，$U_D$ 为硅稳压管正向导通电压，通常为 0.6~0.7 V，当 $U_Z\gg U_D$ 时，可将其忽略不计，或一并计入 U_Z 之中。

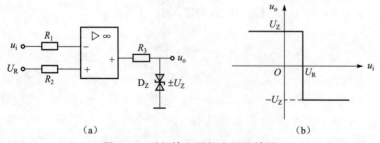

图 3.44 反相输入限幅电压比较器
(a) 电路图；(b) 电压传输特性（$U_R>0$）

需要指出，在组成限幅比较器时应注意：① 接入稳压管时，必须串入限流电阻（见图 3.44 中 R_3），以保证稳压管工作在合适的电流范围内；② 选择稳压管的稳压值应小于运放的饱和电压，即 $U_Z < U_{OM}$，以保证在正常工作时，稳压管被反向击穿，才能具有限幅作用。

2. 电压比较器的分析方法

（1）输出电压跃变的条件

比较器输出电压 u_o 从高（低）电平跃变到低（高）电平的临界条件是：集成运放两个输入端的电位相等，即

$$u_+ = u_- \tag{3.46}$$

输出电压跃变时所对应的输入电压称为门限电压或阈值电压 U_T。对于过零电压比较器，$U_T = 0$；对于一般电压比较器，$U_T = U_R$。

（2）比较器的电压传输特性

当 $u_+ > u_-$ 时，$u_o = U_{OM}(U_Z)$；$u_+ < u_-$ 时，$u_o = -U_{OM}(U_Z)$。据此可画出比较器的电压传输特性。在比较器中，运放的输出与输入之间为非线性关系，所以运放的输出电压或者是正向饱和值，或者是负向饱和值。

3. 滞回电压比较器

以上所讨论的过零比较器和电压比较器灵敏度高，但抗干扰能力较差。若输入信号 u_i 处于门限电平 U_T 附近时，由于外界干扰或噪声的影响，可能会造成输出电压 u_o 的不断跳变。为了解决这一问题，在电路中加入正反馈，形成具有滞回特性的比较器，可大大提高比较器的抗干扰能力。

反相输入过零滞回比较器的电路图和电压传输特性如图 3.45 所示。将反馈电阻 R_F 接在输出端与同相输入端之间，形成正反馈，R_3 为稳压管 D_Z 的限流电阻，同相输入端经电阻 R_2 接地。滞回比较器引入正反馈的目的是加速比较器翻转的过程，使运放经过线性区过渡的时间缩短，传输特性更接近理想特性。

根据式（3.46）可求得滞回比较器的阈值电压 U_T。由于同相输入端经电阻 R_2 接地，根据"虚断路"原则，利用串联电阻分压公式可求得同相端对地的电位为

$$u_+ = \frac{R_2}{R_2 + R_F} u_o = \frac{R_2}{R_2 + R_F}(\pm U_Z)$$

根据 $u_+ = u_- = u_i$，取 $u_o = U_Z$，可得上门限电平为

$$U_{T1} = \frac{R_2}{R_2 + R_F} U_Z \tag{3.47}$$

取 $u_o = -U_Z$，可得下门限电平为

$$U_{T2} = -\frac{R_2}{R_2 + R_F} U_Z \tag{3.48}$$

比较式（3.47）和式（3.48），可看出上、下门限电平是关于坐标原点对称的。

根据比较器输出的跃变条件 $u_+ = u_-$，在输出 $u_o = +U_Z$ 时，只要 $u_- = u_i < u_+ = U_{T1}$，u_o 便维持 $+U_Z$ 不变，而当 $u_i \geq U_{T1}$ 时，u_o 则从 $+U_Z$ 跳变到 $-U_Z$，形成图 3.45（b）传输特性上 *abcd* 段，正反馈加速负向翻转速度，使特性 *bc* 段变得陡峭。同理，$u_i \leq U_{T2}$ 时，u_o 从 $-U_Z$ 跳变到 $+U_Z$，形成图 3.45（b）传输特性上 *defa* 段。由于它与磁滞回线形状相似，故将此类电路称为滞回电压比较器。

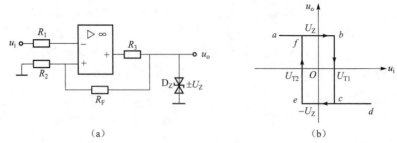

图 3.45 反相输入过零滞回比较器
(a) 电路图；(b) 电压传输特性

回差电压 ΔU 定义为上、下门限电平之差，即

$$\Delta U = U_{T1} - U_{T2} = \frac{2R_2}{R_2 + R_F} U_Z \qquad (3.49)$$

上式表明，回差电压 ΔU 与 R_2、R_F 和 U_Z 有关，但与输入信号无关。

回差电压是表明滞回比较器抗干扰能力的一个参数。比较器一旦进入某一状态后，u_+ 随即变化，u_i 必须发生较大变化才能翻回原状态。滞回比较器由于有回差电压存在，大大提高了电路的抗干扰能力。但回差也导致了输出电压的滞后现象，使电平鉴别产生误差。

例 3.15 滞回电压比较器电路如图 3.46(a) 所示，$R_1 = 10\ \text{k}\Omega$，$R_2 = R_F = 20\ \text{k}\Omega$，$R_3 = 2\ \text{k}\Omega$，设输入信号是幅值为 10 V 的三角波，双向稳压管的稳定电压值为 $U_Z = 8$ V，要求：① 画出比较器的电压传输特性；② 对应画出输入和输出波形。

解 由电路图可见，其功能为反相输入滞回电压比较器。根据式 (3.47)、式 (3.48) 和电路参数，可求出上、下门限电平

$$U_{T1} = \frac{R_2}{R_2 + R_F} U_Z = 4\ (\text{V}),\quad U_{T2} = -\frac{R_2}{R_2 + R_F} U_Z = -4\ (\text{V})$$

据此可画出电路的电压传输特性，如图 3.46(b) 所示。由于电路从反相输入端加入信号 u_i，可对应画出输入电压 u_i 和输出电压 u_o 的波形，如图 3.46(c) 所示。

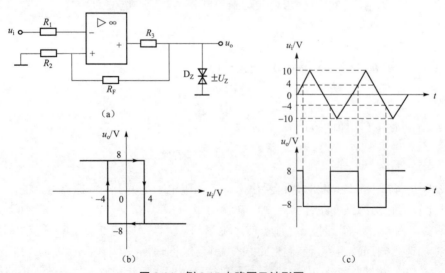

图 3.46 例 3.15 电路图及波形图
(a) 电路图；(b) 电压传输特性；(c) 波形图

3.5 信号产生电路

在计算机技术、自动控制和测量、仪器仪表和通信等许多领域中，常常需要使用各种不同类型的信号源。根据自激振荡的原理，将运算放大器或晶体管放大器与电阻、电容、电感等元器件组合，可以构成不同种类的信号发生器（或称振荡器（Oscillator））。信号发生器是一种不需要外加输入信号即能产生一定频率和幅度的信号波形的电路。按输出波形将振荡器分为正弦波振荡器和非正弦波振荡器。本节介绍常用的正弦波、方波、三角波和锯齿波信号发生电路。

3.5.1 正弦波振荡电路

3.5.1.1 自激振荡的产生和条件

当放大器满足一定条件时，不需要外加输入信号，在输出端却有一定频率和幅度的信号产生，这种现象称为自激振荡。振荡电路是利用放大电路中的正反馈产生自激振荡，使信号发生器的初始振荡能够建立起来。

1. 产生自激振荡的条件

在图3.47所示的反馈放大器方框图中，当开关S合在位置"1"时，构成无反馈放大器，净输入信号为$u_d=u_i$，在放大器有了一定的输出电压以后，再将S合到位置"2"，并使$u_f=u_i=u_d$，则电路形成正反馈，即用反馈信号代替输入信号，使放大器在没有外加输入信号的情况下有了输出信号，从而产生了振荡。下面分析正弦波振荡器产生自激振荡的条件，由于分析中各量均为正弦量，故用相量表示。

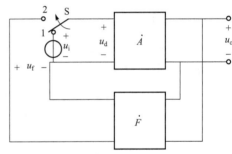

图 3.47 正反馈产生自激振荡

根据放大器负反馈的分析结论，放大电路的开环电压放大倍数为

$$\dot{A} = \dot{U}_o / \dot{U}_d$$

反馈网络的反馈系数为

$$\dot{F} = \dot{U}_f / \dot{U}_o$$

由以上分析可知，放大电路产生自激振荡的条件是$\dot{U}_f = \dot{U}_d$，即

$$\dot{A}\dot{F} = \frac{\dot{U}_o}{\dot{U}_d} \cdot \frac{\dot{U}_f}{\dot{U}_o} = \frac{\dot{U}_f}{\dot{U}_d} = 1 \tag{3.50}$$

可将式（3.50）的自激振荡条件分解为两个部分：

（1）相位平衡条件

反馈电压$\dot{U}_f$与净输入电压$\dot{U}_d$同相位，形成正反馈。可表示为

$$\varphi = \varphi_A + \varphi_F = \pm 2n\pi \quad (n=0, 1, 2, \cdots) \tag{3.51}$$

（2）幅值平衡条件

反馈电压与净输入电压大小相等：$U_f = U_d$，即

$$|\dot{A}\dot{F}| = 1 \tag{3.52}$$

只有当相位平衡条件和幅值平衡条件同时满足，才能使振荡电路维持一定频率的正弦波等幅振荡。若相位平衡条件满足，而幅值平衡条件 $AF<1$，则振荡振幅会逐渐减小，以至最终停振；若 $AF>1$，则振荡振幅会逐渐增大，将最终导致输出电压的波形发生非线性失真。

2. 振荡的建立和稳定

正弦波信号发生器的自激振荡最初是如何产生的?实际上，振荡电路在接通电源时，在放大器的输入端会产生扰动信号，其中包含着丰富的频率分量。在正弦波振荡电路中包括选频网络（如 LC 谐振电路等）和正反馈网络，利用它们的选频作用和正反馈作用，使扰动信号中 $f=f_0$ 的信号分量被反复放大，形成稳定的正弦波等幅振荡；而 $f \neq f_0$ 的其他频率分量则被电路抑制掉。

要使正弦波发生器的振荡能够建立起来，除要求电路满足相位平衡条件之外，还必须使正反馈电压 U_f 大于净输入电压 U_d，即电路应满足起振的幅值条件

$$|\dot{A}\dot{F}| > 1 \tag{3.53}$$

才能使电路产生自激振荡，使振荡电路的输出信号从小到大建立起来；而在信号稳幅的过程中，则要求电路满足 $|\dot{A}\dot{F}| = 1$，使振荡器维持不失真的等幅振荡。

3.5.1.2 正弦波振荡器的组成和分类

1. 正弦波振荡器的组成

目前常用的正弦波振荡器多为反馈型振荡器。反馈型振荡器有 3 个基本组成部分：

① 放大电路：由三极管、场效应管或集成运放等器件为核心构成。

② 选频网络：由 LC、RC 电路和石英晶体等不同的电路形式构成，并依靠其选频特性，使振荡器输出单一频率（$f=f_0$）的正弦波。

③ 正反馈网络：由变压器、R、L、C 等元件构成。它与放大电路一起组成闭环电路，形成正反馈，将最初的微小扰动中 $f=f_0$ 的频率分量逐步放大到所需要的幅度。

除以上 3 个电路组成部分之外，有些振荡器还具有稳幅电路，其作用是在输出电压的幅度过大而产生非线性失真时，使振荡电路由起振状态 $|\dot{A}\dot{F}| > 1$，自动转入到稳幅工作状态 $|\dot{A}\dot{F}| = 1$，从而稳定输出电压的幅值，得到较好的输出波形。

2. 正弦波振荡器的分类

根据选频网络的不同，可将正弦波振荡器分为 3 类：LC 振荡器；RC 振荡器；石英晶体振荡器。由于 LC 选频网络的选频特性比 RC 选频网络的选频特性要陡峭得多，当信号进入放大器件的非线性区时，LC 振荡器可以利用其选频网络优良的选频特性滤去谐波，消除非线性失真，获得良好的正弦波输出，而 RC 振荡器则不允许放大器件进入非线性区工作，所以输出信号的波形不是很好。石英晶体振荡器可等效为 LC 振荡器。

RC 振荡器的振荡频率范围一般为 1 MHz 以下，属于低频振荡器；LC 振荡器的振荡频率范围一般为 1 MHz 以上。在不同种类的正弦波振荡器中，石英晶体振荡器的振荡频率非常稳

定,是其他种类的正弦波振荡器所无法比拟的。因此,它在许多场合都作为基准振荡源。

在振荡器的实际电路中选频网络既可设置在放大电路中,也可设置在反馈网络中。在一部分正弦波振荡器中,反馈网络和选频网络是由同一电路充当的。

3.5.1.3 RC 桥式正弦波振荡器

RC 正弦波振荡器的选频网络常采用 RC 串并联电路、RC 移相电路、双 T 形 RC 电路等形式,限于篇幅,本节只介绍 RC 桥式正弦波振荡器。

1. 振荡电路的组成

由集成运放构成的 RC 桥式正弦波振荡电路如图 3.48 所示。图 3.48(a)为电路的一般画法。集成运算放大器作为振荡器的放大环节,RC 串并联电路同时兼作振荡器的选频网络和反馈网络。

电阻 R_F 和 R_1 为集成运放引入负反馈,组成同相比例放大电路,同时作为振荡器的稳幅环节,放大电路的输入信号即是反馈信号。将图 3.48(a)电路改画成图 3.48(b)的形式,由图可见,RC 串、并联电路以及 R_F 和 R_1 分别构成文氏电桥(Wien bridge)的四臂,故将此电路称为 RC 桥式正弦波振荡器。

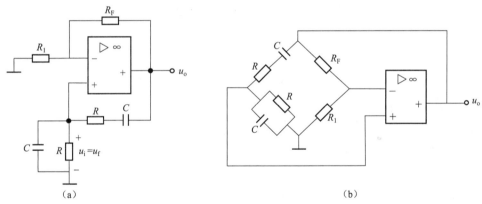

图 3.48 RC 桥式正弦波振荡电路
(a)电路图的一般画法;(b)电路图的桥式画法

2. RC 串并联网络的选频特性

图 3.49(a)所示为 RC 串并联电路。本书上册第 4 章 4.7 节中分析了 RC 串并联电路的频率特性,在这里利用其结论。

输出电压与输入电压之比为

$$T(\mathrm{j}\omega) = \frac{\dot{U}_2}{\dot{U}_1} = \frac{1}{3 + \mathrm{j}\left(\omega RC - \dfrac{1}{\omega RC}\right)}$$

电路的幅频特性为

$$|T(\mathrm{j}\omega)| = \frac{1}{\sqrt{3^2 + \left(\omega RC - \dfrac{1}{\omega RC}\right)^2}} \qquad (3.54)$$

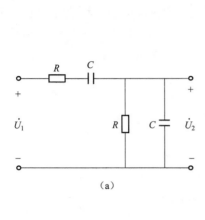 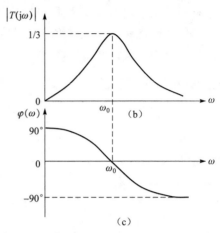

图 3.49 RC 串并联电路的频率特性
（a）电路图；（b）幅频特性；（c）相频特性

相频特性为

$$\varphi(\omega) = -\arctan\frac{\omega RC - \dfrac{1}{\omega RC}}{3} \tag{3.55}$$

图 3.49（b）和（c）是根据式（3.54）和式（3.55）画出的 RC 串并联网络的幅频特性曲线和相频特性曲线。由图 3.49（b）可见，电路具有带通的幅频特性。当频率为 $\omega = \omega_0 = \dfrac{1}{RC}$ 时，幅频特性达到其最大值，相频特性为零，即

$$|T(j\omega_0)| = \frac{1}{3}$$

$$\varphi(\omega_0) = 0$$

此时，电路呈电阻性，输出电压 $\dot{U}_2$ 与输入电压 $\dot{U}_1$ 同相位。

3. RC 桥式正弦波振荡电路

（1）振荡电路相位平衡条件的分析

为了分析方便，将集成运放及其负反馈电路看成一个电压放大倍数为 $A_u = 1 + \dfrac{R_F}{R_1}$ 的同相放大电路。以下重点讨论 RC 串并联网络引入的正反馈。对比图 3.48（a）和 3.49（a）可以看出，RC 串并联电路的输入电压 u_1 即是放大电路的输出电压 u_o，RC 串并联电路的输出电压 u_2 即是同相放大电路的输入电压和反馈电压 $u_i = u_f$。

由图 3.49（c）所示 RC 网络的相频特性可知，当 $f = f_0 = \dfrac{1}{2\pi RC}$ 时，作为振荡器反馈网络的 RC 串并联电路引入的附加相移为 0。即可使图 3.48（a）中放大电路的输入信号与输出信号同相，形成正反馈，能够满足式（3.51）的振荡器振荡的相位平衡条件 $\varphi = \varphi_A + \varphi_F = 0$。

（2）振荡电路幅值平衡条件的分析

由 RC 串并联电路的幅频特性图 3.49（b）不难看出，当 $f = f_0 = \dfrac{1}{2\pi RC}$ 时，反馈网络的反

馈系数达到最大值为 $F=\dfrac{1}{3}$。考虑到运放接成同相输入放大电路，若忽略运放输入电阻对反馈网络的影响，为满足式（3.52）的幅值平衡条件 $|\dot{A}\dot{F}|=1$，应有

$$A = 1 + \frac{R_F}{R_1} = 3$$

所以有

$$R_F = 2R_1 \tag{3.56}$$

当运放满足上式时，即可保证振荡电路有幅度稳定的正弦波输出。

在自激振荡建立期间，电路的输出电压 u_o 是从无到有、从小到大逐渐建立起来的，因此除了必须满足振荡的相位条件外，还应满足起振的幅值条件 $|\dot{A}\dot{F}|>1$，即

$$R_F > 2R_1 \tag{3.57}$$

由于选频网络兼作反馈网络，当它接在运算放大器的输出端与同相输入端之间时，运放对选频网络有一定影响。但将其视为理想运放，即输入电阻 $r_i \to \infty$，输出电阻 $r_o \to 0$ 时，则可忽略运放对选频网络的影响。此时，才能将正弦波振荡器的振荡频率视为 RC 串并联网络的特征频率，即

$$f_0 = \frac{1}{2\pi RC} \tag{3.58}$$

（3）振荡电路稳幅环节的分析

一般说来，对正弦信号发生器的要求是产生一个频率和幅度都很稳定的正弦波信号。在振荡建立的初期阶段，信号幅度比较小，但电路满足起振的幅值条件 $|\dot{A}\dot{F}|>1$，使信号幅度 U_{om} 不断增大，以至放大器件进入其特性曲线的非线性区而产生失真。为了使振荡器能产生稳定的不受外界影响的等幅振荡，应加入自动稳幅电路。例如，在图 3.48 所示 RC 桥式正弦波振荡电路中，R_F 采用具有负温度系数的热敏电阻，或 R_1 采用具有正温度系数的热敏电阻。当输出电压幅度 U_{om} 增大时，R_F 上的功耗增强，温度上升，阻值减小（对电阻 R_1 则是温度上升，阻值增大），结果导致负反馈作用增强，放大倍数下降，使输出电压的幅值趋于稳定。

图 3.50 所示为一种 RC 桥式正弦波振荡器的实用电路。将二极管 D_1 和 D_2 反向并联，再与电阻 R_F' 并联，构成自动稳幅环节。由于二极管上所加电压随运放输出电压 u_o 的大小而变化，利用二极管的非线性特性可实现自动稳幅。在自激振荡建立初期，U_{om} 很小，不足以使二极管导通，D_1 和 D_2 可视为开路，电阻 R_F' 参加负反馈，此时反馈电阻为 $R_{F1}+R_{F2}+R_F'$，电路满足起振条件，即 $R_{F1}+R_{F2}+R_F'>2R_1$。当 U_{om} 逐渐增大时，二极管上所加的电压随输出电压 u_o 而增大，D_1 和 D_2 在 u_o 的正、负半周分别导通，其正向导通电阻逐渐减小，运放的电压放大倍数逐渐下降，直到电路满足稳幅条件。当忽略二极管正向导通电阻时，可将反馈电阻 R_F' 近似看成被短路，故有 $R_{F1}+R_{F2} \approx 2R_1$，输出电压幅值 U_{om} 趋于稳定。

当需要调整 RC 桥式正弦波振荡电路的振荡频率时，可通过调整 R 或 C 的参数来实现。正弦波振荡电路中 RC 串并联电路如图 3.51 所示，通常通过改变电容进行粗调，调节电位器 R_P 进行细调。应当注意的是，串联和并联的电阻或电容应同时调整（见图中虚线）。

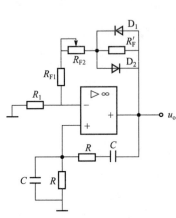
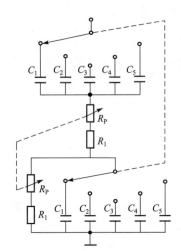

图3.50 具有自动稳幅环节的
RC桥式正弦波振荡器

图3.51 RC桥式正弦波振荡器
振荡频率的调整

3.5.2 方波发生器

在许多电子仪器和设备（如计算机、示波器等）中，还需要用到方波、矩形波、三角波、锯齿波等非正弦波信号，由于这些信号中包含了丰富的谐波成分，因此又将这一类非正弦波信号产生电路称为多谐振荡器。其电路的种类很多，可用分立元件、运放或逻辑门电路等组成，下面依次介绍由集成运放构成的方波、三角波和锯齿波发生器。

1. 电路的组成和工作原理

方波发生器电路如图3.52（a）所示。电路由两部分组成：运放构成的滞回电压比较器和RC充放电回路构成的积分器。滞回电压比较器使运放形成正反馈，决定了输出电压的波形为方波；RC充放电回路的参数决定了方波的周期。输出端的稳压管D_Z起限幅作用，电阻R_3为D_Z的限流电阻。

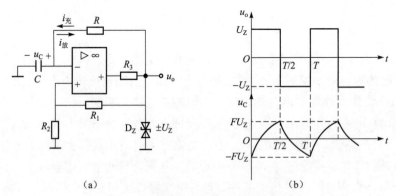

图3.52 方波发生器及其工作波形图
(a) 电路图；(b) 工作波形

为了便于讨论方波发生器的工作原理，设电路已经处于稳定工作状态，即输出电压u_o为$+U_Z$或$-U_Z$，按照一定的周期进行跃变。选择计时起点$t=0$的时刻为输出电压u_o从$-U_Z$

向 $+U_Z$ 跃变后的瞬间，故有 $u_o(0)=U_Z$。此时，电容电压 $u_C(0)=-FU_Z$，其中 F 为滞回电压比较器的正反馈系数，即

$$F=\frac{R_2}{R_1+R_2} \qquad (3.59)$$

在以上初始条件下，运放同相输入端对地的电位为

$$u_+=\frac{R_2}{R_1+R_2}u_o=FU_Z$$

运放反相输入端对地的电位即是电容电压，有 $u_C=u_-<u_o=U_Z$，且 u_C 不能跃变，所以 u_o 通过负反馈电阻 R 向电容 C 充电，使 u_C 按指数规律不断上升，充电时间常数 $\tau_充=RC$，充电电流方向如图 3.52（a）所示。由于强正反馈的作用，比较器在 $u_-=u_+$ 的条件下，输出电压 u_o 迅速从一个饱和值翻转到另一个饱和值，所以当电容电压充电到 $u_C=u_-\geqslant u_+=FU_Z$ 时，比较器输出变为 $u_o=-U_Z$，同相输入端电压随之变为

$$u_+=-FU_Z$$

由于 $u_C>u_o=-U_Z$，所以电容 C 通过电阻 R 向运放输出端放电，使 u_C 按指数规律下降，放电时间常数 $\tau_放=RC$，放电电流方向如图 3.52(a)所示。当电容电压放电至 $u_C=u_-\leqslant u_+=-FU_Z$ 时，输出电压再次翻转成 $u_o=U_Z$，恢复到初始状态，开始下一周期的振荡。

由于电容充电和放电为同一路径，即 $\tau_充=\tau_放=RC$，故输出电压 u_o 的波形为方波。输出电压 u_o 和电容电压 u_C 的波形如图 3.52（b）所示。

2. 主要参数

（1）方波的幅值

输出电压的幅值由双向稳压管 D_Z 的稳压值来确定，即

$$U_{om}=U_Z \qquad (3.60)$$

若更换不同稳压值 U_Z 的稳压管，即可改变输出电压的幅度。

（2）方波的周期

输出波形的周期可通过电容充、放电的过程求得。u_C 的过渡过程在 $T/2$ 范围的初始值、稳态值和时间常数分别为 $u_C(0)=-FU_Z, u_C(\infty)=U_Z, \tau=RC$，所以电容电压随时间的变化规律为

$$u_C(t)=U_Z[1-(1+F)e^{-\frac{t}{RC}}]$$

当 $t=T/2$ 时，$u_C\left(\dfrac{T}{2}\right)=FU_Z$，将此值代入上式，得

$$u_C\left(\frac{T}{2}\right)=U_Z[1-(1+F)e^{-\frac{T}{2RC}}]=FU_Z$$

求解此方程，得

$$T=2RC\ln\frac{1+F}{1-F}$$

将 F 的表达式（3.59）代入上式，可得

$$T=2RC\ln\left(1+2\frac{R_2}{R_1}\right) \qquad (3.61)$$

方波的频率为 $f=1/T$。

由式（3.61）可知，若需要改变方波的周期，只需改变 R、C、R_1 和 R_2 这 4 个参数中的

一个或几个。

在低频范围内,当振荡频率为一定值时,此电路的输出波形较好。当需要较高的振荡频率时,应选择转换速率较高的运算放大器,才能获得前、后沿陡峭的方波波形。

3.5.3 三角波发生器

1. 电路的组成和工作原理

前面介绍过积分运算电路和电压比较器。若在积分电路的输入端加入方波信号,在其输出端就能获得三角波信号,在过零比较器的输入端加入三角波信号,在其输出端即可得到方波电压。图3.53(a)即是由比较器和积分电路相结合构成的三角波发生器。图中运放 A_1 为同相输入过零滞回比较器,运放 A_2 为反相积分电路,两级运放之间由电阻 R_2 构成正反馈,形成自激振荡。

比较器 A_1 输出 u_{o1} 为方波,其幅度由双向稳压管 D_Z 的稳压值来决定,即 $U_{om1}=U_Z$。运放 A_1 的同相输入端电位 u_{1+},取决于 A_1 和 A_2 输出电压 u_{o1} 和 u_o 共同作用的结果。设 $t=0$ 时,运放 A_1 输出的初始值 $u_{o1}=-U_Z$,电容器的初始电压值为 $u_C(0)=0$。积分电路 A_2 的同相输入端接地,反相输入端为"虚地",在 u_{o1} 为恒定值的情况下,反相积分电路 A_2 的反馈电容 C 被恒流充电,u_o 由零正向线性上升,且线性很好。当 u_o 上升到某一定值,使 A_1 的输入电压达到其上门限电平(即 $u_{1+}=u_{1-}=0$)时,比较器 A_1 的状态翻转成 $u_{o1}=U_Z$。此时,电容 C 开始向 A_1 输出端恒流放电,u_o 负向线性下降。当 u_o 下降到使 A_1 的输入达到下门限电平时,比较器 A_2 再次翻转,回到初始状态。因此在 A_1 输出端形成方波 u_{o1},在 A_2 输出端形成三角波 u_o,其波形如图3.53(b)所示。

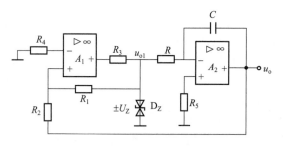

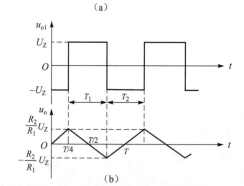

图 3.53 三角波发生器及其工作波形图
(a) 电路图;(b) 工作波形

2. 三角波的幅值和周期

利用叠加原理可求得比较器 A_1 的同相输入端电压 u_{1+} 为

$$u_{1+}=\frac{R_1}{R_1+R_2}u_o+\frac{R_2}{R_1+R_2}u_{o1}$$

代入 $u_{o1}=\pm U_Z$ 和 $u_{1+}=u_{1-}=0$ 的翻转条件,可得比较器 A_1 的门限电平 U_T,即积分电路 A_2 的输出电压幅值 U_{om} 为

$$U_{om}=\frac{R_2}{R_1}U_Z \tag{3.62}$$

上式表明,若调整电阻 R_1 或 R_2 的阻值,也就改变了电路的正反馈的大小,从而改变了三角波的幅值。

三角波的周期为

$$T = 4RC\frac{R_2}{R_1} \tag{3.63}$$

由波形的对称性 $T_1 = T_2$，有 $T = 2T_1$，所以

$$T_1 = 2RC\frac{R_2}{R_1} \tag{3.64}$$

三角波的频率

$$f = \frac{1}{T} = \frac{R_1}{4RCR_2}$$

由以上分析可得出如下结论：

① 图 3.53（a）所示电路可以同时输出方波和三角波信号，且波形正负半周对称。

② 调节积分电阻 R 和电容 C，可改变三角波和方波的频率（周期）。

③ 改变 R_2/R_1 的比例，会同时影响三角波的幅值和频率。

④ 更换不同稳压值 U_Z 的稳压管，即可同时改变方波和三角波的幅值。

3.5.4 锯齿波发生器

1. 电路的组成和工作原理

在示波器、电视、雷达等模拟电子显示设备中，都需要用锯齿波信号作为扫描电压，以控制电子束在屏幕上从左至右进行扫描。对图 3.53（a）三角波发生器稍加改动，为反相积分电路中电容 C 的充电和放电设置不同的路径，就得到了图 3.54（a）的锯齿波发生器。若电路中的电阻 $R \gg R'$，则积分电容 C 的充、放电时间常数 $\tau_{充} = RC \gg \tau_{放} = R'C$，所以输出电压正、

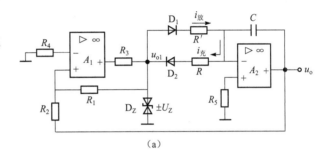

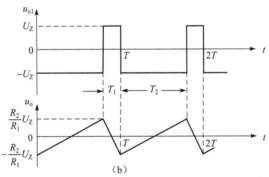

图 3.54 锯齿波发生器及其工作波形图
(a) 电路图；(b) 工作波形

负向积分时间不相等，产生如图 3.54（b）所示的锯齿波波形。图 3.54（a）电路中二极管 D_1 和 D_2 的作用是决定 R 或 R' 哪个电阻参与积分，比较器输出 u_{o1} 的波形为矩形波。

2. 锯齿波的幅值和周期

锯齿波的输出电压幅值与三角波相同，仍为

$$U_{om} = \frac{R_2}{R_1}U_Z$$

由式（3.64），不难得出

$$T_1 = 2R'C\frac{R_2}{R_1}, \quad T_2 = 2RC\frac{R_2}{R_1}$$

所以锯齿波周期 T 为

$$T = T_1 + T_2 = \frac{2R_2}{R_1}(R' + R)C \tag{3.65}$$

锯齿波占空比为

$$D = \frac{T_1}{T} = \frac{R'}{R' + R} = \frac{1}{1 + R/R'} \tag{3.66}$$

由式（3.65）和式（3.66）可得出结论：改变积分电容 C，会改变锯齿波的周期 T，但占空比 D 不变；而改变充、放电电阻的比值 R/R'，且保持 $R + R'$ 不变，则只改变锯齿波的占空比，却不影响其周期或频率。

3.5.5 函数发生器简介

函数发生器是一种可同时产生方波、三角波和正弦波信号的专用集成电路，若通过外部电路的控制，还能获得占空比可调的矩形波和锯齿波，因此广泛应用于生物医学工程和仪器仪表领域。本节以单片集成模块 5G 8038 为例，简要介绍函数发生器的结构、原理和应用。

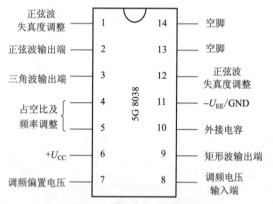

图 3.55 5G 8038 的引脚图

1. 函数发生器的结构和工作原理

函数发生器的典型产品 5G 8038 的性能优良。输出各类波形的频率漂移小，正弦波的失真度小于 1%，三角波的线性度优于 0.1%，频率调节范围可达 0.001 Hz～300 kHz，输出方波（或脉冲）幅度可达 4.2～28 V 的范围，并具有外接元件少，适应性强等优点。5G 8038 的引脚图如图 3.55 所示，引脚 11 所标"$-U_{EE}$/GND"表示 5G 8038 既可采用双电源（11 脚接负电源），也可采用单电源（11 脚接地），使其应用更加灵活方便。5G 8038 函数发生器的原理结构框图如图 3.56 所示。

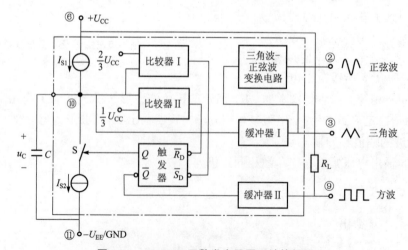

图 3.56 5G 8038 函数发生器原理结构框图

5G 8038 由两个比较器组成窗口比较器，比较器Ⅰ和比较器Ⅱ的阈值电压分别为 $\frac{2}{3}U_{CC}$ 和 $\frac{1}{3}U_{CC}$，其输出分别控制基本 RS 触发器的两个输入端 $\overline{S}_D$ 和 $\overline{R}_D$。基本 RS 触发器是数字电路的一种基本单元，它有两个输出端 Q 和 $\overline{Q}$，其功能为：当 $\overline{R}_D$ 为低电平、$\overline{S}_D$ 为高电平时，输出 Q 为低电平，$\overline{Q}$ 为高电平；当 $\overline{R}_D$ 为高电平、$\overline{S}_D$ 为低电平时，输出 Q 为高电平，$\overline{Q}$ 为低电平。基本 RS 触发器的工作原理将在第 7 章中介绍。

图 3.56 中两个电流源的电流分别为 I_{S1}（设为 I）和 I_{S2}（为 $2I$）。外接电容 C 的充电电流是电流源 1 的电流 I_{S1}，电容的放电电流是电流源 2 的电流 I_{S2} 与 I_{S1} 的差值（$I_{S2}-I_{S1}=I$）。电容充、放电的转换，由 RS 触发器的输出 Q 通过电子模拟开关 S 的通、断来进行控制。触发器的输出 $\overline{Q}$ 经阻抗变换器（缓冲器Ⅱ）输出方波信号，外接定时电容 C 上形成的线性三角波经缓冲器Ⅰ输出三角波信号，利用一个由电阻和晶体管组成的三角波-正弦波变换电路，可将三角波转换成低失真度的正弦波信号。若通过外部电路调节函数发生器内部两个电流源电流值的比例，便可得到占空比从 1%～99% 连续可调的矩形波和锯齿波，但此时不能输出正弦波。

2. 函数发生器的典型应用

下面介绍两个 5G 8038 的典型应用电路。图 3.57 为由 5G 8038 构成的一种波形发生电路，它是这种函数发生器芯片最常用的接线方法。在此电路中，引脚 4 和引脚 5 上分别接两个 10 kΩ 电阻，并用一个 1 kΩ 电位器 R_{P1} 作微调，电阻 R_L 作为方波输出的负载，此时，在引脚 9、3、2 上分别输出方波、三角波和正弦波。波形的振荡频率为

$$f = \frac{1}{0.3R_1C} \quad (3.67)$$

调节 1 kΩ 电位器 R_{P1}，可使方波的占空比为 50%，并能改变振荡频率。当 R_{P1} 选择为 10 kΩ 时，其最高频率与最低频率之比可达 100:1。调节电位器 R_{P2}，可以减小正弦波的失真度。

若需要产生不对称的矩形波和锯齿波，可将电位器 R_{P1} 的阻值增大，电阻 R_1、R_2 的阻值减小。调节 R_{P1} 滑动端的位置，即可改变占空比，得到所需要的波形。

若在引脚 8 和正电源端（引脚 6）之间加上控制电压时，则 5G 8038 输出波形的频率就会成为外加控制电压的函数，图 3.58 即是调频信号发生器（也称为压控函数发生器）的接线图。当外加控制电压为缓变信号（如锯齿波）时，电路则成为另一种调频信号发生器，并具有相当大的频率覆盖范围，且要求较高的电源电压 U_{CC}。在控制电压足够大时，可达 1 000:1 的频率覆盖范围。

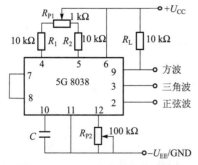

图 3.57 5G 8038 典型应用接线图

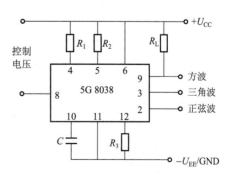

图 3.58 压控函数发生器接线图

习题

3.1 运算放大器工作在线性区和非线性区的特点各是什么？在分析电路时使用"虚短路"和"虚地"的条件是什么？

3.2 在题图 3.2 所示运算电路中，已知：输入信号 $u_i = 0.3\sin\omega t$ V，$R_{F1} = 10$ kΩ，$R_1 = 5$ kΩ，$R_{F2} = 6$ kΩ，$R_2 = 3$ kΩ。

（1）求输出电压 u_o 的表达式；

（2）计算平衡电阻 R_3 和 R_4 的阻值。

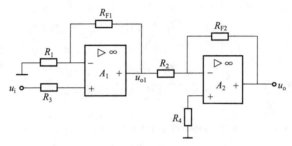

题图 3.2

3.3 在题图 3.3 所示电路中，设 $R_F = (1+\alpha)R_1$。

（1）写出输出电压 u_o 与输入电压 u_i 之间的运算关系式；

（2）根据平衡电阻的关系，求电阻的比值 R_2/R_1；

（3）若 $u_i = -4$ V，$u_o = 6$ V 时，α 应为何值？

3.4 电路如题图 3.4 所示，已知：$u_i = -2$ V，求下列条件下 u_o 的数值：

（1）开关 S_1、S_3 闭合，S_2 打开；

（2）S_2 闭合，S_1、S_3 打开；

（3）开关 S_2、S_3 闭合，S_1 打开；

（4）S_1、S_2 闭合，S_3 打开；

（5）开关 S_1、S_2、S_3 均闭合。

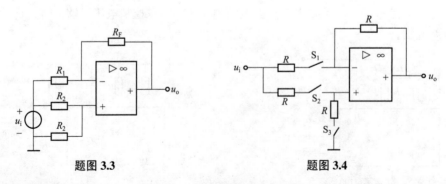

题图 3.3　　　　　题图 3.4

3.5 根据例 3.1 的结论，求题图 3.5 电路中输出电压 u_o 的调节范围。已知：运放电源为 ±15 V，$R_F = 1$ MΩ，$R_1 = 200$ kΩ，$R_3 = 10$ kΩ，$R_4 = R_P = 1$ kΩ，$u_i = 0.2$ V。

3.6 电路如题图 3.6 所示，试推导输出电流 i_o 与输入电压 u_S 之间的关系式。

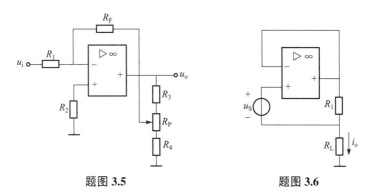

题图 3.5　　　　题图 3.6

3.7 电路如题图 3.7 所示，已知 $u_i = 6\sin 1\,000t$ mV，$R_1 = 20$ kΩ，$R_2 = 60$ kΩ，$R_3 = 5$ kΩ，$R_4 = R_5 = 20$ kΩ，试推导输出电压 u_o 与输入电压 u_i 之间的关系式，并求 u_o。

3.8 电路如题图 3.8 所示，写出输出 u_o 与输入 u_{i1}、u_{i2} 之间的运算关系式。

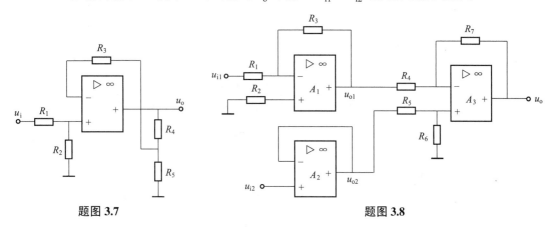

题图 3.7　　　　题图 3.8

3.9 电路如题图 3.9（a）所示，已知：$R_F = 20$ kΩ，$R_1 = R_2 = 10$ kΩ，输入信号波形如题图 3.9（b）所示，试对应输入波形画出输出信号 u_o 的波形，并计算平衡电阻 R_3 的阻值。

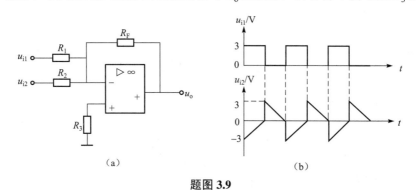

题图 3.9

3.10 在题图 3.10 所示运算电路中，已知：$R_F = 150$ kΩ，$R_1 = 30$ kΩ，$R_2 = R_3 = R_4 = 20$ kΩ。求输出电压 u_o 与各输入信号之间的运算关系式。

3.11 在题图 3.11 所示同相积分电路中，已知：$R = 300$ kΩ，$C = 0.33$ μF。求输出电压 u_o

与输入电压 u_i 之间的运算关系式。

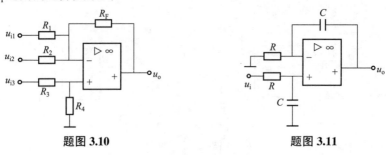

题图 3.10　　　　　　　　题图 3.11

3.12 试推导题图 3.12 所示电路中输出信号 u_o 与输入信号之间运算关系的表达式。

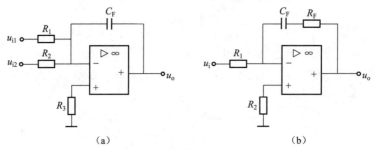

(a)　　　　　　　　(b)

题图 3.12

3.13 在题图 3.13（a）所示电路中，已知：$R_F = 3\text{ k}\Omega$，$C = 0.1\text{ μF}$，输入信号 u_i 的波形如题图 3.13（b）所示，试对应 u_i 画出输出信号 u_o 的波形。

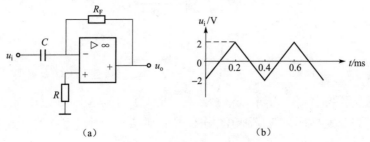

(a)　　　　　　　　(b)

题图 3.13

3.14 在题图 3.14 电路中，已知 $R_1 = 48\text{ k}\Omega$，$R_3 = 2R_1$，$R_4 = 24\text{ k}\Omega$，$R_6 = 3R_4$。
（1）推导输出 u_o 与输入 u_i 之间的运算关系；
（2）求平衡电阻 R_2、R_5 的阻值。

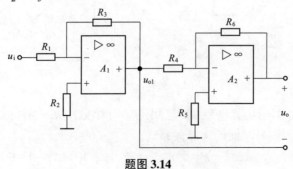

题图 3.14

3.15 电路如题图 3.15 所示，写出输出 u_o 与输入 u_{i1}、u_{i2}、u_{i3} 之间的运算关系式。

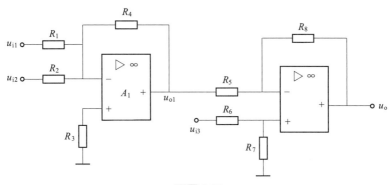

题图 3.15

3.16 在题图 3.16 所示电路中，已知 $R_1 = 10\ \text{k}\Omega$，$R_2 = 20\ \text{k}\Omega$，$R = 200\ \text{k}\Omega$，$C = 2\ \mu\text{F}$。
（1）推导电路输出信号 u_o 与输入信号 u_i 的运算关系式；
（2）指出运放 A_2 中局部反馈的反馈类型。

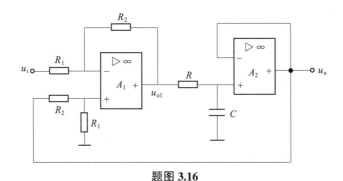

题图 3.16

3.17 试设计实现下列运算关系式的电路图，计算出各电阻阻值（注意满足平衡电阻的要求）。

（1）$u_o = u_i$ （用三种电路形式实现，参数自定）
（2）$u_o = 3(u_{i1} + u_{i2} + u_{i3})$ （设 $R_F = 150\ \text{k}\Omega$）
（3）$u_o = 4u_{i1} - 5u_{i2} - 6u_{i3}$ （设 $R_F = 100\ \text{k}\Omega$）
（4）$u_o = 10\int u_{i1}\,\text{d}t - 5\int u_{i2}\,\text{d}t$ （设 $C_F = 1\ \mu\text{F}$）
（5）$u_o = 2\dfrac{\text{d}u_i}{\text{d}t}$ （设 $R_F = 1\ \text{M}\Omega$）

3.18 电路如题图 3.18 所示，设 A_1、A_2 均为理想运放，求输出电压 u_{o1} 和 u_{o2} 的数值。

3.19 电路如题图 3.19 所示，设 A_1、A_2 均为理想运放，求输出电压 u_o 与 u_i 的关系式。

3.20 直流电压表电路如题图 3.20 所示，运放输出端接有量程为 150 mV 的电压表，它由 200 μA 表头和 750 Ω 内阻串联而成。测量输入电压 U_x 时，各挡满量程均使表头显示 150 mV，计算量程 U_1、U_2、U_3、U_4 各为多少伏？

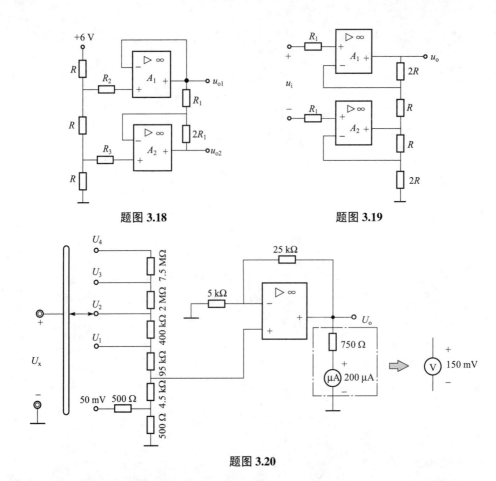

题图 3.18　　　　　　　　　　题图 3.19

题图 3.20

3.21　题图 3.21 为利用运算放大器测量直流小电流的电路,图中 I_x 为被测电流,试计算电阻 $R_{F1} \sim R_{F5}$ 的阻值。

3.22　测量三极管 β 值的电路如题图 3.22 所示,若 $R_1 = 6\ \text{k}\Omega$,$R_2 = R_3 = 10\ \text{k}\Omega$,$U_{BE} = 0.6\ \text{V}$。

(1) 标出三极管各极电位 V_B、V_C、V_E 的数值;

(2) 若电压表的读数为 200 mV,求被测三极管的 β 值。

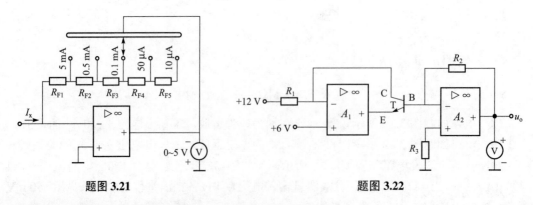

题图 3.21　　　　　　　　　　题图 3.22

3.23　测量放大器电路如题图 3.23 所示,设电桥电阻 $R = 3\ \text{k}\Omega$,当 $\Delta R = 0$ 和 $0.1\ \text{k}\Omega$ 时,求测量放大器输出电压 u_o 分别为多少伏?

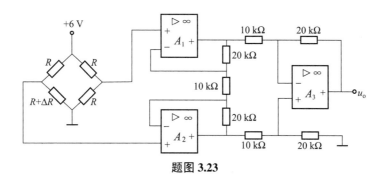

题图 3.23

3.24 题图 3.24 为由运算放大器构成的基准电压源。已知：$R_1 = R_2 = R_3 = 2\text{ k}\Omega$，$R_P = 2.4\text{ k}\Omega$，$U_Z = 8\text{ V}$。

（1）试求输出电压 U_o 的可调范围；

（2）判别运放电路的反馈类型。

3.25 题图 3.25 为三位数/模转换电路，电子开关的位置代表输入的二进制数码 $d_2 d_1 d_0$，（d_i 可取 0 或 1，取 0 时接地，取 1 时接 U_R）。已知参考电压 $U_R = 5\text{ V}$。

（1）求输出 U_o 与输入 d_2、d_1、d_0 的运算关系式；

（2）当输入的二进制数码 $d_2 d_1 d_0 = 111$ 时，计算输出电压 U_o 的值；

（3）当输入的二进制数码 $d_2 d_1 d_0 = 010$ 时，再求输出电压 U_o 的值。

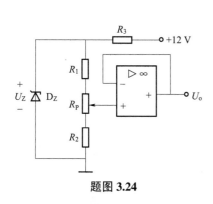

题图 3.24

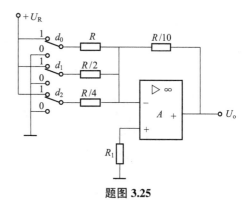

题图 3.25

3.26 电路如题图 3.26 所示，$u_i = 3\text{ V}$。

（1）当开关 S_1 闭合、S_2 断开时，求 u_o；

（2）当开关 S_1 断开、S_2 闭合时，求 u_o；

（3）当开关 S_1、S_2 都闭合时，求 u_o；

（4）说明开关各种通断情况下电路的反馈类型。

3.27 电路如题图 3.27 所示，已知 $R_1 = R_2$。

（1）求输出 u_o 与输入 u_{i1}、u_{i2} 之间的运算关系式；

（2）依据平衡电阻的概念，确定 R_1、R_2 和 R_3 的值；

（3）说明电路的反馈类型。

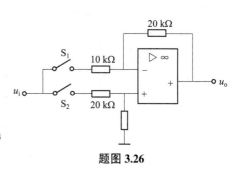

题图 3.26

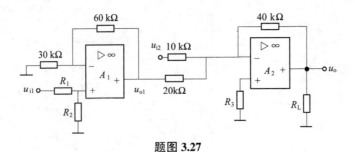

题图 3.27

3.28 指出题图 3.28 各电路中的反馈元件,并分别判别其反馈类型。

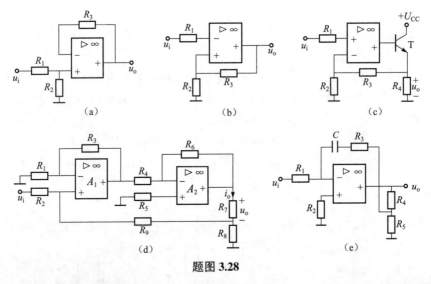

题图 3.28

3.29 根据深度负反馈电路中 $A_f=1/F$,求题图 3.28(c)电路的电压放大倍数 A_{uf}。设 $R_1=R_2=10\ \text{k}\Omega$,$R_3=100\ \text{k}\Omega$,$R_4=10\ \text{k}\Omega$。

3.30 判别题图 3.30 所示电路的反馈类型,说明级间负反馈对放大器输入电阻和输出电阻的影响。

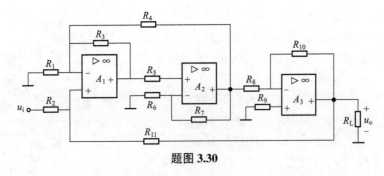

题图 3.30

3.31 电路如题图 3.31 所示,试推导 u_o 与 u_i 之间的运算关系式,说明电路中的反馈类型。

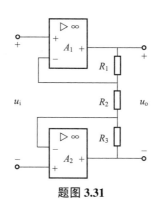

题图 3.31

3.32 在放大电路中若要满足下列要求，应分别引入何种类型的负反馈：

（1）在输出端，反馈信号对输出电压进行采样，从而稳定放大电路的输出电压；

（2）提高输入电阻，减小信号源为放大电路提供的电流；

（3）减小输入电阻，提高放大电路的带负载能力。

3.33 一阶有源低通滤波器电路如题图 3.33 所示，求电路的频率特性 $T(j\omega)$ 和上限截止频率 ω_0，并画出幅频特性曲线。

3.34 二阶有源低通滤波器电路如题图 3.34 所示，试证明电路的频率特性为

$$T(j\omega) = \frac{A_{uf}}{1-\left(\dfrac{\omega}{\omega_0}\right)^2 + j3\dfrac{\omega}{\omega_0}}$$

式中，$A_{uf} = 1 + \dfrac{R_F}{R_1}$，$\omega_0 = \dfrac{1}{RC}$。

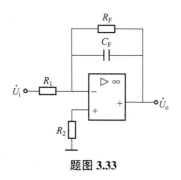

题图 3.33

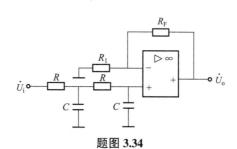

题图 3.34

3.35 电路如题图 3.35 所示，已知：$R_1 = R_F = 20\text{ k}\Omega$，输入信号 $u_i = 2\sin\omega t$ V，运放最大输出电压 $\pm U_{OM} = \pm 8$ V。

（1）当开关 S 闭合时，说明电路实现的功能，写出 u_o 与 u_i 之间的关系式，并对应画出 u_i 和 u_o 的波形（标出幅值）；

（2）当 S 断开时，说明电路实现的功能，并对应 u_i 画出输出 u_o' 的波形（标出幅值）。

3.36 电路如题图 3.36 所示，$R = 20\text{ k}\Omega$，$R_1 = R_3 = 10\text{ k}\Omega$，$R_2 = 2\text{ k}\Omega$，$U_Z = \pm 5$ V，$U_{om} = \pm 10$ V。

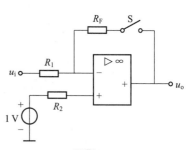

题图 3.35

(1) 说明两级运算放大器各构成何种电路；
(2) 推导出运放 A_1 输出信号 u_{o1} 与输入信号 u_{i1}、u_{i2} 的运算关系式；
(3) 若 $u_{i1}=-2$ V，$u_{i2}=3\sin\omega t$ V，画出输出电压 u_{o1} 的波形；
(4) 若 $E=5$ V，试对应 u_{o1} 画出 u_o 的波形；
(5) 若要使 u_o 的波形正、负半周对称，$E=$？

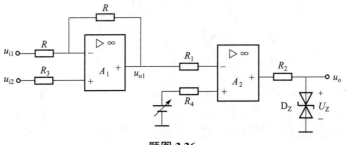

题图 3.36

3.37 电路如题图 3.37 所示，已知 $R_1=R_2=R_3=100$ kΩ，$u_{i1}=4\sin 600t$ V，$u_{i2}=2$ V，运算放大器最大输出电压 $U_{om}=\pm 12$ V。

(1) 当开关 S 置于位置 a 时，计算 u_o 并画出 u_o 的波形；
(2) 当开关 S 置于位置 b 时，画出 u_o 的波形，并说明电路可实现何种功能。

3.38 电压比较器电路如题图 3.38 所示，若运算放大器的最大输出电压为 ± 12 V，$u_i=8\sin\omega t$ V。

(1) 画出比较器的电压传输特性曲线；
(2) 对应输入信号 u_i 的波形画出输出电压 u_o 的波形。

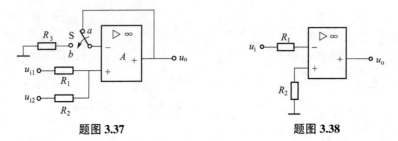

题图 3.37　　　　　　　题图 3.38

3.39 电压比较器电路如题图 3.39 所示，若稳压管 D_Z 的稳压值为 $U_Z=8$ V，其正向导通电压为 $U_D=0.7$ V。

(1) 画出电压传输特性曲线；
(2) 若将稳压管反接，再求（1）。

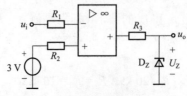

题图 3.39

3.40 若要实现如题图 3.40 所示比较器的电压传输特性，应在题图 3.38 电路的基础上做何改动？对应画出各比较器的电路图。

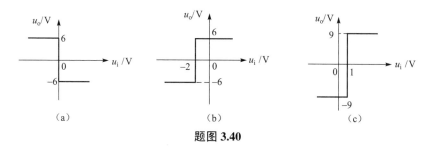

题图 3.40

3.41 滞回电压比较器电路及参数如题图 3.41（a）所示，已知：$U_Z = 6$ V。
（1）求比较器的上、下门限电平 U_{T1}、U_{T2}；
（2）画出电压传输特性曲线；
（3）对应题图 3.41（b）所示输入波形画出输出电压 u_o 的波形。

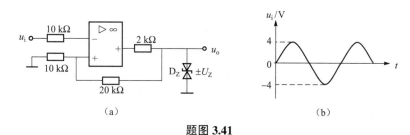

题图 3.41

3.42 试设计一个电压比较器，以实现题图 3.42（a）所示的电压传输特性。在题图 3.42（b）中，依据电压传输特性，对应 u_i 的波形画出输出电压 u_o 的波形（标出幅值及关键值）。

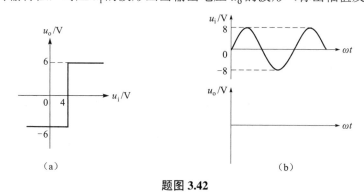

题图 3.42

3.43 精密半波整流电路如题图 3.43 所示，它可以对小于二极管死区电压的输入信号进行整流。若 $R_1 = R_F = 20$ kΩ，输入信号 $u_i = 2\sin\omega t$ V。试画出电路的电压传输特性和输出电压 u_o 的波形。

3.44 正弦波振荡电路及参数如题图 3.44 所示。
（1）计算电路的振荡频率 f_0；
（2）分别写出电路在起振时和正常振荡时，电阻 R_1 的取值条件及阻值；
（3）定性画出输出电压 u_o 和反馈电压 u_f 的波形。

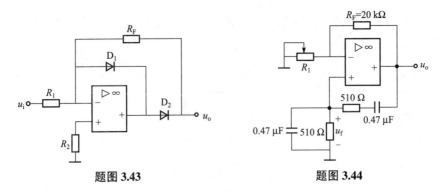

题图 3.43　　　　　　　　题图 3.44

3.45　两级运放电路如题图 3.45 所示，已知：$R=3\ \text{k}\Omega$，$C=0.01\ \mu\text{F}$，$U_Z=8\ \text{V}$。
（1）分别指出两级电路实现的功能；
（2）求第一级电路输出信号 u_{o1} 的频率 f_0；
（3）画出第二级电路的电压传输特性；
（4）设 u_{o1} 的幅值为 $\pm10\ \text{V}$，对应画出 u_{o1} 与 u_o 的波形。

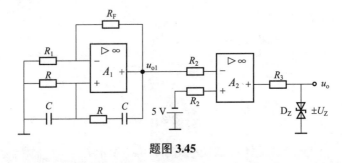

题图 3.45

3.46　题图 3.46 为频率可调的方波发生电路，已知：$R_1=R_2=51\ \text{k}\Omega$，$R=10\ \text{k}\Omega$，电位器 $R_P=100\ \text{k}\Omega$，电容 $C=0.022\ \mu\text{F}$，$R_3=1\ \text{k}\Omega$，求电路振荡频率 f_0 的调节范围。

3.47　题图 3.47 所示电路为矩形波发生器，已知：$R_1=10\ \text{k}\Omega$，$R_2=20\ \text{k}\Omega$，$C=0.1\ \mu\text{F}$，设运算放大器的最大输出电压为 $\pm15\ \text{V}$，D_1、D_2 为理想二极管。
（1）画出输出电压 u_o 和电容电压 u_C 的波形；
（2）求输出电压 u_o 的周期 T 和占空比 D。

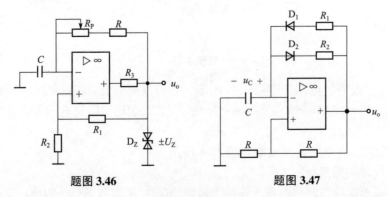

题图 3.46　　　　　　　　题图 3.47

3.48　题图 3.48 所示为温度上、下限报警电路，R_T 为热敏电阻，当温度变化时，其阻值随着发生变化。当 $V_a > V_b$ 时，LED_1 发光报警；当 $V_a < V_b$ 时，LED_2 发光报警；$V_a = V_b$ 时，不报警。

（1）说明电路的工作原理；

（2）运算放大器的功能是什么？三极管 T_1 和 T_2 接成的是何种电路形式，在此处的作用是什么？

（3）电位器 R_P 的作用是什么？

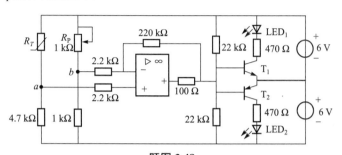

题图 3.48

3.49 题图 3.49 是 Multisim 中的反相比例运算电路及其电压传输特性的分析结果。试将题图 3.49 改为同相比例运算电路，建立电路文件，选择输入信号的波形和幅值，用示波器同时观察输入、输出电压波形，利用 Multisim 中的直流扫描分析方法作出电路的电压传输特性，并计算其斜率。说明与题图 3.49 的分析结果有何不同。

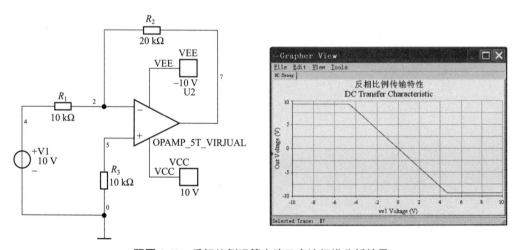

题图 3.49 反相比例运算电路及直流扫描分析结果

3.50 用 Multisim 按题图 3.9（a）创建反相加法电路（为了简单起见，可选 $R_F = 10\ k\Omega$），其输入信号 u_{i1} 和 u_{i2} 由两台函数发生器提供，将它们的输出波形分别选为方波和三角波。要求：

（1）利用示波器同时观察输入、输出波形；

（2）用 Multisim 中的瞬态分析方法得到波形（注意根据信号频率选择仿真结束时间，一般显示 3～5 个波形）。

3.51 用 Multisim 按题图 3.34 创建有源二阶低通滤波器电路，适当选择电阻、电容的参数，利用波特图仪和交流分析方法作出电路的幅频特性曲线和相频特性曲线，并测量低通滤波器的上限截止频率 f_0 和通频带 f_{BW}。测量频率特性时，频率轴应选用对数坐标。

3.52 用 Multisim 按题图 3.44 创建正弦波振荡电路。

（1）调整电位器使其起振，用示波器观察起振阶段电路的输出波形；

（2）参照图 3.50 加入二极管稳幅环节，观察等幅振荡时电路的输出波形；

（3）说明电路的起振条件和稳幅振荡条件。

3.53 题图 3.53 所示电路中运算放大器符号为国外常用符号，已知：$R_1 = 60\ \text{k}\Omega$，$R_2 = 30\ \text{k}\Omega$，$R_3 = 60\ \text{k}\Omega$，$R_4 = 90\ \text{k}\Omega$。

（1）求 u_o 与 u_i 之间的运算关系式；

（2）求平衡电阻 R_5。

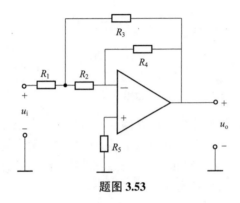

题图 3.53

第4章
电 源 技 术

在电子电器等设备中,供电电源起着重要的作用,是电子电器设备不可缺少的重要组成部分,它的性能直接影响电子电器设备工作的稳定性和可靠性。在本章中将重点介绍直流稳压电源、集成稳压器、开关电源和逆变电路等。

4.1 电源技术的基本内容

4.1.1 电源技术概述

通常将提供电能的设备称为电源。电源可分为以下3种类型:
① 一次性电源,即供电电源,常称为电网或市电,它把其他形式的能量(如水力、火力、风力产生的能量)转换成电能。
② 二次性电源,即在供电电源与负载之间对电能进行转换以满足电气设备需要的电源。本章主要介绍二次性电源。
③ 蓄电池电源,将能量以某种形式储存起来,需要时转换成电能。

电源技术包括电力电子器件、功率变换电路、电源整机及系统。电力电子器件,如晶闸管、绝缘栅型双极晶体管等,前面已做了介绍,这里主要介绍功率变换电路及常用的电源设备。

从功率变换电路所实现的功能来看,功率变换电路可分为以下4类:
① 将交流电变为直流电,实现这一功能的电路称为整流电路。
② 将直流电变为交流电,实现这一功能的电路称为逆变电路。
③ 将一种直流电变为另一种直流电,这种变换能实现直流电的大小或极性的改变。
④ 将一种交流电变为另一种交流电,这种变换能实现交流电的幅值和频率的变化。

目前功率变换电路广泛采用全控型器件和脉宽调制(PWM)方式。

电子设备对电源的要求是:
① 体积小、质量轻、造价低。
② 电源输出不间断。
③ 效率高、节能。
④ 输出电压或输出电流要稳定。

4.1.2 直流稳压电源和交流稳压电源

1. 直流稳压电源

直流稳压电源有两种控制方式，即连续线性控制方式和断续开关控制方式。连续线性控制方式电源的特点是功率器件工作在放大状态，流过的电流是连续的，具有稳定度高、可靠性好、成本较低等优点，如串联型稳压电源就属于这种控制方式。但由于功率器件（调整管）上要损耗较大的功率，所以又有效率低、体积大等缺点，适用于中、小功率的场合，例如常用于科研和教学实验室。断续开关控制方式电源的主要特点是功率器件工作在开关状态，功率损耗小，效率较高，同时也省去了变压器，这种开关电源应用范围越来越广。开关电源的控制方式有脉宽调制式（PWM）、脉频调制式（PFM）等。

2. 交流稳压电源

交流稳压电源包含稳压电源和不间断电源（Uninterruptible Power System，UPS）。由于交流市电电源的电压波动较大，干扰较多，并且停电情况时有发生，因此交流稳压电源是许多电子设备不可缺少的供电装置。稳压电源主要有参数调整型、自动调压型及开关型。不间断电源有动态式和静止式两种。不间断电源广泛应用于计算机、程控交换机、医疗诊断等供电不能中断的场合。

4.2 直流稳压电源

4.2.1 直流稳压电源的主要指标及种类

1. 直流稳压电源的主要技术指标

直流稳压电源的技术指标是对稳压电源的质量和技术要求，主要有：

（1）最大输出电流

即最大允许工作电流，它主要取决于功率管允许的最大耗散功率。

（2）输出电压及其调节范围

通常是按照负载的需要来选择，若输出电压可在宽范围内连续调节，则使用起来会灵活方便。

（3）效率

即输出功率与输入功率之比，要提高效率就要降低功率管本身的功率损耗。

（4）保护功能

当负载出现过载或短路时，稳压电源能够快速响应并切断输出，起到保护电源的作用，使电源不致被烧毁。

（5）电压调整率

当市电电网电压变化时，稳压电源输出的直流电压变化应尽量小。直流稳压电源的电压调整率 S_u 定义为电源输出电压变化量 ΔU_o 与输出电压 U_o 之比，即

$$S_u = \left| \frac{\Delta U_o}{U_o} \right| \times 100\%$$

S_u 越小，电源的稳压性能越好。

（6）电流调整率 S_I

在输入电压不变的情况下，电源的负载电流从零变到最大时，输出电压 U_o 的相对变化量，即

$$S_I = \left|\frac{\Delta U_o}{U_o}\right| \times 100\%$$

它表示了在负载电流变化时，输出电压保持稳定的能力，S_I 越小，电源的稳压性越好。

（7）纹波系数

在稳压电源输出电压中通常包含有交流分量，称为纹波电压，如果纹波电压太大，对负载会产生不良影响，通常用纹波系数 S_o 来衡量输出电压中的交流分量大小，即

$$S_o = \frac{U_{mn}}{U_o}$$

式中，U_{mn} 表示输出电压中交流分量基波最大值；U_o 表示输出电压中的直流分量。纹波系数 S_o 越小，表示纹波越小。

（8）温度系数

用来表示输出电压对温度的稳定性。在输入电压和输出电流不变的情况下，将输出电压变化量 ΔU_o 与环境温度变化量 ΔT 之比定义为温度系数 S_T，即

$$S_T = \left|\frac{\Delta U_o}{\Delta T}\right|$$

温度系数 S_T 越小，电源工作越稳定。

2. 直流稳压电源的种类

目前直流稳压电源种类很多，可以从不同角度进行分类。

① 按电源中调整元件与负载的连接方式分，有并联式稳压电源和串联式稳压电源。将调整元件与负载并联连接方式的稳压电源称为并联式稳压电源，调整元件与负载串联连接方式的稳压电源称为串联式稳压电源。

② 按调整元件的工作状态分，有线性稳压电源和开关稳压电源。

还可按其他方法进行分类，此处不再详述。

直流稳压电源已由分立元件向集成化方向发展，已有多个品种和型号的集成稳压电源问世，并按输出电压和输出电流形成系列主流产品。

4.2.2 串联式线性稳压电源

1. 串联型稳压电路

图 4.1 所示方框图是交流电变为直流电的过程示意图。稳压电路的作用是当供电电源或负载发生变化时，确保输出直流电压保持基本不变。

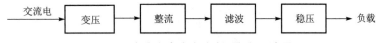

图 4.1 交流电变为直流电过程的示意图

稳压管稳压电路是简单并联式稳压电路，其稳压效果不够理想，只适用于负载电流比较小的场合。串联型三极管稳压电路能克服它的缺点。图 4.2 所示为射极输出式串联型稳压电

路,它由采样、基准、比较放大和调整 4 个环节组成。

(1) 采样环节

由电阻 R_1、R_2 和 R_P($R_P = R'_P + R''_P$)组成分压器,它将输出电压 U_o 的一部分作为反馈电压送到比较放大环节,若忽略 T_1 的基极电流,反馈电压为

$$U_f = \frac{U_o}{R_1 + R_2 + R_P}(R_2 + R''_P)$$

图中电位器 R_P 用于调节输出电压的大小。

(2) 基准电压环节

由稳压管 D_Z 和电阻 R_3 组成,U_Z 作为比较放大器的比较基准电压。

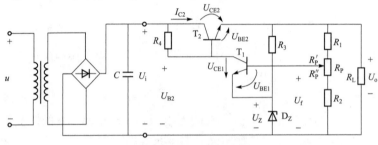

图 4.2 串联型稳压电路

(3) 比较放大环节

由三极管 T_1 构成,它的 U_{BE1} 是反馈电压 U_f 与基准电压 U_Z 之差,即用 T_1 的发射结电压 U_{BE1} 来控制 T_2(调整管)。

(4) 调整环节

由工作在线性区的功率型三极管(调整管)T_2 组成,R_4 是 T_2 的偏置电阻,同时也是 T_1 的集电极电阻。由于 T_2 接成射极输出器形式,且 T_2 是与负载串联,故称为射极输出式串联型稳压电路。

2. 稳压原理

若某种原因使输出电压 U_o 升高(如输入电压升高,或负载电阻增大)。由于输出电压升高,反馈电压 U_f 也升高,使 U_{BE1}($U_{BE1} = U_f - U_Z$)增大,引起 I_{B1} 电流增加,从而 I_{C1} 增加,管压降 U_{CE1} 减小,U_{B2}($U_{B2} = U_{CE1} + U_Z$)减小,U_{BE2}($U_{BE2} = U_{B2} - U_{E2}$)减小,$I_{B2}$ 电流减小,I_{C2} 减小,管压降 U_{CE2} 增大,使输出电压 U_o($U_o = U_i - U_{CE2}$)减小,则输出电压保持稳定。

上述稳压过程可归纳为:

$$U_o \uparrow \to U_f \uparrow \to U_{BE1} \uparrow \to U_{CE1} \downarrow \to U_{B2} \downarrow \to I_{C2} \downarrow \to U_{CE2} \uparrow \to U_o \downarrow$$

当输出电压降低时,其稳压过程相反。

3. 输出电压的调节范围

输出电压为

$$U_o = \frac{U_Z + U_{BE1}}{R_2 + R''_P}(R_1 + R_2 + R_P)$$

最小输出电压为

$$U_{omin} = \frac{U_Z + U_{BE1}}{R_2 + R_P}(R_1 + R_2 + R_P)$$

最大输出电压为

$$U_{omax} = \frac{U_Z + U_{BE1}}{R_2}(R_1 + R_2 + R_P)$$

输出电压范围为
$$U_{omin} \leq U_o \leq U_{omax}$$

4. 由运算放大器组成的串联型稳压电路

现在的串联型稳压电源，其放大环节，通常采用运算放大器，以提高稳压精度。稳压电路如图 4.3 所示，运算放大器工作在线性状态，其稳压原理与图 4.2 类似。如输出电压升高，其稳压过程为：

$$U_o \uparrow \to U_f \uparrow \to U_B \downarrow \to U_{BE} \downarrow \to I_B \downarrow \to I_C \downarrow \to U_{CE} \uparrow \to U_o \downarrow$$

输出电压为
$$U_o = \frac{U_Z}{R_1 + R_P''}(R_1 + R_P)$$

最小输出电压为
$$U_{omin} = U_Z$$

最大输出电压为
$$U_{omax} = \frac{U_Z}{R_1}(R_1 + R_P)$$

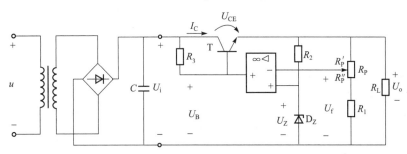

图 4.3 由运算放大器组成的串联型稳压电路

4.2.3 集成稳压器

串联型稳压电源是由许多元器件所组成，所占体积较大。随着电子技术的迅速发展，单片集成稳压电源已成为系列产品并获得广泛应用。所谓集成稳压器就是用半导体工艺和薄膜工艺将稳压电路中的元件制作在同一半导体芯片上，形成具有稳压功能的固体电路。它具有体积小、可靠性高、使用灵活、价格低廉等优点。集成稳压器中通常还有过流、过压、过热等保护电路。

1. 常用集成稳压器的种类

（1）多端可调式集成稳压器

这种稳压器取样电阻和保护电路的元件需要外接，它具有多个外接端，适用于不同用法，以满足不同输出电压的要求。

（2）三端可调式集成稳压器

这种稳压器有输入、输出、调节端三个端子，在调节端外接两个电阻可对输出电压作连续调节，用在要求稳压精度较高，输出电压在一定范围内可任意调节的场合。

（3）三端固定式集成稳压器

这类稳压器有输入、输出和公共端三个端子，输出电压不可调。外形结构如图 4.4 所示。

图 4.4（a）为 W78×× 系列稳压器，1 端为输入端，2 端为输出端，3 端为公共端。图 4.4（b）为 W79×× 系列稳压器，3 端为输入端，2 端为输出端，1 端为公共端。

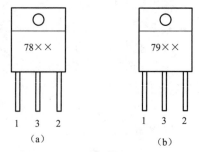

图 4.4 三端集成稳压器外形图
(a) 78×× 系列；(b) 79×× 系列

本节主要讨论 W7800 系列（输出正电压）和 W7900 系列（输出负电压）稳压器。在 W7800（或 W7900）系列中最后两位数字表示集成稳压器的输出电压值，如 W7805 则表示输出电压为 5 V。三端固定式集成稳压器基本应用电路如图 4.5 所示，图中 U_i 是经整流滤波以后的输入电压，U_o 是稳压器的输出电压。输入电容 C_i 通常不接，只有当集成稳压器远离整流、滤波电路时，接入 1 个 0.33 μF 电容，其作用是改善纹波。一般取值在 0.1～1 μF 之间。输出电容 C_o 是为了改善负载的瞬态响应，可取 1 μF。

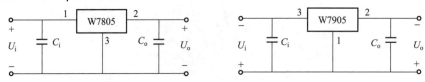

图 4.5 三端集成稳压器的基本应用电路

2. 三端集成稳压器的几种应用电路

（1）同时输出正负电压的稳压电路

电路如图 4.6 所示，此电路可以同时输出 +5 V 和 −5 V 两路电源。图中滤波电容 $C = 1\,000$ μF，输入和输出电容 C_i、C_o 分别为 0.33 μF 和 1 μF。

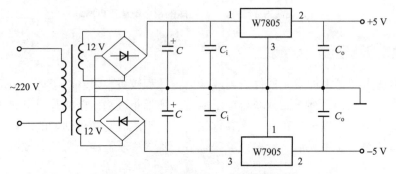

图 4.6 同时输出正负电压的稳压电路

（2）提高输出电压的稳压电路

当所需稳压电源输出电压高于集成稳压器的输出电压时，可采用升压电路来提高输出电压。在图 4.7 所示电路中，R_1 两端的电压是集成稳压器的输出电压 U_{XX}，稳压电路的输出电压 U_o 为

$$U_o = U_{XX} + R_2(I_R + I_Q)$$

若 $I_R \gg 5I_Q$，则

$$U_o = U_{XX} + R_2 I_R = U_{XX} + \frac{R_2}{R_1} U_{XX} = \left(1 + \frac{R_2}{R_1}\right) U_{XX}$$

可以看出 $\dfrac{R_2}{R_1}U_{XX}$ 是所提高的输出电压，当 R_1、R_2 阻值较小时，稳压电源的稳压精度较高。

（3）输出电压可调的稳压电路

电路如图 4.8 所示。图中运算放大器为电压跟随器，这时的输出电压为

$$U_o = \dfrac{U_{XX}}{R_1}(R_1+R_2) = U_{XX}\left(1+\dfrac{R_2}{R_1}\right)$$

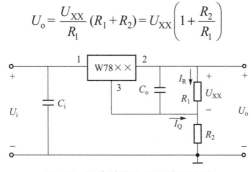

图 4.7 提高输出电压的稳压电路

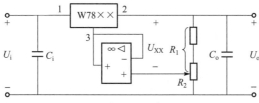

图 4.8 输出电压可调的稳压电路

改变 R_2 与 R_1 的比值，即改变了输出电压 U_o。

（4）扩大输出电流的稳压电路

电路如图 4.9 所示。W7800 系列最大输出电流为 1.5 A。如果负载所需电流超过 1.5 A，则外接功率管 T 来扩展输出电流。通常 I_3 较小，所以 $I_2 \approx I_1$。当 I_R 电流不足以使 T 导通时，$I_B = 0$，$I_C = 0$，$I_o = I_2 \approx I_1$，若电阻电流 I_R 增大到一定值时，使 T 导通，则有 $I_o = I_2 + I_C$，调整 R 的大小使功率管在输出电流较大时导通。因为

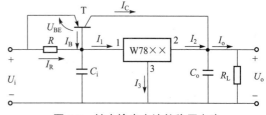

图 4.9 扩大输出电流的稳压电路

$$I_2 \approx I_1 = I_R + I_B = -\dfrac{U_{BE}}{R} + \dfrac{I_C}{\beta}$$

则电阻 R 的大小由下式决定，即

$$R = \dfrac{U_{BE}}{-I_1+\dfrac{I_C}{\beta}}$$

4.2.4 如何选择使用集成稳压器

1. 集成稳压器的主要参数

（1）最大输入电压 U_{imax}

使稳压器能安全工作的最大允许电压。

(2) 输出电压 U_o

稳压器稳定输出的额定电压值。不同系列的稳压器具有不同的输出电压，如 W7800 系列输出固定的正电压有 5 V、8 V、12 V、15 V、18 V、24 V 等多种，W7900 系列输出固定的负电压，其参数与 W7800 系列基本相同。

(3) 最大输出电流 I_{omax}

使稳压器能正常工作的最大电流，若超过这一电流值不仅稳压器输出电压不稳定，而且会使稳压器损坏。

(4) 电压调整率 S_u

输出电压相对变化量与输入电压变化量之比，即

$$S_u = \frac{\frac{\Delta U_o}{U_o}}{\Delta U_I} \times 100\%$$

如 W7815 稳压器，其输出电压为 15 V，最高输入电压为 35 V，最大输出电流为 1.5 A，电压调整率为 0.1%～0.2%，此值越小，稳压性能越好。

(5) 输入电压与输出电压的最小差值 $(U_I - U_o)_{min}$

保证稳压器正常工作时，所允许的输入与输出电压的最小差值，通常 $(U_I - U_o)_{min} = (2～3)$ V。

2. 集成稳压器的选择和使用

在选择集成稳压器时应该兼顾性能、使用要求和价格等几个方面。在技术要求不是很高、输出电压为固定的情况下，可选择三端固定输出的集成稳压器。根据所需电流、电压大小选择相应的型号，在要求稳压精度较高且输出电压在一定范围内可调节的情况下，可选择三端可调集成稳压器。

在使用集成稳压器时还应注意：

① 输入电压不能太低，要保证集成稳压器的输入与输出之间电压差不低于允许值，否则稳压器的性能将降低，纹波增大。

② 输入电压不能过高，不要超过 U_{imax}，以免功率损耗超过额定值而使集成稳压器损坏。

③ 防止输入端和负载短路。

④ 对于大电流的稳压器要安装足够面积的散热器。

4.3 开关型稳压电源

4.3.1 开关型稳压电源的基本特点

前面介绍的线性稳压电源具有电路简单和成本低的特点，但调整管的功耗大，电路的效率低。如果使调整管工作在开关状态，则功耗较小，效率可达 80%～95%。依据这种原理设计的稳压电路称为开关型稳压电路，又称为开关电源。在电器设备中广泛采用开关型稳压电源。

图 4.10 是线性稳压电源和开关稳压电源的电路基本原理比较示意图。线性稳压电源模型的工作原理可用图 4.10（a）来说明，它相当于改变与负载串联的电阻来得到希望的直流电压，由于与负载串联的电阻上要消耗很多能量，导致电源的效率降低。图 4.10（b）开关电源模型

是通过开关接通的时间使负载上得到所需电压,能量损失少,而且效率高,它是通过开关的接通和断开来取代电阻值的变化,从而改变输出电压的大小。

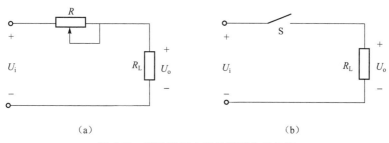

图 4.10 两种稳压电源的模型电路比较
(a) 线性稳压电源的模型电路;(b) 开关稳压电源的模型电路

图 4.11 是一个开关电源输出电压大小与开关 S 接通和断开的时间不同的比较示意图。当电路中的开关以不同的时间接通和断开时,输出的直流平均电压不同。显然,图 4.11(a)中开关接通时间长,输出电压平均值高;图 4.11(b)中开关接通时间短,输出电压平均值低。由于开关电路输出的是方波,要使其变成平滑的直流,则应使用电感或电容进行平滑滤波。另外,实际的开关电源电路的开关是采用开关型功率管实现的。如果开关的动作频率较高,所需的电感和电容不要很大,实际开关电源使用的频率约 20 kHz。

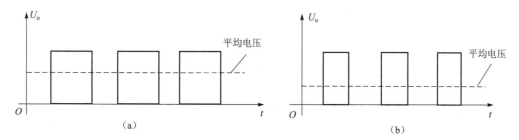

图 4.11 开关接通时间不同的输出电压的比较
(a) 开关接通时间长;(b) 开关接通时间短

4.3.2 开关型稳压电源的典型电路

1. 降压型开关电源电路

降压型开关电源输出的平均电压 U_o 低于输入的直流电压 U_i,其原理电路如图 4.12 所示。

绝缘栅双极晶体管 T 是开关管,它以一定的频率导通和截止。电感 L、电容 C 和二极管 D 组成平

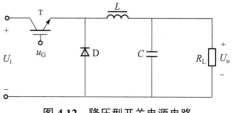

图 4.12 降压型开关电源电路

滑滤波电路。当 T 导通时,二极管 D 截止,输入电压将能量提供给负载 R_L,同时电感 L 将能量储存起来。当 T 截止时,输入电压中断了能量的供给,这时,二极管 D 导通,储存在电感 L 中的能量,通过二极管 D 释放给负载 R_L,使负载得到连续而稳定的能量,二极管的作用使负载电流继续流通,电容 C 使输出电压不会发生跃变。负载上的输出电压大小与 T 的导通时间有关。定义 T 的导通时间 t_{on} 和工作周期 T_S 的比例为占空比 D,有

$$D = \frac{t_{on}}{T_S}$$

根据占空比可计算出平均输出电压为

$$U_o = \frac{1}{T_S}\int_0^{t_{on}} U_i dt = \frac{t_{on}}{T_S} U_i = DU_i$$

当输入电压一定时,输出电压与占空比呈线性关系,占空比越大,输出电压越高。

图 4.13 为仿真波形,图 4.13（a）是占空比为 50%的 u_G 与 U_o 波形,图 4.13（b）是占空比为 80%的 u_G 与 U_o 波形。可见占空比大,输出电压的平均值就高。

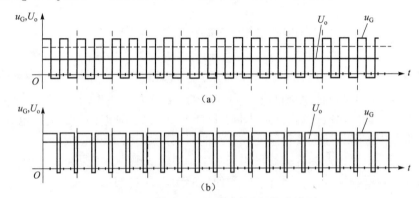

图 4.13　降压型开关电源电路的仿真波形

（a）占空比为 50%；（b）占空比为 80%

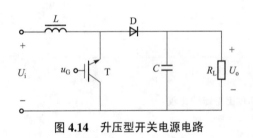

图 4.14　升压型开关电源电路

2. 升压型开关电源电路

升压型的开关电源原理电路如图 4.14 所示。其输出的平均电压 U_o 总是大于输入的直流电压 U_i。

当 T 导通时,电容 C 上的电压使二极管 D 截止,将输入端与输出端断开,将电容上储存的能量提供给负载 R_L,同时输入端电源向电感 L 提供能量。当 T 截止时,二极管 D 导通,负载 R_L 同时吸收来自电感与输入端的能量。只要 L 和 C 足够大,在输出端就可以得到恒定的输出电压,平均输出电压为

$$U_o = \frac{T_S}{t_{off}} U_i = \frac{1}{1-D} U_i$$

将降压型和升压型开关电源电路组合在一起,可以构成直流降压–直流升压型开关电路,使输出电压可以高于或者低于输入电压,在此不再详述。

3. 实际的开关型稳压电路

图 4.12 所示电路为降压型开关稳压电路。为了稳定输出电压,要实时采集输出电压,并控制占空比的大小,即根据输出电压的大小控制开关管导通和截止的脉冲宽度,因此在图 4.12 降压型开关电源基础上增加了采样电路和脉冲宽度控制电路,电路如图 4.15 所示。采样电路由电阻 R_1 和 R_2 组成。脉冲宽度控制电路由产生固定频率的三角波发生电路、比较器 A_2、基准电压、误差放大器 A_1 组成。开关电源的核心是开关管 T、LC 滤波器和续流二极管 D。

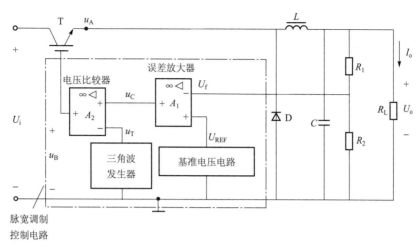

图 4.15 脉宽调制式开关型稳压电源的原理图

开关型稳压电源的工作原理如下：

采样电路将部分输出电压 $U_f\left(=\dfrac{R_2}{R_1+R_2}U_o\right)$，加到误差放大器 A_1 的反相输入端，误差放大器 A_1 的同相输入端是基准电压 U_{REF}，误差放大器 A_1 将输出电压的变化进行放大，其输出电压 u_C 加在比较器 A_2 的同相输入端，与反相输入端的三角波电压 u_T 比较，利用比较后的输出电压 u_B 去控制开关管 T 的导通和截止。

当误差放大器 A_1 的输出电压 u_C 大于三角波电压 u_T 时，比较器 A_2 输出 u_B 为高电平，T 饱和导通，忽略 T 的饱和压降，$u_A=U_i$，此时二极管 D 承受反向电压而截止，负载中有电流 I_o 流过，同时电感 L 及电容 C 储存能量。

当误差放大器 A_1 的输出电压 u_C 小于三角波电压 u_T 时，比较器 A_2 输出 u_B 为低电平，T 由导通变为截止，L 中产生的感应电动势使 D 导通。L 及 C 中储存的能量通过 D 向 R_L 释放，使 R_L 继续有 I_o 流过，此时 $u_A\approx 0$（忽略二极管的正向压降）。

设 t_{on} 是 T 的导通时间，t_{off} 是 T 的截止时间，开关转换周期 $T_S=t_{on}+t_{off}$。由于 D 的续流作用及 L、C 的滤波作用，使输出电压比较平坦，忽略 L 上的压降，输出电压平均值为

$$U_o=\dfrac{t_{on}}{T_S}U_i=DU_i$$

式中 t_{on} 又称为脉冲宽度。可见对于一定的 U_i，若改变了 t_{on} 即改变了 D，也就改变了输出电压 U_o，因此称这种电源为脉宽调制式开关型稳压电源。

接下来分析如何调整脉冲宽度和进行稳压。电路在正常工作状态时，$U_f=U_{REF}$，误差放大器输出电压 $u_C=0$，电压比较器输出电压 u_B 为占空比 $D=50\%$ 的脉冲信号，各点波形如图 4.16 所示。

若输入电压增加，其调压过程为 $U_i\uparrow\rightarrow U_o\uparrow\rightarrow U_f\uparrow\rightarrow U_f>U_{REF}\rightarrow u_C<0$，与固定频率三角波电压 u_T 相比较，使占空比 $D<50\%$，将输出电压调整到预定的稳压值。各点波形如图 4.17 所示。

同理，若输入电压减小，$U_i\downarrow\rightarrow U_o\downarrow\rightarrow U_f\downarrow\rightarrow U_f<U_{REF}\rightarrow u_C>0$，使 u_C 输出为高电平，与固定频率三角波电压 u_T 相比较，使占空比 $D>50\%$，将输出电压调整到预定的稳压值。各点波形如图 4.18 所示。

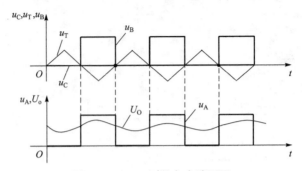

图 4.16 $u_C=0$ 时的各点波形图

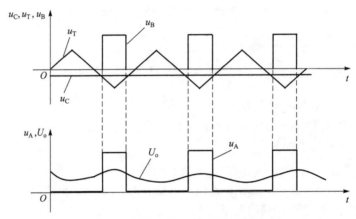

图 4.17 $u_C<0$ 时的各点波形图

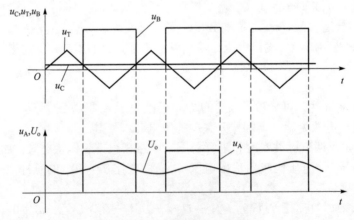

图 4.18 $u_C>0$ 时的各点波形图

总之,当 U_i 或 R_L 变化而使 U_o 变化时,电路可自动调整脉冲波形(u_B)的占空比,使输出电压保持稳定。开关型稳压电源的最佳开关频率通常在 10~100 kHz 之间,频率太高,使 T 的开关次数增加,从而增加了 T 的管耗,降低了效率。

4.4 逆变电路

4.4.1 逆变的概念

将交流电变成直流电称为整流,将直流电变成交流电称为逆变。实现直流电变成交流电的电路称为逆变电路,完成逆变功能的设备称为逆变器。逆变的目的是为了获得不同变化形式的电能,从而应用于各种领域。例如:采用逆变技术将普通交流电网电压变成电压可调、频率可调的交流电,提供给交流电动机,以调节电动机的转速;在不间断电源(UPS)中有充电器和逆变器,电网有电时,在向用电设备供电的同时,充电器为蓄电池充电,当电网停电时,逆变器将蓄电池的直流电逆变成交流电供给用电设备。又如中频炉、高频炉、电磁灶等设备,利用逆变技术产生交流电,从而产生交变磁场,使金属在磁场中产生涡流而发热等。当前主要采用普通晶闸管、可关断晶闸管(GTO)、大功率晶体管(GTR)、功率场效应晶闸管(VMOSFET)、绝缘栅双极晶体管(IGBT)等器件组成逆变主电路。

1. 逆变器的分类

逆变器的种类很多,其主要分类方式如下:

① 按逆变器输出交流的频率,可分为工频逆变、中频逆变和高频逆变。工频逆变是指 50~60 Hz 的逆变器;中频逆变的频率为 400 Hz 到十几 kHz;高频逆变器的频率则为十几 kHz 到 MHz。

② 按逆变器能量的去向,可分为有源逆变和无源逆变。

③ 按逆变主电路的形式,可分为单端式、推挽式、半桥式和全桥式逆变。

④ 按输出稳定的参量,可分为电压型逆变和电流型逆变。

⑤ 按输出电压或电流的波形,可分为正弦波输出逆变和非正弦波输出逆变。

⑥ 按控制方式,可分为调频式(PFM)逆变和调脉宽式(PWM)逆变。

2. 逆变电路的基本原理

图 4.19(a)为单相桥式逆变电路的基本原理图,图中 $S_1 \sim S_4$ 是桥式电路的 4 个臂,U_d 为直流电源,负载为纯电阻,下面分析如何将直流电 U_d 转换成大小和方向都随时间变化的交流电。

当开关 S_1、S_4 闭合,S_2、S_3 断开时,电流 i_o 从 A 流向 B(如图实线所示),u_o 极性为 A 正、B 负。当开关 S_1、S_4 断开,S_2、S_3 闭合时,电流 i_o 从 B 流向 A(如图虚线所示),u_o 极性为 B 正、A 负,其波形如图 4.19(b)所示,这样就把直流电变为交流电,改变两组开关的切换频率,即改变了交流电的频率。

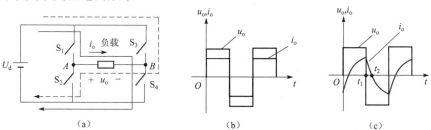

图 4.19 基本逆变电路原理及波形图

(a) 基本原理图;(b) 负载为纯电阻时的波形;(c) 负载为感性时的波形

由图 4.19（b）所示波形可以看出，当负载为纯电阻时，负载电流 i_o 和 u_o 的波形形状相同，相位也相同。当负载为感性时，i_o 相位滞后于 u_o，而且两者形状也不相同，如图 4.19（c）所示。设 t_1 时刻以前 S_1、S_4 导通，u_o 与 i_o 方向相同均为正。在 t_1 时刻 S_1、S_4 断开，S_2、S_3 闭合，则 u_o 的极性改变，立即跳变为负值。但是流过感性负载的电流 i_o 不能发生跳变，而仍维持原方向，这时 i_o 从直流电源的负极流出经 S_2、负载和 S_3 流回正极。这是感性负载将其存储的能量反馈给直流电源。同时负载电流 i_o 逐渐减小，直到 t_2 时刻降为零，然后 i_o 反向逐渐增大，当 S_1、S_4 闭合时，与上述情况类似。

在逆变过程中，电流从一个支路向另一个支路转移的过程称为换流，也常称为换相。在实际的逆变电路中，开关元件是全控型或半控型电力电子器件，只要给控制极适当的驱动信号，就可以使其导通，若要关断开关器件，必须利用外部条件或采取其他措施才能使其关断。

4.4.2 电压型逆变电路

逆变电路按照直流侧电源性质的不同分为两种：直流侧是电压源的称为电压型逆变电路；直流侧是电流源的称为电流型逆变电路。下面以单相电压型逆变电路为例进行讨论。

1. 单相半桥电压型逆变电路

图 4.20（a）所示电路是单相半桥电压型逆变电路，它有两个桥臂，每一个桥臂由一个可控开关器件（IGBT）和一个反向并联的二极管组成。直流侧接两个足够大的电容，用来产生 $U_d/2$ 电压，设负载为感性。

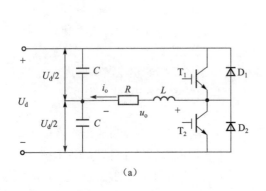
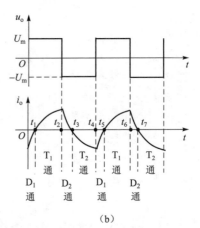

图 4.20 单相半桥电压型逆变电路及其波形图
(a) 电路；(b) 波形

对开关器件 T_1 和 T_2 的栅极外加控制信号，使其在一个周期内各有半周正偏，半周反偏，即半个周期使其导通，半个周期使其截止，则输出 u_o 为矩形波，其幅值为 $U_m = U_d/2$。

设 t_2 时刻以前，T_1 导通，T_2 关断。在 t_2 时刻使 T_1 关断，给 T_2 开通信号。由于 i_o 不能立即改变方向，这时 D_2（续流二极管）导通，使 i_o 通过 D_2 流向负载。当 t_3 时刻 i_o 降为 0 时，D_2 截止，T_2 才导通，i_o 开始改变方向。同理，在 t_4 时刻使 T_2 关断，给 T_1 开通信号，D_1 导通续流，在 t_5 时刻 T_1 才导通。u_o、i_o 波形如图 4.20（b）所示。

当 T_1 或 T_2 处于导通状态时，u_o 和 i_o 方向相同，直流侧向负载提供能量；而当 D_1 或 D_2 导通时，u_o 和 i_o 方向相反，负载向电容回馈无功能量。

半桥逆变电路简单、使用开关器件少。但输出交流电压的幅值 U_m 仅为 $U_d/2$，且需要连接两个电容，因此半桥逆变电路通常适用于几 kW 以下的小功率逆变电源。

2. 单相全桥电压型逆变电路

单相全桥电压型逆变电路如图 4.21 所示。它共有 4 个桥臂，T_1 和 T_4 作为一对，T_2 和 T_3 作为另一对，成对的两个桥臂同时导通，两对各交替导通 180°。其 u_o、i_o 波形和图 4.20（b）所示的半桥电路波形形状相同，但其输出幅值高出一倍，即 $U_m = U_d$。图 4.20（b）中的 D_1、T_1、D_2、T_2 相继导通的区间，分别对应于图 4.21 中的 D_1 和 D_4、T_1 和 T_4、D_2 和 D_3、T_2 和 T_3 相继导通的区间。

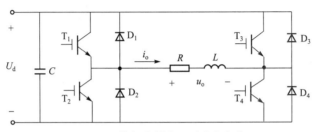

图 4.21 单相全桥电压型逆变电路

4.4.3 电流型逆变电路

直流侧是电流源的电路称为电流型逆变电路。通常是在直流侧串联一个大电感（L_d），将电源近似看成一个直流电流电源。图 4.22 所示电路是单相桥式电流型逆变电路，由 4 个桥臂构成，每个桥臂的晶闸管串联一个电抗器 L_T，用来限制晶闸管开通时的 di/dt。为了实现换相要求，负载电流应略超前于负载电压，即负载呈容性。由于实际负载是感性的（如电动机），所以需并联电容 C。

对于电流型逆变电路其输出电流波形接近于矩形波，其中包含基波和各奇次谐波，但谐波幅值远小于基波在负载电路上产生的压降，因此负载电压波形接近正弦波，u_o、i_o 波形如图 4.23 所示。负载电压有效值 U_o 和直流电压 U_d 的关系为

$$U_o = 1.11 \frac{U_d}{\varphi}$$

其中 φ 是负载的功率因数角。

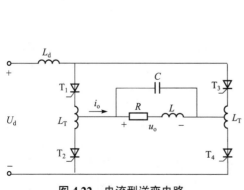

图 4.22 电流型逆变电路

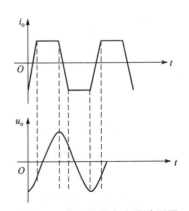

图 4.23 电流型逆变电路波形图

4.4.4 PWM 逆变电路

1. 正弦波的脉宽控制

脉冲宽度调制（Pulse Width Modulation，PWM）技术在逆变电路中获得广泛应用，PWM 是通过对一系列脉冲的宽度进行调制，来等效地获得所需要的波形。例如把直流电变成一系列脉冲，通过改变脉冲的宽度来获得所需的输出电压大小。由于输入/输出电压都是直流电压，因此脉冲是等幅等宽的。如果输入/输出电压都是正弦波，则 PWM 脉冲既不等幅也不等宽。下面首先分析如何用一系列等幅不等宽的脉冲来代替一个正弦波，以正弦半波为例。

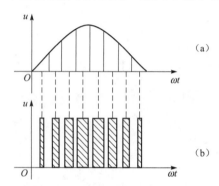

图 4.24 用 PWM 波代替正弦波
（a）正弦半波；（b）脉冲波形

将图 4.24（a）的正弦半波分成 N 等份（如取 $N=8$），这样就可以把正弦半波看成由 N 个彼此相连的脉冲序列所组成的波形。显然这些脉冲宽度相等，但幅值不等，各脉冲的幅值按正弦规律变化。如果把上述脉冲序列用相同数量的等幅而不等宽的矩形脉冲代替，使矩形脉冲的中点和相应正弦波部分的中点重合，且又使矩形脉冲和相应的正弦波部分面积相等，就得到图 4.24（b）所示的脉冲序列。

由 N 个等幅而不等宽的矩形脉冲所组成的波形与正弦波的正半周等效，正弦波的负半周也可以用相同的方法来等效，这就是 PWM 波形。可以看出各脉冲的幅值相等，而脉冲的宽度是按正弦规律变化的。这说明要改变等效输出正弦波的幅值时，只要改变上述各脉冲的宽度即可。像这种脉冲的宽度按正弦规律变化而和正弦波等效的 PWM 波形也称为 SPWM 波形。

正弦波脉宽控制的思想，就是利用逆变器的开关元件，由控制线路按一定的规律控制开关元件的通断，从而在逆变器的输出端获得一组等幅不等宽的脉冲序列。其脉宽基本上按正弦分布，以此脉冲序列来等效正弦电压波形。

2. PWM 控制的逆变原理

PWM 逆变电路也分为电压型和电流型两种，通常应用的 PWM 逆变电路主要是电压型的，因此本节主要分析电压型 PWM 逆变电路。

如果已知逆变电路的正弦波输出频率、幅值和半个周期内的脉冲数，就能准确计算出 PWM 波形中各脉冲的宽度和间隔，按照这一计算结果来控制逆变电路中各开关器件的通断，就能得到所需要的 PWM 波形。显然这种计算的方法是很烦琐的。通常采用调制法，即把希望输出的波形作为调制信号，把接受调制的信号作为载波，通过信号的调制得到所期望的 PWM 波形，通常采用等腰三角波作为载波。当这个三角波与任何一个平缓变化的调制信号波相交时，如果在交点时刻对电路中开关器件的通断进行控制，就可以得到宽度正比于信号波幅值的脉冲，若调制信号波为正弦波，所得到的就是 SPWM 波形。

下面结合电路做进一步说明。

在图 4.25 所示电路中，在电压比较器的

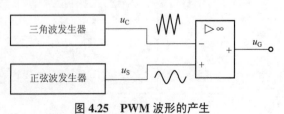

图 4.25 PWM 波形的产生

同相输入端加正弦波调制电压 u_S，在电压比较器的反相输入端加三角波控制电压（或载波电压）u_C，当 $u_S > u_C$ 时，输出为高电平；当 $u_S < u_C$ 时，输出为低电平。

输出电压 u_G 的波形如图 4.26 所示，它是一等幅不等宽的矩形脉冲序列。通常三角波控制电压 u_C 的幅值是一定的，如果改变正弦波调制电压 u_S 的幅值，则输出电压 u_G 的序列脉冲的幅值不变，而脉宽相应改变，从而改变了输出电压 u_G 的大小。若以此电压提供给电动机，则能实现对电动机调压调速的要求。如需要调频时，只要改变正弦波电压的频率即可。

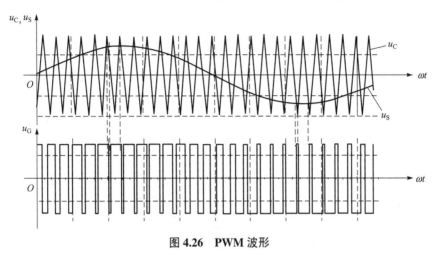

图 4.26 PWM 波形

3. PWM 控制的逆变电路

异步电动机在变频调速时，为了保证电动机内的旋转磁场的磁通量不变，就要保持电动机的电压与频率之间接近于常数的比例关系，通常采用调频调压同时进行的方法实现变频调速。

图 4.27 为单相桥式电压型 PWM 逆变器电路，它采用 IGBT 作为开关器件，负载为感性（如单相异步电动机）。50 Hz 的单相交流电，经桥式整流、电容滤波，变成直流电压。然后再将此直流电压经由 4 个 IGBT 构成的逆变主电路，变为单相频率和电压均可调整的正弦波电压。

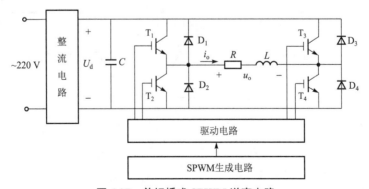

图 4.27 单相桥式 SPWM 逆变电路

逆变器电路工作时，T_1 和 T_2 的通断状态互补，T_3 和 T_4 的通断状态互补，$D_1 \sim D_4$ 仍为续流二极管。若 T_1 和 T_4 处于导通状态时，给 T_2 和 T_3 以关断信号。而给 T_2 和 T_3 导通信号时，

则 T_1 和 T_4 应立即关断。因感性负载的电流不能发生突变,在从 T_1 和 T_4 导通向 T_2 和 T_3 导通切换时,T_2 和 T_3 并不能立即导通,二极管 D_2 和 D_3 导通续流。在从 T_2 和 T_3 导通向 T_1 和 T_4 导通切换时,T_1 和 T_4 并不能立即导通,二极管 D_1 和 D_4 导通续流。从而在负载端获得所需的正弦波电压。

习题

4.1 题图 4.1 所示的电路中,(1) 分析 R_1、D_Z、T_1、T_2 各起什么作用;(2) 若稳压二极管的稳压值 $U_Z = 5.5$ V,三极管的 U_{BE} 均为 0.5 V,$R_3 = 200\ \Omega$,$R_4 = R_P = 300\ \Omega$,计算 U_o 的可调范围。

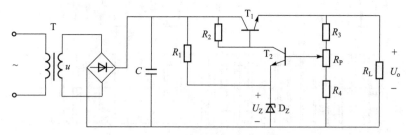

题图 4.1

4.2 题图 4.2 是串联型稳压电源,已知 $R_3 = 200\ \Omega$,$U_Z = 4$ V,若要求输出电压 U_o 的调节范围是 5~15 V,试计算电阻 R_1 和 R_2 值。若调整管的压降不小于 3 V,则变压器副方电压有效值 U 至少取多大?

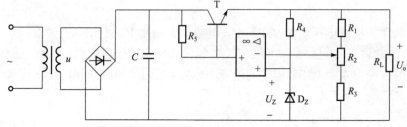

题图 4.2

4.3 稳压电路如题图 4.3 所示,已知 $U_i = 30$ V。(1) 求输出电压 U_o 的数值;(2) 指出电容 C_i、C_o 的作用。

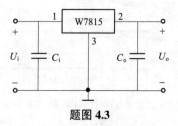

题图 4.3

4.4 稳压电路如题图 4.4 所示。(1) 求输出电压 U_o 的数值;(2) 为使电路正常工作,输入电压 U_i 应取何值?

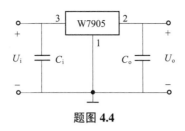

题图 4.4

4.5 题图 4.5 所示电路，求输出电压 U_o 的表达式。

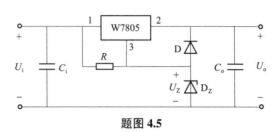

题图 4.5

4.6 题图 4.6 所示电路中，$R_1=3\ \text{k}\Omega$，$R_2=4\ \text{k}\Omega$，试求 U_o（电流 I_3 很小，可忽略不计）。

4.7 在题图 4.7 所示电路中，已知 $R_1=2.2\ \text{k}\Omega$，$R_2=2.2\ \text{k}\Omega$，$R_P=4.7\ \text{k}\Omega$。（1）试求输出电压 U_o 的可调范围；（2）为使电路正常工作，输入电压 U_i 应取何值？

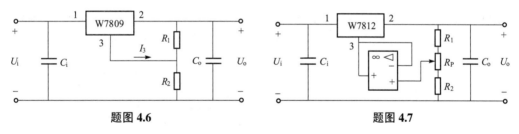

题图 4.6　　　　　　　　　　　题图 4.7

4.8 可调稳压电源如题图 4.8 所示。已知 $R_1=8\ \text{k}\Omega$，$R_P=4\ \text{k}\Omega$。求：（1）引脚 2、3 之间的电压；（2）输出电压 U_o 的调整范围。

4.9 在题图 4.9 所示电路中，已知 $R_1=4\ \text{k}\Omega$，$R_2=8\ \text{k}\Omega$，I_3 很小可忽略不计。（1）试求电压 U_1 和 U_o；（2）为使电路正常工作，输入电压 U_i 应取何值？

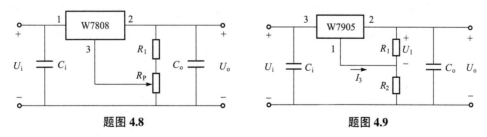

题图 4.8　　　　　　　　　　　题图 4.9

4.10 电路如题图 4.10 所示，电压 u_2 的有效值 $U_2=15\ \text{V}$，$R=500\ \Omega$，稳压二极管的稳压值 $U_Z=6\ \text{V}$。（1）求电容两端电压 U_i；（2）求二极管两端电压 U_D；（3）求输出电压 U_o 的大小；（4）说明二极管 D 的工作状态。

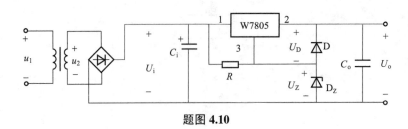

题图 4.10

4.11 整流滤波稳压电路如题图 4.11 所示。已知：u_1、u_2 均为正弦波，滤波电容 $C = 500\ \mu F$。
（1）标出电解电容 C 的极性；
（2）根据图中所标电路参数，计算输出电压 U_o 的变化范围；
（3）设 $(U_i - U_o)_{min} = 3\ V$，为使电路正常工作，电压 U_i 应取何值？
（4）为使电路正常工作，变压器副方电压有效值 U_2 应取何值？

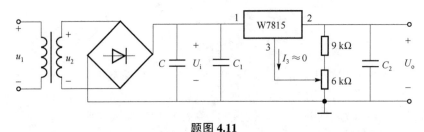

题图 4.11

4.12 直流稳压电路如题图 4.12 所示，已知：$R_1 = 30\ k\Omega$，$R_2 = 60\ k\Omega$，$C_1 = 100\ \mu F$，$C_2 = 50\ \mu F$，变压器副方电压有效值 $U_2 = 18\ V$。（1）写出虚线分割的各部分电路的名称；（2）求电容电压 U_C 的数值；（3）求输出电压 U_o 的数值。

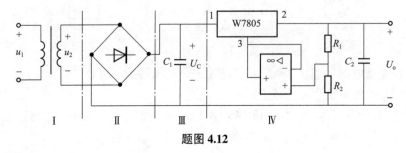

题图 4.12

4.13 直流稳压电路如题图 4.13 所示，已知 $C_1 = 100\ \mu F$，$C_2 = 10\ \mu F$，$R_1 = 30\ k\Omega$，$R_2 = 10\ k\Omega$，变压器副方电压有效值 $U_2 = 20\ V$。（1）求电容电压 U_C 的数值；（2）求输出电压 U_o 的数值。

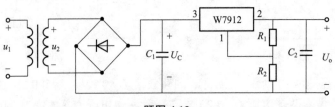

题图 4.13

4.14 整流滤波稳压电路如题图 4.14 所示，已知 $u_2 = 31.1\sin 314t\ V$，电容 C、C_1、C_2 足

够大。计算电压 U_i、U_{o1}、U_{o2} 的值。

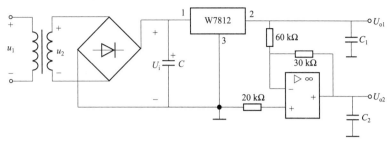

题图 4.14

4.15 什么是脉宽调制式开关型稳压电源？

4.16 什么是逆变？什么是电压型逆变电路？

4.17 什么是 SPWM 波形？

4.18 用 Multisim 软件，仿真升压型开关电源，电路选择开关器件 2N6975，选择虚拟器件中的二极管，$C=50\ \mu F$，$R=100\ \Omega$，$L=10\ mH$，设 $U_I=10\ V$，U_G 为 5 V、500 Hz 的 PWM 信号。通过改变占空比，观察 U_G 和输出电压波形。

第 5 章
逻辑代数基础

在电子技术中，电路分为两类：模拟电路和数字电路。前面 4 章介绍的内容属于模拟电路，模拟电路的特点是输入信号和输出信号都是模拟信号，模拟信号是随时间连续变化的信号。本章开始介绍的内容属于数字电路，数字电路的特点是输入信号和输出信号都是数字信号，数字信号是不随时间连续变化的脉冲信号。逻辑代数是分析和设计数字电路的基本数学工具，本章介绍逻辑代数的基本概念、基本定律和运算规则，讨论逻辑函数的公式化简法和卡诺图化简法，介绍几种常用的逻辑函数表示方法及其相互间的转换。

5.1 逻辑关系

逻辑代数是英国数学家 George Boole 在 19 世纪中叶创立的，因此也称为布尔代数。直到 20 世纪 30 年代，美国人 Claude E. Shannon 在开关电路中才找到了逻辑代数的实际应用，逻辑代数成了分析和设计开关电路的重要数学工具，所以，又将逻辑代数称为开关代数。

数字电路是一种开关电路。开关的两种状态"闭合"和"断开"，可以用晶体管的"导通"和"截止"来实现，可以用某端的低、高电位（或称为电平）来表示，通常用二元常量"0"和"1"表示。数字电路研究输出变量与输入变量之间的逻辑关系，这种关系用逻辑函数表示，所以又将数字电路称为逻辑电路。

5.1.1 基本逻辑关系

与、或、非是三种最基本的逻辑关系。与、或、非的逻辑关系也称为逻辑运算或逻辑函数，通常可以用逻辑表达式、逻辑真值表和逻辑符号来表示。

1. 与逻辑运算

若决定某一事件的所有条件都满足，这个事件才发生，这种逻辑关系称为与逻辑关系或称与运算。可以用图 5.1（a）所示开关电路来说明与逻辑关系。图中开关 A 和开关 B 是串联的，灯亮的条件是 A 和 B 同时闭合。设开关闭合、灯亮用"1"表示；开关断开、灯灭用"0"表示，则灯亮的事件 Y 与开关 A、B 的关系可用逻辑表达式表示为

$$Y = A \cdot B \tag{5.1}$$

式（5.1）即表示输出 Y 与输入 A、B 之间为与运算，也称逻辑乘，"·"可省略不写。与逻辑运算的符号如图 5.1（b）所示。将输入变量的所有取值组合和输出变量的对应取值用表格形式列出，称为真值表，二输入变量与逻辑关系的真值表如表 5.1 所示。若输入变量为 n 个时，则对应的真值表有 2^n 行，例如：$n=2$，真值表有 $2^2=4$ 行；$n=3$，真值表有 $2^3=8$ 行；$n=4$，

真值表有 $2^4=16$ 行。通常将输入变量的取值组合按某种顺序排列，以免遗漏或重复。如：按二进制数所表示的十进制数的大小，从 0～（2^n-1）的顺序排列。

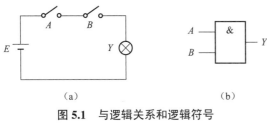

表 5.1　与逻辑真值表

A	B	Y
0	0	0
0	1	0
1	0	0
1	1	1

图 5.1　与逻辑关系和逻辑符号
（a）与逻辑关系；（b）与逻辑符号

2. 或逻辑运算

若决定某一事件的各个条件中，只要有一个满足，这个事件就发生，这种逻辑关系称为或逻辑关系，也称或运算。可用图 5.2（a）所示开关并联的电路来说明或逻辑关系。当开关 A 闭合，或开关 B 闭合，或开关 A、B 同时闭合，均使灯亮的事件发生。灯亮与开关的关系可用逻辑表达式表示为

$$Y = A + B \tag{5.2}$$

式（5.2）表示输出 Y 与输入 A、B 之间为或运算，也称逻辑加。或逻辑运算的符号如图 5.2（b）所示，其真值表如表 5.2 所示。

上述两种基本运算也可以推广到多输入变量的情况，例如：$Y=ABCD$，$Y=A+B+C$ 等。

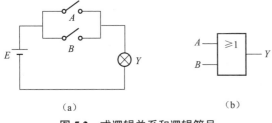

表 5.2　或逻辑真值表

A	B	Y
0	0	0
0	1	1
1	0	1
1	1	1

图 5.2　或逻辑关系和逻辑符号
（a）或逻辑关系；（b）或逻辑符号

3. 非逻辑运算

若某事件的发生，取决于条件的否定，即条件满足时事件不发生，条件不满足时事件发生。这种逻辑关系称为逻辑非。可用图 5.3（a）所示开关电路来说明：当开关 A 闭合时灯灭，而开关 A 打开时灯亮。其逻辑表达式可写为

$$Y = \overline{A} \tag{5.3}$$

式中 A 上方的符号"–"表示非运算或对 A 取反，读作"A 非"或"A 反"。非逻辑运算的符号如图 5.3（b）所示，图中方框右侧的"o"表示取反，其真值表如表 5.3 所示。

各种逻辑关系均可以用与、或、非三种基本逻辑关系的各种组合表示。

5.1.2　复合逻辑关系

任何复杂的逻辑关系都可由与、或、非三种基本逻辑关系组合而成，常用的复合逻辑关系有与非、或非、与或非、异或、同或等。基本逻辑关系及常用的复合逻辑关系都有相应的

门电路产品,在表 5.4 中列出了它们的逻辑表达式和逻辑符号,并给出口诀以方便记忆。

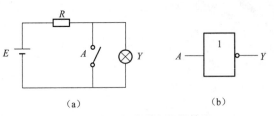

图 5.3 非逻辑关系和逻辑符号
(a)非逻辑关系;(b)非逻辑符号

表 5.3 非逻辑真值表

A	Y
0	1
1	0

表 5.4 常用逻辑关系及其逻辑符号

逻辑关系	逻辑表达式	逻辑符号	功能说明
与	$Y = A \cdot B$	&	输入全 1,输出为 1 输入有 0,输出为 0
或	$Y = A + B$	≥1	输入有 1,输出为 1 输入全 0,输出为 0
非	$Y = \overline{A}$	1	输入为 1,输出为 0 输入为 0,输出为 1
与非	$Y = \overline{A \cdot B}$	&	输入有 0,输出为 1 输入全 1,输出为 0
或非	$Y = \overline{A + B}$	≥1	输入有 1,输出为 0 输入全 0,输出为 1
异或	$Y = \overline{A}B + A\overline{B} = A \oplus B$	=1	输入相异,输出为 1 输入相同,输出为 0
同或	$Y = \overline{A}\,\overline{B} + AB = A \odot B$	=	输入相同,输出为 1 输入相异,输出为 0
与或非	$Y = \overline{A \cdot B + C \cdot D}$	& ≥1	相与有 1,输出为 0 相与全 0,输出为 1

5.2 逻辑函数的表示和化简

利用基本的逻辑电路可以组合成复杂的数字电路系统,如数字计算机、数字控制或检测装置等。在数字逻辑电路的分析和设计过程中必须使用逻辑函数对电路的输入、输出关系进行描述,逻辑代数是研究逻辑关系的一种数学工具。本节介绍逻辑代数的基本运算规律、逻辑函数的表示和化简方法。

5.2.1 逻辑代数的基本定律和运算规则

1. 基本定律

在逻辑代数中,和普通代数一样,也是用英文字母表示变量,称为逻辑变量。逻辑变量取值十分简单,在二值数字逻辑中,只能取"0"或"1"两个值,不是取"0"值就是取"1"值,没有第三种可能。这里的"0"和"1"不是具体的数值,也不能比较它们的大小,而是表示两种逻辑状态。如:电平的高低、信号的有无、开关的闭合与打开、晶体管的饱和与截止等。逻辑代数中有三种基本运算,即与、或、非,也称逻辑乘、逻辑加和逻辑非。根据与、或、非三种基本运算规则,可导出逻辑运算的基本定律,如表5.5所示。

表中所列出的基本定律均可采用真值表加以证明,对输入取值的所有组合状态,若等式两边的各项都相同,则等式成立。例如二输入变量反演定律(也称摩根定理)的证明如表5.6所示。当变量A、B分别取0、1的四种组合时,对应的$\overline{A \cdot B}$和$\overline{A}+\overline{B}$的取值相同,$\overline{A+B}$和$\overline{A} \cdot \overline{B}$的取值也相同,从而证明了反演定律。反演定律是一个非常重要且经常用到的定律。

使用表5.5中的基本定律进行逻辑运算时,务必注意不能简单套用普通代数的运算规则。如:不能进行移项和约分的运算,因为在逻辑代数中没有减法和除法运算。例如,在吸收律中$A+AB=A$,若使用移项,则有$AB=0$,显然这是错误的。对吸收律$A \cdot (A+B)=A$,若使用约分,则有$A+B=1$,显然这也是错误的。

表5.5 逻辑代数的基本定律

序号	名 称	基 本 定 律	
1	0-1律	$0+A=A$ $1+A=1$	$1 \cdot A=A$ $0 \cdot A=0$
2	重叠律	$A+A=A$	$A \cdot A=A$
3	互补律	$A+\overline{A}=1$	$A \cdot \overline{A}=0$
4	交换律	$A+B=B+A$	$A \cdot B=B \cdot A$
5	结合律	$(A+B)+C=A+(B+C)$	$(A \cdot B) \cdot C=A \cdot (B \cdot C)$
6	分配律	$A \cdot (B+C)=A \cdot B+A \cdot C$	$A+B \cdot C=(A+B) \cdot (A+C)$
7	吸收律	原变量　$A+AB=A$ $A(A+B)=A$ 反变量　$A+\overline{A}B=A+B$	混合变量吸收律 $AB+\overline{A}C+BC=AB+\overline{A}C$
8	还原律	$\overline{\overline{A}}=A$	
9	反演律	$\overline{A+B+C}=\overline{A}\,\overline{B}\,\overline{C}$	$\overline{ABC}=\overline{A}+\overline{B}+\overline{C}$

表5.6 利用真值表证明反演律

$A\quad B$	$\overline{A \cdot B}$	$\overline{A}+\overline{B}$	$\overline{A+B}$	$\overline{A} \cdot \overline{B}$
0　0	1	1	1	1
0　1	1	1	0	0
1　0	1	1	0	0
1　1	0	0	0	0

2. 三个基本规则

利用代入规则、反演规则和对偶规则,可从表5.5中的基本定律导出更多的运算公式,从而扩充基本定律的使用范围。

（1）代入规则

对于任意一个含有变量 A 的等式，若将所有出现 A 的位置都用一个逻辑函数 F 代替，则等式仍然成立，这个规则称为代入规则。

例 5.1 在等式 $A+AB=A$ 中，用（$C+D$）代替 A，证明等式仍然成立。

证 在等式左边用（$C+D$）代替 A，有

$$(C+D)+(C+D)B=(C+D)(1+B)=C+D$$

可见等式左右相等，证毕。

例 5.2 证明四输入变量反演定律（也称摩根定理）：$\overline{EFGH}=\overline{E}+\overline{F}+\overline{G}+\overline{H}$。

证 可采用表 5.6 的相同方法，利用真值表证明任何等式。但是输入变量较多时，真值表行数较多，如果是四输入变量，真值表的行数为 $2^4=16$。

在用表 5.6 所示的真值表已证明两输入变量反演定律 $\overline{AB}=\overline{A}+\overline{B}$ 的前提下，可利用代入规则证明四输入变量反演定律。设 $A=EF$，$B=GH$，则

$$\overline{EFGH}=\overline{AB}=\overline{A}+\overline{B}=\overline{EF}+\overline{GH}=\overline{E}+\overline{F}+\overline{G}+\overline{H}$$

例 5.3 证明六输入变量反演定律：$\overline{E+F+G+H+J+K}=\overline{E}\,\overline{F}\,\overline{G}\,\overline{H}\,\overline{J}\,\overline{K}$。

证 在表 5.5 所示已知三输入变量反演定律 $\overline{A+B+C}=\overline{A}\,\overline{B}\,\overline{C}$ 的前提下，可利用代入规则证明六输入变量反演定律。设 $A=E+F$，$B=G+H$，$C=J+K$，则

$$\overline{E+F+G+H+J+K}=\overline{A+B+C}=\overline{A}\,\overline{B}\,\overline{C}=\overline{E+F}\,\overline{G+H}\,\overline{J+K}=\overline{E}\,\overline{F}\,\overline{G}\,\overline{H}\,\overline{J}\,\overline{K}$$

可见等式左右相等，证毕。

（2）反演规则

根据摩根定理，求一个逻辑函数 Y 的反函数 $\overline{Y}$ 时，只需将 Y 中所有的"与"（·）换成"或"（＋）；"或"（＋）换成"与"（·），再将原变量换成反变量，反变量换成原变量；常量"0"换成"1"，"1"换成"0"，则得到的函数式就是 $\overline{Y}$。利用这一规则可方便地求得任一逻辑函数的反函数。运用反演规则时，不是一个变量上的反号应保持不变。

例 5.4 设逻辑函数 $Y=A\overline{B}+\overline{A}C$，求 Y 的反函数。

解一 利用反演定律，可得 Y 的反函数为：

$$\overline{Y}=\overline{A\overline{B}+\overline{A}C}=\overline{A\overline{B}}\cdot\overline{\overline{A}C}=(\overline{A}+B)\cdot(A+\overline{C})$$

解二 利用反演规则，可直接得到 Y 的反函数为：

$$\overline{Y}=(\overline{A}+B)\cdot(A+\overline{C})$$

注意此例中与、或运算的先后顺序，不要将上式写成 $\overline{Y}=\overline{A}+BA+\overline{C}$。

例 5.5 设逻辑函数 $Y=\overline{A\overline{B}}+\overline{A}B+C$，求 Y 的反函数。

解 Y 的反函数为：

$$\overline{Y}=(\overline{\overline{A}+B})\cdot(A+\overline{B})\cdot\overline{C}$$

在运用反演规则时，要特别注意运算符号的优先顺序——先算括号，再算逻辑乘，最后算逻辑加。例如，对于 $Y=AB+\overline{C}\,\overline{D}$，应先算 AB 和 $\overline{C}\,\overline{D}$，然后再将两者相加。运用反演规则求 $\overline{Y}$ 时，应写成 $\overline{Y}=(\overline{A}+\overline{B})(C+D)$，不能写成 $\overline{Y}=\overline{A}+\overline{B}C+D$。

（3）对偶规则

对偶式：对任一逻辑函数 Y，如果将 Y 中的"与"换成"或"，"或"换成"与"，"0"换成"1"，"1"换成"0"，变量不变，得到一个逻辑函数式 Y'，Y' 称为 Y 的对偶式。

对偶规则：若两个逻辑函数相等，如 $Y=F$，则它们的对偶式也相等，即 $Y'=F'$。

例 5.6 逻辑函数 $Y=A(B+C)$，$F=AB+AC$，求它们的对偶式。

解 逻辑函数 Y 和 F 的对偶式为：

$$Y'=A+BC, \quad F'=(A+B)(A+C)$$

由分配律知 $Y=F$，由对偶规则知 $F'=Y'$。

5.2.2 逻辑函数的表示方法

一个实际的逻辑问题，往往有多个输入变量，以及一个或多个输出变量，逻辑函数就是用来描述这些输出变量和输入变量之间的逻辑关系的。逻辑函数一般可以用 5 种方法来表示：逻辑表达式、真值表、逻辑图、卡诺图和波形图。下面通过一个简单的例子来讨论逻辑函数的表示方法。

例 5.7 图 5.4 表示一个楼梯照明灯的控制电路，它允许在不同的地点开灯和关灯。设计一逻辑电路实现这一功能。

解 分析：当两个开关同时扳向上或扳向下时，灯亮，两个开关一上、一下时，灯灭。这个问题可用逻辑关系来描述，设 $L=1$ 表示灯亮，$L=0$ 表示灯灭。A、B 表示开关，取"1"表示扳向上，取"0"表示扳向下，用状态真值表可表示输出变量 L 与输入变量 A、B 之间的逻辑关系，如表 5.7 所示。由真值表中可看出，在 A、B 取值的四种组合中，只有第一种（$A=B=0$）和第四种（$A=B=1$）才能使灯亮。据此可写出灯亮（$L=1$）的逻辑表达式为

$$L = \overline{A}\overline{B} + AB \tag{5.4}$$

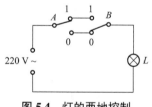

图 5.4 灯的两地控制

表 5.7 例 5.7 的真值表

A	B	L
0	0	1
0	1	0
1	0	0
1	1	1

从真值表写表达式的方法是：同一行取值的各输入变量之间是"与"的关系。不同取值组合之间是"或"的关系。变量 A、B、L 取"1"时用原变量表示，取 0 时用反变量表示，也可以写出灯灭的逻辑表达式，即：

$$\overline{L} = A\overline{B} + \overline{A}B \tag{5.5}$$

根据逻辑表达式可画出逻辑图。式（5.4）为一个同或的逻辑关系。它既可用同或门实现，也可以用与门、或门和非门实现。还可以将式（5.5）变形，写成

$$L = \overline{A\overline{B} + \overline{A}B} \tag{5.6}$$

显然，同或和异或互为反函数，即可用异或门和非门实现。如图 5.5（a）、(b)、(c) 所

示逻辑图分别表示了这三种情况。

除了表达式、真值表、逻辑图之外,还可以用如图 5.6 所示波形图来表示同或的逻辑关系。用卡诺图来表示逻辑函数的方法将在后面介绍。

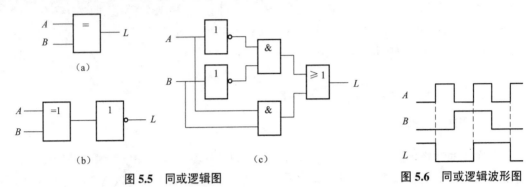

图 5.5　同或逻辑图　　　　　　　　　图 5.6　同或逻辑波形图

(a) 用同或门实现;(b) 用异或门和非门实现;(c) 用与门、或门和非门实现

综上所述,可以得出如下结论:
① 任一逻辑函数均可用真值表、逻辑表达式和逻辑图表示。
② 逻辑函数的真值表是唯一的,而逻辑表达式和逻辑图对应,不唯一,可以有多种不同的形式,因此化简逻辑表达式就显得很有必要。因为简单的逻辑表达式对应着简单的逻辑图,用逻辑电路实现时,不仅能够节省元器件,而且可以提高电路工作的可靠性。

5.2.3　逻辑函数的化简

一个逻辑函数可以有多种不同形式的表达式,如与或表达式、或与表达式、与非表达式、或非表达式、与或非表达式等。仍以同或逻辑关系作为例子表示如下:

与或表达式:
$$Y = \overline{A}\overline{B} + AB$$

或与表达式:
$$Y = (\overline{A} + B) \cdot (A + \overline{B})$$

与非表达式:
$$Y = \overline{\overline{A}\overline{B} \cdot \overline{AB}}$$

或非表达式:
$$Y = \overline{\overline{A + B} + \overline{A + \overline{B}}}$$

与或非表达式:
$$Y = \overline{A\overline{B} + \overline{A}B}$$

其中与或表达式和与非表达式是比较常见的,而与或表达式是最常用的。由于与或表达式比较容易同其他表达式形式相互转换,所以化简逻辑函数时通常化为最简的与或表达式形式。最简与或表达式的标准是:① 与项的项数最少;② 各与项中变量个数也最少。

逻辑函数的化简方法,常用的有公式化简法和卡诺图化简法。公式化简法的具体方法有合并项法、配项法、吸收法和添加项法等。

1. 公式化简法

（1）合并项法

利用逻辑代数的基本运算规则 0–1 律、互补律等，合并两项，可消去一个变量。

例 5.8 化简 $Y = AB + \overline{A}BC + \overline{A}B\overline{C}$。

解 $Y = AB + \overline{A}BC + \overline{A}B\overline{C} = AB + \overline{A}B(C+\overline{C}) = AB + \overline{A}B = (A+\overline{A})B = B$

在对上面表达式的化简过程中，两次应用了互补律 $A+\overline{A}=1$，消去了两个变量 A 和 C。

例 5.9 证明分配律 $A + BC = (A+B)(A+C)$。

证 等式右边 $= (A+B)(A+C) = A + AB + AC + BC$
$= A(1+B+C) + BC = A + BC =$ 等式左边（证毕）

（2）配项法

将某一项乘以 $(A+\overline{A})$ 后展开成为两项，再与其他项合并，达到化简目的。

例 5.10 证明混合变量吸收律 $AB + \overline{A}C + BC = AB + \overline{A}C$。

证 $AB + \overline{A}C + BC = AB + \overline{A}C + (A+\overline{A})BC$
$= AB + \overline{A}C + ABC + \overline{A}BC$
$= AB(1+C) + \overline{A}C(1+B) = AB + \overline{A}C$ （证毕）

（3）吸收法

利用表 5.5 中原变量吸收律 $A + AB = A$，反变量吸收律 $A + \overline{A}B = A + B$，及混合变量吸收律 $AB + \overline{A}C + BC = AB + \overline{A}C$，消去多余项。

例 5.11 化简 $Y = (A+B+\overline{C}) \cdot B + (A+\overline{B}+\overline{C}) \cdot C$。

解 $Y = (A+B+\overline{C}) \cdot B + (A+\overline{B}+\overline{C}) \cdot C$
$= AB + B + B\overline{C} + AC + \overline{B}C + \overline{C}C$
$= B(A+1+\overline{C}) + AC + \overline{B}C$
$= B + \overline{B}C + AC$ （1）
$= B + C + AC$ 利用反变量吸收律
$= B + C$ 利用原变量吸收律

也可以对（1）式应用混合变量吸收律 $AB + \overline{B}C + AC = AB + \overline{B}C$ 将 AC 项吸收，再进行化简，可得到同样的结果。

（4）添加项法

利用重叠律 $A + A = A$，在表达式中加入相同的项，然后分别合并化简。

例 5.12 化简 $Y = \overline{A}BC + A\overline{B}C + \overline{A}\overline{B}C$。

解 $Y = \overline{A}BC + A\overline{B}C + \overline{A}\overline{B}C$
$= \overline{A}BC + A\overline{B}C + \overline{A}\overline{B}C + \overline{A}\overline{B}C$
$= \overline{A}C(B+\overline{B}) + \overline{B}C(A+\overline{A}) = \overline{A}C + \overline{B}C$

在对逻辑函数进行化简时，往往会同时用到以上几种方法。

例 5.13 化简 $Y = A\overline{B}C + \overline{A} + B + \overline{C}$。

解一 利用反演律化简。则：

$Y = A\overline{B}C + \overline{A} + B + \overline{C} = A\overline{B}C + \overline{\overline{A} + B + \overline{C}} = A\overline{B}C + \overline{A\overline{B}C} = 1$

解二 利用反变量吸收律 $A+\bar{A}B=A+B$ 或 $\bar{A}+AB=\bar{A}+B$ 进行化简。则：
$$Y=A\bar{B}C+\bar{A}+B+\bar{C}=\bar{B}C+\bar{A}+B+\bar{C}=C+\bar{A}+B+\bar{C}=1+\bar{A}+B=1$$

例 5.14 化简 $Y=(A+B+C+D)\cdot(A+B+C+\bar{D})\cdot(\bar{A}+B+C+D)$。

解 利用对偶规则和添加项法，得
$$Y'=ABCD+ABC\bar{D}+\bar{A}BCD$$
$$=ABCD+ABC\bar{D}+\bar{A}BCD+ABCD$$
$$=ABC(D+\bar{D})+(A+\bar{A})BCD=ABC+BCD$$

再利用对偶规则和分配律，得
$$Y=Y''=(A+B+C)\cdot(B+C+D)=B+C+AD$$

利用公式法进行化简，不仅需要熟练运用逻辑代数的基本规则和公式，还要具备一定的技巧和经验，而且有时不能判断化简的结果是否为最简。因此，下面介绍逻辑函数表示及化简的另一种方法——卡诺图法。

2. 卡诺图化简法

卡诺图化简法是由美国工程师卡诺（Karnaugh）于 20 世纪 50 年代首先提出的。卡诺图是一种将真值表按一定的编码规则排列而成的方格图。卡诺图与真值表有严格的一一对应关系，因此也可以称为真值方格图。利用卡诺图，不仅可以表示逻辑函数，而且可以方便、直观地化简逻辑函数，并得到最简的逻辑表达式。首先从最小项入手进行介绍。

（1）最小项

最小项是由全部输入变量组成的乘积项，每个变量在乘积项中以原变量或反变量出现一次，且仅出现一次。若有 n 个输入变量，则有 2^n 个最小项，如：当 $n=2$ 时，最小项有 4 个：$\bar{A}\bar{B}$，$\bar{A}B$，$A\bar{B}$，AB。当 $n=3$ 时，最小项有 8 个：$\bar{A}\bar{B}\bar{C}$，$\bar{A}\bar{B}C$，$\bar{A}B\bar{C}$，$\bar{A}BC$，$A\bar{B}\bar{C}$，$A\bar{B}C$，$AB\bar{C}$，ABC。当 $n=4$ 时，最小项有 16 个：$\bar{A}\bar{B}\bar{C}\bar{D}$，$\bar{A}\bar{B}\bar{C}D$，$\cdots$，$ABC\bar{D}$，$ABCD$。限于篇幅，这里只讨论 $n\leqslant 4$ 的情况。

为了叙述方便，可以对最小项进行编号。以最小项取值（原变量取"1"，反变量取"0"）所对应的十进制数作为其编号。例如：$\bar{A}\bar{B}C$ 与 001 对应，所以 $\bar{A}\bar{B}C=m_1$，而 $ABC=m_7$。其中 m 表示最小项，下标即是最小项的编号。任意逻辑函数可以用最小项之和来表示，可采用配项法或列真值表的方法实现这一目的，它是该逻辑函数唯一的标准与或表达式。

例 5.15 将逻辑函数 $Y=AB+BC+AC$ 表示成最小项之和的形式。

解 利用配项法导出
$$Y=AB+BC+AC$$
$$=(A+\bar{A})BC+A(B+\bar{B})C+AB(C+\bar{C})$$
$$=\bar{A}BC+A\bar{B}C+AB\bar{C}+ABC$$
$$=m_3+m_5+m_6+m_7=\sum m(3,5,6,7)$$

（2）用最小项表示逻辑函数

最小项的个数与真值表的行数相同，因此可以将真值表内输出变量与输入变量的对应关系用卡诺图表示。二、三变量的卡诺图如图 5.7 和图 5.8 所示。表格的上方和左方标明输入变量取值组合的情况，方格内填入输出变量的取值（"0"或"1"）。四变量的卡诺图如图 5.9 所示，图中只标出了最小项编号。

卡诺图的构造规则为：

① n 变量卡诺图有 2^n 个小方格，图中每一个小方格对应一个输入变量的最小项。

② 任意相邻的两个小方格，其输入变量的取值只能有一位不同，且这一位不同是互相取“反”的，这一点称为逻辑相邻性，由此可以将卡诺图看成是一个球面的展开图。

A \ B	0	1
0	$\bar{A}\bar{B}$ m_0	$\bar{A}B$ m_1
1	$A\bar{B}$ m_2	AB m_3

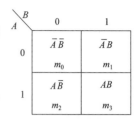

图 5.7　二变量卡诺图

例如，图 5.8 中的最小项 m_0 和 m_1、m_0 和 m_4，分别为左右、上下的关系，称为几何相邻；而图 5.9 中的最小项 m_0 和 m_2 位于一行的两端，m_0 和 m_8 位于一列的两端，称为对称相邻。几何相邻和对称相邻统称为逻辑相邻。

图 5.8 方格上方和图 5.9 方格上方和左边输入变量的取值组合依次为：00，01，11，10，它们不是按照相应的二进制数大小的顺序排列，而是依据卡诺图逻辑相邻性的构成规则，以保证其化简的结果。

A \ BC	00	01	11	10
0	$\bar{A}\bar{B}\bar{C}$ m_0	$\bar{A}\bar{B}C$ m_1	$\bar{A}BC$ m_3	$\bar{A}B\bar{C}$ m_2
1	$A\bar{B}\bar{C}$ m_4	$A\bar{B}C$ m_5	ABC m_7	$AB\bar{C}$ m_6

图 5.8　三变量卡诺图

AB \ CD	00	01	11	10
00	m_0	m_1	m_3	m_2
01	m_4	m_5	m_7	m_6
11	m_{12}	m_{13}	m_{15}	m_{14}
10	m_8	m_9	m_{11}	m_{10}

图 5.9　四变量卡诺图

（3）用卡诺图表示逻辑函数

先将逻辑函数 Y 表示成最小项之和，再根据最小项编号找到相应的小方格，填入对应的输出值。另一种方法是列出逻辑函数的真值表，再用同样方法填入卡诺图。卡诺图的左边和上边为输入变量的取值，内部为输出变量 Y 与 2^n 个最小项相对应的取值。对某一逻辑函数来说，由于用最小项表示的标准与或表达式是唯一的，所以卡诺图也是唯一的。

例 5.16　用卡诺图表示：① 二变量异或逻辑；② 逻辑函数 $Y=AB+BC+AC$。

解　① 二变量异或关系的逻辑表达式为

$$Y=\bar{A}B+A\bar{B}=m_1+m_2=\sum m(1,2)$$

据此可填入二变量卡诺图如图 5.10（a）所示。

② 根据例 5.15 的结论，逻辑函数 Y 的最小项表达式为

$$Y=AB+BC+AC=m_3+m_5+m_6+m_7=\sum m(3,5,6,7)$$

据此可填入三变量卡诺图如图 5.10（b）所示。

A \ B	0	1
0	0	1
1	1	0

（a）

A \ BC	00	01	11	10
0	0	0	1	0
1	0	1	1	1

（b）

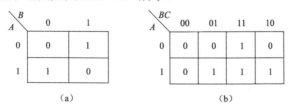

图 5.10　例 5.16 卡诺图

（a）二变量异或逻辑卡诺图；（b）$Y=AB+BC+AC$ 的三变量卡诺图

(4) 卡诺图化简法

利用 $A+\bar{A}=1$ 逻辑代数中的互补律,将卡诺图中逻辑相邻的两个输出为"1"的方格合并,即可消去一个变量。这种利用卡诺图对逻辑函数进行化简的方法称为卡诺图化简法。

① 化简步骤:
- 画出该逻辑函数的卡诺图。
- 画合并圈:将相邻的"1"格按 2^n 个格(n 为整数,如 2^1 个格、2^2 个格、2^3 个格等)圈为一组,直到所有的"1"格全部被覆盖为止。
- 相邻的 2^n 个格子圈为一组,消去 n 个变量,如:2 个格消去 1 个变量,4 个格消去 2 个变量,8 个格消去 3 个变量。
- 将每个合并圈所表示的乘积项相加,得到化简后的与或表达式。

② 为使逻辑函数化到最简,在画合并圈时,应遵循下列原则:
- 合并圈的数目越少越好(乘积项数目少)。
- 合并圈越大越好(乘积项中因子少)。
- 由于 $A+A=A$,所以同一个"1"格可以圈多次。
- 每个合并圈中要有新的未被圈过的"1"格。如果某一个合并圈中所有"1"格均被别的圈所包围,由此圈所表示的乘积项是多余的,称为冗余项。

下面通过例题来说明利用卡诺图化简逻辑函数的方法。

例 5.17 某逻辑函数的卡诺图如图 5.11(a)所示。将其化成最简与或表达式,并画出逻辑图。

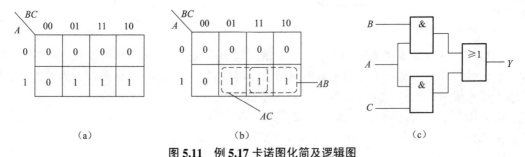

图 5.11 例 5.17 卡诺图化简及逻辑图
(a)原卡诺图;(b)化简方法;(c)逻辑电路图

解 将相邻的"1"格画合并圈,m_5、m_7 合并后,变量 B 符合 $B+\bar{B}=1$ 被消去。此合并圈化简为 AC;同理 m_6、m_7 合并,变量 C 被消去,化简为 AB。在化简过程中,m_7 被使用了两次。卡诺图化简过程如图 5.11(b)所示。由卡诺图得到最简与或表达式

$$Y=AB+AC$$

据此可画出逻辑图,如图 5.11(c)所示。

例 5.18 化简 $Y=\sum m(0,1,2,4,5,8,10,15)$。

解 ① 按给定的逻辑函数最小项编号,在卡诺图中相应的小方格中填入"1",其余的格子可以填"0",也可以空白。

② 按 2^n 的数目将"1"格合并,画出三个合并圈如图 5.12(a)所示。化简结果为

$$Y=\bar{A}\bar{C}+\bar{B}\bar{D}+ABCD$$

需要指出的有两点:

① 四个角的"1"格允许合并，因为它是球体表面展开图，合并后同样可以消去两个变量。

② m_{15} 不能和其他格合并，只能单独为一项。若将 m_{15} 和 m_{10} 斜向合并画圈，如图 5.12（b）所示，则不符合两格合并消去一个变量的化简规则，因为有两个变量变化，所以这两个方格不是逻辑相邻的。

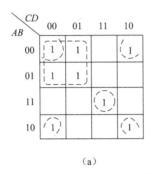 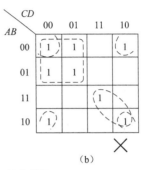

图 5.12 例 5.18 的卡诺图
（a）正确卡诺图；（b）错误卡诺图

例 5.19 已知逻辑函数 $\overline{Y} = \overline{A}\overline{B}C\overline{D} + \overline{A}\overline{B}CD + A\overline{B}\overline{C}\overline{D}$，求 Y 的最简与或表达式。

解 按 $\overline{Y}$ 的最小项编码，在 Y 的卡诺图相应小方格内填入"0"，其余为"1"，再对"1"格画合并圈。分别画出三个合并圈，其中两个圈将 8 个"1"格圈在一起，消去 3 个变量，如图 5.13 所示。最后化简结果为三项，即

$$Y = B + C + AD$$

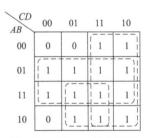

图 5.13 例 5.19 的卡诺图

例 5.20 将逻辑函数 $Y = A\overline{B} + AC + BCD + \overline{D}$ 化简为最简与或表达式，并用与非门画出其逻辑图。

解 将 Y 表达式中的乘积项逐一填入卡诺图，可以利用配项法将逻辑函数逐项展开为最小项之和，再根据其编号来填图，显然，这种方法比较复杂。另一种方法是，从表达式直接填图，如：$A\overline{B}$ 为图 5.14（a）中对应 $AB=10$ 的 4 个小方格（下面一行），在其中填入"1"，$\overline{D}$ 为对应 $D=0$ 的 8 个小方格（左、右两列），在其中填入"1"，等等。填完后，画合并圈，化简后得三项，即

$$Y = A\overline{B} + BC + \overline{D}$$

此式即为最简与或表达式。利用摩根定理，可将其写成与非表达式：

$$Y = \overline{\overline{A\overline{B} + BC + \overline{D}}} = \overline{\overline{A\overline{B}} \cdot \overline{BC} \cdot D}$$

用与非门（含非门）实现的逻辑图如图 5.14（b）所示。

（5）利用约束项进行化简

由于外界条件的限制，某些输入变量取值的组合不可能出现，它们对应的最小项称为约束项或任意项。约束项用 ϕ 表示（或用 × 表示），其值可以取"0"，也可以取"1"。利用约束项可使逻辑函数化简到更简。

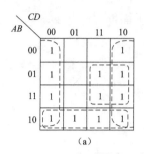 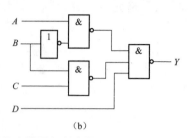

图 5.14　例 5.20 的卡诺图和电路图
（a）卡诺图；（b）逻辑电路图

例 5.21　某电路有 4 个输入端 A、B、C、D，当输入变量 $ABCD$ 的取值组合为 0011、0110 和 1001 时，输出 $Y=1$，而 $ABCD$ 为 0111、1011、1100、1101、1110、1111 的六种组合不会出现。写出 Y 的最简与或表达式。

解　根据题意 $Y = \overline{A}BCD + \overline{A}BC\overline{D} + A\overline{B}\overline{C}D$，在图 5.15 的卡诺图中填入 "1"，而不会出现的六种约束项可组成 Y 的约束条件。

约束条件也可以表示为：

$$\overline{A}BCD + A\overline{B}CD + AB\overline{C}\overline{D} + AB\overline{C}D + ABC\overline{D} + ABCD = 0$$

$$\sum d(7, 11, 12, 13, 14, 15) = 0$$

图 5.15　例 5.21 的卡诺图

在约束项对应的方格内填入 ϕ，合并画圈时，可将 ϕ 视为 1，与 $Y=1$ 格圈在一起。"1" 格必须圈入，而 ϕ 可不圈入。由图 5.15 所示的 3 个合并圈，最后化为三项，即

$$Y = AD + BC + CD$$

显然，上式比原来不考虑约束项时的表达式简化了许多。

例 5.22　分别用公式法和卡诺图法证明 $A\overline{B} + B\overline{C} + C\overline{A} = \overline{A}B + \overline{B}C + \overline{C}A$。

解　首先用公式法证明。式 $A\overline{B} + B\overline{C} + C\overline{A} = \overline{A}B + \overline{B}C + \overline{C}A$ 的等号左边和右边均为最简与或表达式，可以将这两个最简与或表达式分别转换成标准与或表达式，即化成最小项之和的形式。

$$\text{式左} = A\overline{B} + B\overline{C} + C\overline{A} = A\overline{B}(\overline{C}+C) + B\overline{C}(\overline{A}+A) + C\overline{A}(\overline{B}+B)$$

$$= \overline{A}\overline{B}C + \overline{A}B\overline{C} + \overline{A}BC + A\overline{B}\overline{C} + A\overline{B}C + AB\overline{C} = \sum m(1, 2, 3, 4, 5, 6)$$

$$\text{式右} = \overline{A}B + \overline{B}C + \overline{C}A = \overline{A}B(\overline{C}+C) + \overline{B}C(\overline{A}+A) + \overline{C}A(\overline{B}+B)$$

$$= \overline{A}\overline{B}C + \overline{A}B\overline{C} + \overline{A}BC + A\overline{B}\overline{C} + A\overline{B}C + AB\overline{C} = \sum m(1, 2, 3, 4, 5, 6)$$

式左 = 式右，证毕。

其次用卡诺图法证明，如图 5.16 所示。

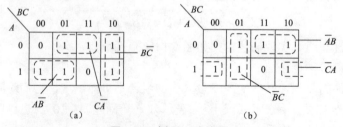

图 5.16　例 5.22 卡诺图
（a）化简一卡诺图；（b）化简二卡诺图

例 5.23 已知 $F = \overline{A}\,\overline{B}\,\overline{C} + \overline{A}\,\overline{B}C + \overline{A}B\overline{C} + A\overline{B}C + AB\overline{C} + ABC$，分别用公式法和卡诺图法将此标准与或表达式化简成最简与或表达式，并说明最简与或表达式是否是唯一的。

解 已知 $F = \overline{A}\,\overline{B}\,\overline{C} + \overline{A}\,\overline{B}C + \overline{A}B\overline{C} + A\overline{B}C + AB\overline{C} + ABC = \sum m(0, 1, 2, 5, 6, 7)$

首先用公式法化简。

化简一：$F = \overline{A}\,\overline{B}\,\overline{C} + \overline{A}\,\overline{B}C + \overline{A}B\overline{C} + A\overline{B}C + AB\overline{C} + ABC$

$= (\overline{A}\,\overline{B}\,\overline{C} + \overline{A}\,\overline{B}C) + (\overline{A}B\overline{C} + AB\overline{C}) + (A\overline{B}C + ABC) = \overline{A}\,\overline{B} + B\overline{C} + AC$

化简二：$F = \overline{A}\,\overline{B}\,\overline{C} + \overline{A}\,\overline{B}C + \overline{A}B\overline{C} + A\overline{B}C + AB\overline{C} + ABC$

$= (AB\overline{C} + ABC) + (\overline{A}\,\overline{B}C + A\overline{B}C) + (\overline{A}\,\overline{B}\,\overline{C} + \overline{A}B\overline{C}) = AB + \overline{B}C + \overline{A}\,\overline{C}$

可见此逻辑函数的标准与或表达式可以化简为两个最简与或表达式，即

$$F = \overline{A}\,\overline{B} + B\overline{C} + AC = AB + \overline{B}C + \overline{A}\,\overline{C}$$

说明同一逻辑函数的最简与或表达式不一定是唯一的。

采用卡诺图法化简，如图 5.17 所示。

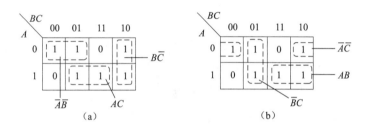

图 5.17 例 5.23 卡诺图化简
（a）化简一卡诺图；（b）化简二卡诺图

上面两个例题说明，表示同一逻辑关系的逻辑函数的"标准与或表达式"是唯一的，但是，表示同一逻辑关系的逻辑函数的"最简与或表达式"却不一定是唯一的。如果要证明两个逻辑函数表达式不相等，可以将这两个逻辑函数表达式均化成标准与或表达式，若它们的标准与或表达式不相同，则证明这两个逻辑函数表达式肯定不相等。但是如果将这两个逻辑函数表达式均化成最简与或表达式，若它们的最简与或表达式不相同，并不能证明这两个逻辑函数表达式一定不相等。

例 5.24 分别用标准与或表达式和卡诺图证明反变量吸收律 $A + \overline{A}B = A + B$，并说明此逻辑关系可能具有哪几种与或逻辑表达式的形式。

证 先用变换成标准与或表达式的方法证明。

式左 $= A + \overline{A}B = A(\overline{B} + B) + \overline{A}B = A\overline{B} + AB + \overline{A}B$

$= m_2 + m_3 + m_1 = \sum m(1, 2, 3)$

式右 $= A + B = A(\overline{B} + B) + B(\overline{A} + A) = A\overline{B} + AB + \overline{A}B + AB$

$= m_2 + m_3 + m_1 = \sum m(1, 2, 3)$

式左 $=$ 式右，证毕。

再用卡诺图法证明，如图 5.18 所示。

此逻辑关系可能具有的几种与或逻辑表达式的形式为

$$\overline{A}B + A\overline{B} + AB = A + \overline{A}B = B + A\overline{B} = A + B$$

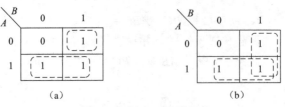

图 5.18 例 5.24 卡诺图
(a) 非最简化简法；(b) 最简化简法

图 5.18（a）所示的卡诺图中，由于合并圈不符合"越大越好"的原则，所得到的与或表达式 $A+\overline{A}B$ 不是最简与或表达式。图 5.18（b）所示的卡诺图中，由于合并圈符合"越少越好、越大越好"的原则，所得到的与或表达式 $A+B$ 是最简与或表达式。由此例题可知，即使卡诺图中的合并圈不符合"越少越好、越大越好"的原则，得到的与或逻辑表达式不是最简与或表达式，但是逻辑表达式所表示的逻辑关系与最简与或表达式是相同的，它们变换成的"标准与或表达式"是相同的。

例 5.25 混合变量吸收律 $AB+\overline{A}C+BC=AB+\overline{A}C$，分别用标准与或表达式和卡诺图予以证明。

证 例 5.10 已证明过混合变量吸收律，现再用另外的两种方法予以证明，以资对比。

式左 $= AB+\overline{A}C+BC = AB(\overline{C}+C)+\overline{A}C(\overline{B}+B)+BC(\overline{A}+A)$
$= AB\overline{C}+ABC+\overline{A}\,\overline{B}C+\overline{A}BC+\overline{A}BC+ABC$
$= AB\overline{C}+ABC+\overline{A}\,\overline{B}C+\overline{A}BC$
$= m_6+m_7+m_1+m_3 = \sum m(1,3,6,7)$

式右 $= AB+\overline{A}C = AB(\overline{C}+C)+\overline{A}C(\overline{B}+B)$
$= AB\overline{C}+ABC+\overline{A}\,\overline{B}C+\overline{A}BC$
$= m_6+m_7+m_1+m_3 = \sum m(1,3,6,7)$

式左 = 式右，证毕。

再用卡诺图法证明，见图 5.19。

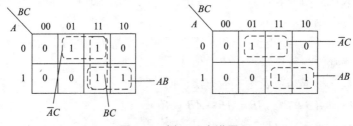

图 5.19 例 5.25 卡诺图
(a) 存在冗余项；(b) 最简化简法

图 5.19（a）所示的卡诺图中，由于多画了一个合并圈，所以多出了一个乘积项 BC，称为冗余项，所得到的与或表达式 $AB+\overline{A}C+BC$ 不是最简与或表达式。图 5.19（b）所示的卡诺图中，由于合并圈符合"越少越好、越大越好"的原则，所得到的与或表达式 $AB+\overline{A}C$ 是最简与或表达式。由此例题可知，即使卡诺图中有多余的合并圈，得到的与或逻辑表达式中含有冗余项，但是逻辑表达式所表示的逻辑关系与最简与或表达式是相同的，它们变换成的

"标准与或表达式"是相同的。

习题

5.1 根据给定的逻辑图,写出题图 5.1 中输出变量与各输入变量之间的逻辑函数式。

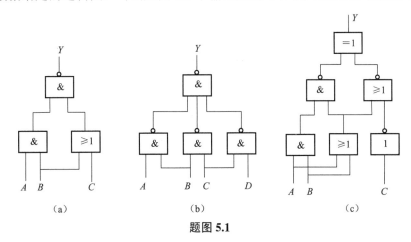

题图 5.1

5.2 输入波形如题图 5.2 所示,分别对应画出下列各逻辑式输出信号的波形图。

(1) $Y_1 = \overline{ABC}$

(2) $Y_2 = A + B + C$

(3) $Y_3 = A \oplus B$

(4) $Y_4 = AB + \overline{C}$

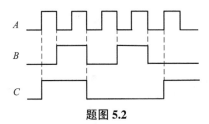

题图 5.2

5.3 直接画出下列逻辑函数对应的逻辑图。

(1) $Y = \overline{AB + CD}$

(2) $Y = \overline{(A+B) \cdot (B+C)}$

(3) $Y = \overline{\overline{AB} + \overline{BC} + \overline{AC}}$

(4) $Y = (A + \overline{BC}) \oplus (B + D)$

5.4 用逻辑代数的基本定律证明下列等式:

(1) $A\overline{B} + BD + \overline{A}D + CD = A\overline{B} + D$

(2) $A \oplus B \oplus C = A \odot B \odot C$

(3) $\overline{A}B + BC + A\overline{C} = AB + \overline{B}\,\overline{C} + \overline{A}C$

（4） $AB+BCD+\bar{A}C+\bar{B}C = AB+C$

5.5 用真值表证明下列各等式：

（1） $A\bar{B}+B+\bar{A}B = A+B$

（2） $\bar{A}\bar{B}+A\bar{B}+\bar{A}B = \bar{A}+\bar{B}$

（3） $A+B+C = \overline{\bar{A}\bar{B}\bar{C}}$

（4） $\bar{A}\bar{B}\bar{C} = \overline{A+B+C}$

5.6 求下列逻辑函数的反函数，并化简成与或表达式。

（1） $Y = AB+C$

（2） $Y = (A+BC)\bar{C}D$

（3） $Y = A\bar{D}+\bar{A}C+\bar{B}CD+C$

5.7 用公式法化简，要求化成最简与或表达式。

（1） $Y = (A+B+\bar{C}) \cdot B + (\bar{A}+B) \cdot C$

（2） $Y = A(B \oplus C) + A(B+C) + A\bar{B}\bar{C} + \bar{A}BC$

（3） $Y = A\bar{B}+B\bar{C}+A\bar{B}\bar{C}+AB\bar{C}\bar{D}$

（4） $Y = \overline{\overline{A+B+C}+\overline{AB+AC}}$

5.8 将下列逻辑函数展开成最小项：

（1） $Y(A,B) = A+\bar{B}$

（2） $Y(A,B,C) = AB+B\bar{C}+C\bar{A}$

（3） $Y(A,B,C,D) = \bar{A}\bar{B}+BCD$

5.9 分别用真值表、卡诺图和逻辑图表示下列逻辑函数。

（1） $Y = AB+B\bar{C}+\bar{A}C$

（2） $Y = \overline{\bar{A}(B+C)}$

5.10 用卡诺图化简下列逻辑函数，其中 m 为最小项，d 为约束项。

（1） $Y = \bar{A}+\bar{B}\bar{C}+AC$

（2） $Y = AB+\bar{A}BC+\bar{A}B\bar{C}$

（3） $Y = A\bar{B}+AC+BCD+\bar{D}$

（4） $Y = \bar{A}+\bar{A}B+BC\bar{D}+B\bar{D}$

（5） $Y(A,B,C) = \sum m(2,3,4,6)$

（6） $Y(A,B,C,D) = \sum m(0,2,4,6,9,13)$

（7） $Y(A,B,C,D) = \sum m(0,1,8,10)+\sum d(2,3,4)$

（8） $Y(A,B,C,D) = \sum m(0,1,3,7,10,11)+\sum d(2,6,9)$

5.11 证明下列等式：

（1） $A+\bar{A}C+BCD = A+C$

(2) $A \oplus \overline{B} = \overline{A}\overline{B} + AB$

(3) $AB + \overline{B}C + AC = AB + \overline{B}C$

(4) $\overline{A + BC + D} = \overline{A}\overline{D}(\overline{B} + \overline{C})$

(5) $(A \oplus C)B = \overline{AC + \overline{A}\overline{C} + \overline{B}}$

(6) $A + \overline{A(B + C)} = A + \overline{B}\overline{C}$

(7) $\overline{\overline{A}\overline{B} + \overline{A}B + A\overline{B} + AB} = 0$

(8) $\overline{A}\overline{B}\overline{C} + \overline{A}\overline{B}C + \overline{A}B\overline{C} + \overline{A}BC + A\overline{B}\overline{C} + A\overline{B}C + AB\overline{C} + ABC = 1$

5.12 在下列各个逻辑函数表达式中，变量 A、B、C 为哪些种取值时，函数值为"1"。

(1) $X = AB + BC + \overline{A}C$

(2) $Y = \overline{A}\overline{B} + \overline{B}\overline{C} + A\overline{C}$

(3) $Z = (A + B)\overline{AB + \overline{B}\overline{C}}$

(4) $F = A\overline{B} + \overline{A}B + \overline{A}\overline{B}\overline{C} + AB\overline{C}$

5.13 用公式法化简下列逻辑函数。

(1) $X = \overline{A}\overline{B}C + \overline{A}BC + A\overline{B}\overline{C} + AB\overline{C}$

(2) $Y = \overline{A}\overline{B}\overline{C} + \overline{A}\overline{B}D + \overline{B}CD + A\overline{B}D + \overline{A}BC$

(3) $Z = A + B + C + \overline{A}\overline{B}CD$

(4) $F = \overline{B}CD + \overline{A}C\overline{D}$，且 $AB + AC = 0$ （约束条件）

5.14 用卡诺图将下列逻辑函数化简为最简与或式，其中 m 为最小项，d 为约束项。

(1) $X = \overline{\overline{A}\overline{B} + AC + B\overline{C}}$

(2) $Y(A, B, C) = \sum m(1, 2, 3, 5, 6)$

(3) $Z(A, B, C, D) = \sum m(0, 2, 4, 6, 8, 10)$

(4) $F = \sum m(0, 1, 2, 8, 9) + \sum d(10, 11, 12, 13, 14, 15)$

5.15 将下列逻辑函数化简成最简与或表达式，再画出最简与或式对应的逻辑图。

(1) $Y = \overline{AB + CD}$

(2) $Y = \overline{(A + B) \cdot (B + C)}$

(3) $Y = \overline{\overline{AB} + \overline{BC} + \overline{AC}}$

(4) $Y = (A + \overline{BC}) \oplus (B + D)$

5.16 将下列逻辑函数化简成最简与或表达式，再画出对应的逻辑图。

(1) $Y = AB + \overline{A}C + ABCD + \overline{A}\overline{B}CD$

(2) $Y = \overline{\overline{A}\overline{B} + AB}$

(3) $Y = \overline{\overline{ABC} + \overline{A}\overline{B}\overline{C}}$

(4) $Y = \overline{\overline{ACD} + \overline{A}BC + ACD + AB\overline{C}}$

5.17 将下列各逻辑函数化为标准与或表达式，即最小项之和的形式。

(1) $Y = J\overline{Q} + \overline{K}Q$

(2) $Y = S + \overline{R}Q$

(3) $F = AB + BC + AC$

(4) $F = \overline{AB + \overline{B}C + AD}$

(5) $F = \overline{\overline{ABC} + A\overline{B}\overline{C}\overline{D}}$

5.18 列出下列各逻辑函数的真值表，说明每小题中的 Y_1 和 Y_2 有何关系。

(1) $Y_1 = A\overline{B} + BC + \overline{A}C$ 和 $Y_2 = AB + \overline{B}C + AC$

(2) $Y_1 = \overline{A}\,\overline{B}C + \overline{A}B\overline{C} + A\overline{B}\overline{C} + ABC$ 和 $Y_2 = \overline{A \oplus B \oplus C}$

(3) $Y_1 = \overline{A\overline{B} + \overline{B}C + \overline{A}C}$ 和 $Y_2 = \overline{A}\,\overline{B}C + ABC$

(4) $Y_1 = \overline{A}B\overline{C} + A\overline{B}C + AC\overline{D}$ 和 $Y_2 = A\overline{B} + BC + A\overline{C}D$

5.19 用公式法化简，将下列各逻辑函数化成最简与或表达式。

(1) $Y = \overline{A}B + AB\overline{C} + ABC$

(2) $Y = A(\overline{A} + B) + B + B(AB + \overline{A}C)$

(3) $Y = (\overline{A}\overline{B} + AB)(A\overline{B} + \overline{A}B)$

(4) $Y = (\overline{A} + \overline{B} + \overline{C})(\overline{B} + B + \overline{A}C)(ABC + \overline{C} + C)$

(5) $Y = (A + AB + ABCD)(A + BC + BCD)$

(6) $Y = \overline{A}\,\overline{B} + \overline{A}B + A\overline{B} + AB$

5.20 将下列各逻辑函数化成最简与或式。

(1) $Y = \overline{A}CD + A\overline{B} + C + B\overline{C}D + BC$

(2) $Y = \overline{A}\overline{B} + BC + \overline{A}\overline{C} + \overline{A}C\overline{D}$

(3) $Y = (\overline{A}B + AB + A\overline{B})(\overline{A}\,\overline{B}\overline{D} + A + B + D)$

(4) $Y = (A + \overline{B})(A\overline{B} + D + \overline{A}D)D$

(5) $Y = \overline{(\overline{A}\overline{B})(\overline{A}B)} + \overline{\overline{A} + B} + \overline{\overline{A} + B}$

(6) $Y = \overline{\overline{\overline{A}BC + AC} + AB\overline{C} + \overline{B}C}$

5.21 用摩根定理求下列逻辑函数的反函数，并将求出的反函数化简成最简与或式。

(1) $Y = \overline{B}C + B\overline{D} + \overline{C}D + AB$

(2) $Y = \overline{A}D + A(\overline{B} + C)$

(3) $Y = \overline{C} + \overline{D}(A + \overline{B})$

(4) $Y = (AC + BD)(\overline{A}\,\overline{B} + \overline{B}\,\overline{D})$

（5）$Y = A \oplus B \oplus C$

（6）$Y = D[E(B+AD)+\overline{C}]$

（7）$Y = \overline{\overline{AB+\overline{C+D}} + \overline{\overline{A+B}+CD}}$

（8）$Y = D(\overline{B \oplus C}) + C(A \oplus B)$

5.22 用卡诺图法将下列逻辑函数化简为最简与或式。

（1）$Y = \overline{A}B + \overline{A}\,\overline{B}D + \overline{A}BCD + BCD + B\overline{C}$

（2）$Y = \overline{A}B\overline{C} + \overline{A}BD + \overline{A}\,\overline{B}CD + A\overline{B}\,\overline{C}D + BCD$

（3）$Y = \overline{A}BCD + A\overline{B} + ABD + B\overline{C}\,\overline{D}$

（4）$Y = \overline{A}\,\overline{B}\,\overline{C}D + \overline{A}\,\overline{B}C\overline{D} + \overline{A}BCD + AB\overline{C}\,\overline{D} + A\overline{B}C\overline{D} + \overline{A}BCD$

（5）$Y = \overline{A}\,\overline{C} + \overline{A}D + AD + \overline{B}\,\overline{D} + \overline{C}\,\overline{D} + \overline{A}BC$

5.23 用卡诺图法将下列逻辑函数化简为最简与或式。

（1）$Y(A,B,C,D) = \sum m(2,4,5,6,7,11,12,14,15)$

（2）$Y(A,B,C,D) = \sum m(0,1,4,6,8,9,10,12,13,14,15)$

（3）$Y(A,B,C,D) = \sum m(0,2,3,4,5,6,8,9,10,11,12,13,14,15)$

5.24 用卡诺图将下列逻辑函数化简为最简与或式，其中 m 为最小项，d 为约束项。

（1）$Y(A,B,C,D) = \sum m(0,2,3,4,5,6,11,12) + \sum d(8,9,10,13,14,15)$

（2）$Y(A,B,C,D) = \sum m(0,1,2,3,6,8) + \sum d(10,11,12,13,14,15)$

（3）$Y(A,B,C,D) = \sum m(3,6,8,9,11,12) + \sum d(0,1,2,13,14,15)$

（4）$Y(A,B,C,D) = \sum m(1,2,4,12,14) + \sum d(5,6,7,8,9,10)$

（5）$Y(A,B,C,D) = \sum m(2,4,6,7,12,15) + \sum d(0,1,3,8,9,11)$

5.25 用卡诺图法化简下列逻辑函数，其中 m 为最小项，d 为约束项。

（1）$Y(A,B,C,D) = \sum m(0,1,3,4,5,6) + \sum d(10,11,12,13,14,15)$

（2）$Y(A,B,C,D) = \sum m(0,2,4,5,7,13) + \sum d(8,9,10,11,14,15)$

（3）$Y(A,B,C,D) = \sum m(0,1,2,3,4,7,15) + \sum d(8,9,10,11,12,13)$

（4）$Y(A,B,C,D) = \sum m(0,1,4,9,12,13) + \sum d(2,3,6,10,11,14)$

（5）$Y(A,B,C,D) = \sum m(0,1,3,5,8,9) + \sum d(10,11,12,13,14,15)$

第 6 章
门电路和组合逻辑电路

数字电路的特点是输入信号和输出信号都是不随时间连续变化的脉冲信号或数字信号。数字电路分为两类：组合逻辑电路和时序逻辑电路。组合逻辑电路的特点是不具有记忆功能，即输出变量的状态只取决于该时刻输入变量的状态，而与电路原来的输出状态无关。时序逻辑电路的特点是，输出状态不仅取决于该时刻输入变量的状态，还与电路原来的输出状态有关，因此具有记忆功能。组合逻辑电路和时序逻辑电路是数字计算机及数字系统的基础。本章将介绍逻辑门电路，讨论由门电路构成的组合逻辑电路的分析和设计方法，介绍部分常用的集成组合逻辑电路。

6.1 门电路

门电路是实现某种逻辑关系的电路，利用门电路的组合，可以构成各种复杂的逻辑电路，因此门电路是数字电路的基本单元电路。

门电路有很多不同的种类。按使用元器件可分为二极管－晶体管逻辑（DTL）门电路、晶体管－晶体管逻辑（TTL）门电路和互补型绝缘栅场效应管（CMOS）门电路。按功能可分为与门、或门、非门、与非门、或非门、异或门等；按制造方法可分为分立元件门电路和集成门电路。现在实际使用的绝大多数为集成门电路，分立元件门电路和 DTL 门电路已较少使用。下面按照循序渐进的原则，从分立元件门电路入手，依次介绍 TTL 和 CMOS 集成门电路，重点讨论它们的工作原理、参数和特点。

6.1.1 分立元件门电路

1. 与门的工作原理

由二极管（锗管）构成的与门如图 6.1（a）所示，图中 V_A、V_B 为输入信号，V_Y 为输出信号，它们只可能有两种取值，高电平或低电平。一般高电平的取值为 $U_H \geqslant 3\ V$，低电平的取值为 $U_L \leqslant 0.3\ V$。用"1"表示高电平，"0"表示低电平，称为正逻辑；反之，用"0"表示高电平，"1"表示低电平，称为负逻辑。本书中使用通常惯用的正逻辑。

① 当 $V_A = 0\ V$，$V_B = 3\ V$ 时，二极管 D_A、D_B 均为正向偏置。但 D_A 上所加的电压比 D_B 上所加电压大，故 D_A 优先导通。考虑到电路中使用的二极管为锗管，导通后管压降约为 0.3 V，所以 $V_Y = 0.3\ V$。此时，D_B 因反偏而截止。

② 当 $V_A = V_B = 3\ V$ 时，D_A、D_B 均导通，$V_Y = 3.3\ V$。

归纳以上分析，A、B 两个输入中至少有一个为"0"（低电平）时，输出 $Y = 0$。输入 A、

B 均为"1"(高电平)时,输出 $Y=1$。因而实现了与门的"有 0 出 0,全 1 出 1"的逻辑功能,其工作波形如图 6.1(b)所示。工作波形是逻辑关系的另一种表示方法。

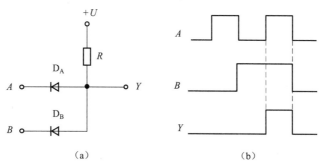

图 6.1 二极管与门电路及工作波形

(a)二极管与门电路;(b)工作波形

2. 或门的工作原理

二极管或门电路如图 6.2(a)所示。

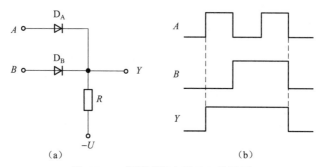

图 6.2 二极管或门电路及工作波形

(a)二极管或门电路;(b)工作波形

当 $V_A = V_B = 0.3$ V 时,D_A、D_B 均导通,$V_Y = 0$ V。

当 $V_A = 3.3$ V,$V_B = 0$ V 时,D_A 优先导通,$V_Y = 3$ V,D_B 因反偏而截止。

归纳以上分析,A、B 两个输入端中至少有一个为"1"时,输出 $Y=1$。A、B 均为"0"时,$Y=0$。从而实现了或门"有 1 出 1,全 0 出 0"的逻辑功能,其工作波形如图 6.2(b)所示。

3. 非门的工作原理

三极管非门(反相器)的电路如图 6.3(a)所示。利用三极管输出信号与输入信号反相的性质,可实现非门的逻辑功能。当 $V_A = 3$ V 时,T 饱和导通,$V_Y = U_{CES} = 0.3$ V,即 $Y=0$;当 $V_A = 0$ 时,T 截止,I_B、I_C 均为零,输出为高电平,二极管 D 导通,将输出钳位在 $V_Y = 3.3$ V,即 $Y=1$。电阻 R_{B2} 和负电源 $-U_{BB}$ 的作用是:当输入 A 为低电平时,使发射结反向偏置,以保证 T 可靠截止。非门的工作波形如图 6.3(b)所示,由图可见,输出 Y 的波形与输入 A 的波形反相。

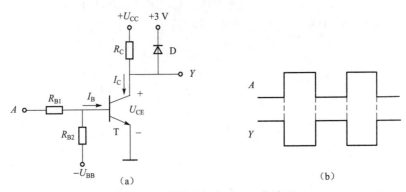

图 6.3 三极管非门电路及工作波形

(a) 三极管非门电路；(b) 工作波形

4. 与非门的工作原理

由二极管与门和三极管非门组成的与非门电路如图 6.4（a）所示。图中虚线左边为与门，右边为非门。电容 C 的作用是：改善波形的前、后沿使其更加陡峭。与非门的工作波形如图 6.4（b）所示。输出 Y 与输入 A、B、C 的逻辑关系为

$$Y = \overline{A \cdot B \cdot C} \tag{6.1}$$

同理，用二极管或门和三极管非门也可以组成或非门。

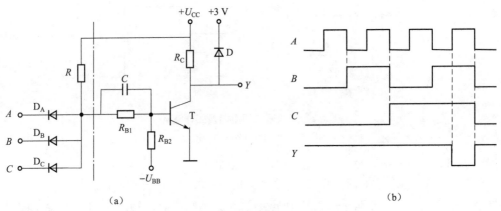

图 6.4 与非门电路及工作波形

(a) 与非门电路；(b) 工作波形

这种门电路的缺点是工作速度低，三极管 T 由饱和到截止所需的时间比较长。TTL 门电路就是为了提高工作速度而产生的。

6.1.2 TTL 集成门电路

国产的 TTL 电路有五个系列：CT1000、CT2000、CT3000、CT4000 和 CT000，CT000 又分为中速系列和高速系列。它们的主要差别是门的平均传输延迟时间和平均功耗两个参数。其他参数和引脚排列基本彼此兼容。表 6.1 是国产 TTL 电路系列的分类表，给出了平均延迟时间、平均功耗、最高工作频率的对比，同时给出了与国际 TTL 电路产品系列的对照。

表 6.1　国产 TTL 电路系列分类表

参数＼系列	CT1000系列	CT2000系列	CT3000系列	CT4000系列	CT000 系列	
					中速	高速
每门平均延迟时间 t_{pd}/ns	10	6	3	9.5	15	8
每门平均功耗 $\bar{P}$/mW	10	22	19	2	20	35
最高工作频率 f_{max}/MHz	35	50	125	45	20	40
与国际 TTL 电路产品系列的对照	SN54/74 标准系列	SN54H/74H 高速系列	SN54S/74S 肖特基系列	SN54LS/74LS 低功耗肖特基系列		

CT1000 系列是标准 TTL 系列，相当于国际 SN54/74 系列。CT2000 系列是高速 TTL 系列，相当于国际 SN54H/74H 系列。这两个系列都是采用晶体管过驱动基极电流，以使晶体管工作于深度饱和区，从而增加了电路从饱和到截止的时间，延长了平均延迟时间 t_{pd}。

CT3000 系列是肖特基 TTL 系列，相当于国际 SN54S/74S 系列。CT4000 系列是低功耗肖特基 TTL 系列，相当于国际 SN54LS/74LS 系列。这两个系列都是采用肖特基钳位晶体管，由于肖特基晶体管不存在电荷存储效应，使晶体管在饱和时不至于进入深度饱和状态，从而缩短了从饱和到截止的时间，提高了工作速度。在基本相同的功耗条件下，CT3000 系列比 CT2000 系列工作速度快一倍；而 CT4000 系列的速度与 CT1000 系列基本相同，但功耗仅为 CT1000 系列的五分之一。74LS（CT4000）系列较好地解决了工作速度和功耗之间的矛盾，所以成为 TTL 系列的主流产品。74 系列和 74LS 系列是应用最广泛的 TTL 系列产品。

为简化书写，常将"CT"简写为"T"。在本书以下篇幅中，以介绍 TTL 电路为主，产品型号采用 74 系列。

6.1.2.1　TTL 与非门

TTL 门电路的种类很多，这里以 TTL 与非门为例，介绍其电路结构、工作原理、电压传输特性和主要参数。

1. TTL 与非门的工作原理

TTL 与非门的内部原理电路如图 6.5 所示，它由 5 个晶体管和 5 个电阻构成。T_1 为多发射极晶体管，在电路中起着与门的作用。每一个发射极与基极、集电极都构成 NPN 型三极管。可将 T_1 看成如图 6.6 所示的"背靠背"连接的二极管。多发射极晶体管的基区很薄，因此可大大提高开关速度。

与非门的逻辑功能是"有 0 出 1，全 1 出 0"。现将 TTL 与非门的工作原理分析如下。

（1）"有 0 出 1"的分析

当输入端至少有一个"0"时，设 $V_A = 0.3$ V，PN 结导通电压为 0.7 V，则 T_1 的基极电位

$$V_{B1} = V_A + U_{BEA} = 0.3 + 0.7 = 1 \text{（V）}$$

而 T_2、T_5 要同时导通，则要求 T_1 的基极电位

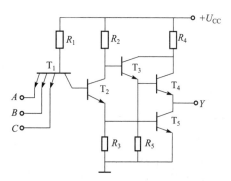

图 6.5　TTL 与非门电路

$$V_{B1} = U_{BC1} + U_{BE2} + U_{BE5} = 2.1\,(\text{V})$$

所以 T_2 和 T_5 均截止，T_3、T_4 导通。忽略电阻 R_2 上的压降，有

$$V_Y = U_{CC} - I_{B3}R_2 - U_{BE3} - U_{BE4} \approx 5 - 0.7 - 0.7 = 3.6\,(\text{V})$$

即输出 $Y=1$。上式中 U_{CC} 取 5 V，对 TTL 电路来说，电源 U_{CC} 均为 5 V。

如果负载是其他门电路，将有电流从电源 U_{CC} 经电阻 R_4 流向负载门，这种电流称为拉电流。

（2）"全 1 出 0"的分析

当输入端全接高电平"1"时，设 $V_A = V_B = V_C = 3.6$ V，只要 $V_{B1} = 2.1$ V，即可满足 T_2 和 T_5 导通的条件，故 T_2、T_5 饱和导通。因此 $V_Y = U_{CES5} = 0.3$ V，即输出 $Y=0$。

在 T_1 管基极，V_{B1} 被钳位在 2.1 V，所以 T_1 的三个发射结均截止。T_2 的集电极电位 $V_{C2} = U_{CE2} + U_{BE5} = 0.3 + 0.7 = 1$（V），使 T_3 导通，T_4 截止，与电源 U_{CC} 断开。若负载是其他门电路，此时负载门的电流全部流入 T_5 的集电极，这种电流称为灌电流。门电路的带负载能力取决于灌电流的大小。

综上所述，图 6.5 所示电路具有与非门的逻辑功能。

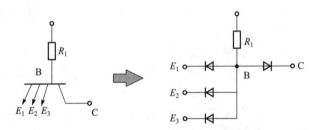

图 6.6 多发射极晶体管等效电路

2. 电压传输特性

为了正确、合理地使用集成门电路，必须了解门电路的主要特性及参数。下面结合与非门的参数，重点讨论与非门的电压传输特性。

与非门输入电压与输出电压的关系用电压传输特性来描述，即

$$U_o = f(U_i) \tag{6.2}$$

上式表示输入由低电平变化至高电平时，输出电平的相应变化。

利用图 6.7（a）的测试电路，将与非门的一个输入端加上可调输入电压 U_i，其他输入端接高电平。当 U_i 从 0～+5 V 变化时，在输出端用直流电压表测得 U_o 的相应变化，即得到与非门的电压传输特性，如图 6.7（b）所示。

在电压传输特性曲线上，当输入电压 U_i 从零逐渐增大时，如图中的 ab 段，T_5 处于截止状态，输出电压 U_o 保持不变为 U_{OH}。当 U_i 增加到某一数值时，U_o 逐渐下降。U_i 继续增加时，U_o 急剧下降至 U_{OL}，如图中的 bc 段，T_5 从截止经放大至饱和，称为转折区。由于在这一区域中，U_o 既非高电平"1"，也非低电平"0"，所以也称为输出不确定区。在 cd 段，U_i 再增加时，T_5 处于饱和状态，U_o 保持 U_{OL} 不变。

3. 主要参数

（1）输出高电平 U_{OH} 和低电平 U_{OL}

当输出端空载，与非门输入端中至少有一个接低电平时，对应的输出电平，称为输出高

电平 U_{OH}。当输出端带额定负载，输入端全接高电平时，对应的输出电平，称为输出低电平 U_{OL}。一般门电路产品出厂时，要求 $U_{OH} \geqslant 2.4$ V，$U_{OL} \leqslant 0.4$ V，便认为产品合格。通常约定：$U_{OH} \approx 3.4$ V，$U_{OL} \approx 0.3$ V。

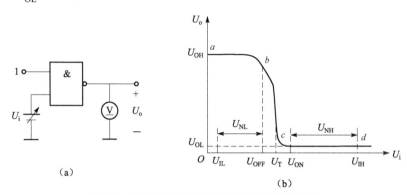

图 6.7 TTL 与非门测试电路及电压传输特性
（a）测试电路；（b）电压传输特性

（2）开门电平 U_{ON} 和关门电平 U_{OFF}

当输出端接额定负载时，使输出电平达到额定低电平 U_{OL} 时，所允许的最小输入电平，称为开门电平 U_{ON}。显然，只要输入电平满足 $U_i \geqslant U_{ON}$，就能保持输出电平为"0"，即开门状态。典型产品规定：$U_{ON} \leqslant 1.8$ V。

在空载条件下，使输出电平 $U_o = 0.9U_{OH}$ 时，所对应的输入电平称为关门电平 U_{OFF}。显然，只要输入电平满足 $U_i \leqslant U_{OFF}$，就能保持输出电平为"1"，即关门状态。典型产品规定：$U_{OFF} \geqslant 0.8$ V。

（3）噪声容限电压

高电平噪声容限电压 U_{NH}，是指在输出低电平的条件下，所允许叠加在输入信号上的最大噪声电压，可表示为

$$U_{NH} = U_{IH} - U_{ON} \tag{6.3}$$

低电平噪声容限电压 U_{NL}，是指在输出高电平 $\geqslant 0.9U_{OH}$ 的条件下，所允许叠加在输入信号上的最大噪声电压，可表示为

$$U_{NL} = U_{OFF} - U_{IL} \tag{6.4}$$

噪声容限也称抗干扰容限，U_{NH}、U_{NL} 的数值越大，抗干扰能力越强。

（4）阈值电压 U_T

电压传输特性转折区中点所对应的输入电压值称为阈值电压 U_T，或称门槛电压。当 $U_i < U_T$ 时，输出 $Y=1$，当 $U_i > U_T$ 时，输出 $Y=0$。一般 TTL 与非门的阈值电压为 $U_T = 1.4$ V 左右。

（5）扇出系数 N_o

一个与非门输出端能够带同类门的最大个数，称为扇出系数。它表示门电路的带负载能力，对典型电路 $N_o \geqslant 8$。

（6）平均传输延迟时间 t_{pd}

平均传输延迟时间是表示门电路开关速度的参数。当在与非门输入端加一个脉冲电压时，

输出将有一定的时间延迟,如图 6.8 所示,平均延迟时间 t_{pd} 定义为

$$t_{pd} = \frac{1}{2}(t_{pd1} + t_{pd2})$$ （6.5）

平均延迟时间 t_{pd} 的数值越小,其工作速度越高,典型产品规定 $t_{pd} \leqslant 40$ ns。

4. 与非门的应用

（1）多余输入端的处理

使用 TTL 与非门时,若多个输入端中有不用的端子时,可采用图 6.9 所示的三种方法。将闲置端接高电平 1,或将其与使用端并联,还可将其悬空,等效于接无穷大的电阻,相当于接高电平。但为了避免引入干扰,最好采用图 6.9（a）或图（b）接法。

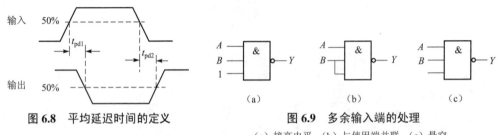

图 6.8　平均延迟时间的定义

图 6.9　多余输入端的处理
（a）接高电平；（b）与使用端并联；（c）悬空

（2）应用举例

TTL 集成与非门是门电路中使用较多的一种,利用与非门的组合可实现各种不同的逻辑功能。这里举一控制电路的例子,如图 6.10 所示。将输入端 A 作为控制端,在输入端 B 加入脉冲序列,即可得到与非门的输出波形 Y。由图可见,只有当 $A=1$ 时,输入信号 B 才能通过与非门到达输出端。而当 $A=0$ 时,输出 Y 恒为"1",与信号 B 无关。若 $A=1$ 的时间选为单位时间,则可将它用于测频或测速系统中。

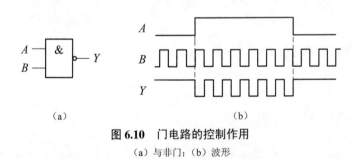

图 6.10　门电路的控制作用
（a）与非门；（b）波形

由此例可见,与非门控制端加高电平时,门电路被开启,加低电平时,门电路被封锁。

6.1.2.2　三态输出门电路

三态输出门电路又称三态门,用 TSL（Tristate Logic）门表示。它共有三种输出状态：高电平、低电平和高阻状态。门电路处于高阻状态时,输出端相当于悬空。三态门可用于在一根总线上分时传送数据或控制信号,是为了适应在数字系统中传输数据的需要而开发研制的一种逻辑器件。

1. 三态与非门的结构和工作原理

一个简单的三态与非门原理电路如图 6.11（a）所示。它是在普通与非门（见图 6.5）的基础上，增加控制端 E 和控制二极管 D 而构成。图中 A、B 为数据输入端，E（Enable）为使能输入端。

当 $E=1$ 时，D 截止，TSL 门的输出状态完全取决于输入端 A、B，和一般与非门并无差别，即实现 $Y = \overline{A \cdot B}$ 的逻辑功能。这种状态称为三态门的正常工作状态，或称有效状态。

当 $E=0$ 时，三极管 T_2、T_5 截止，同时二极管 D 因正偏而导通。T_3 基极电位 V_{B3} 被钳位在 1 V 左右，故 T_4 也截止。因此，不论输入端 A、B 为何种状态，从输出端看进去，T_4、T_5 同时截止，Y 相当于开路，处于高阻状态。这就是三态门的第三个状态，或称禁止态。

高电平有效（即 $E=1$ 时，$Y=\overline{AB}$）的三态与非门的逻辑符号如图 6.11（b）所示。若使能端的输入从 $\overline{E}$ 端加入，则电路成为低电平有效的 TSL 门，即 $\overline{E}=0$ 时，$Y=\overline{AB}$；$\overline{E}=1$ 时，Y 为高阻态，其逻辑符号如图 6.11（c）所示。除三态与非门外，TSL 门还可以制成三态非门和三态缓冲器。

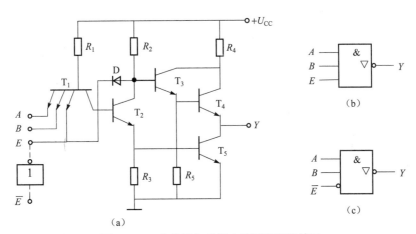

图 6.11 三态输出与非门电路图和逻辑符号
（a）三态输出与非门电路图；（b）高电平有效的三态与非门逻辑符号；（c）低电平有效的三态与非门逻辑符号

2. 三态门的应用

三态门的一个重要用途是向总线上分时传送数据。

单向数据传送电路如图 6.12 所示。图中各个三态与非门均为高电平有效。当使能端 $E_0=1$，而 $E_1 \sim E_n$ 均为 "0" 时，总线 Y 上收到 G_0 门传送的数据，即 $Y = \overline{A_0 \cdot B_0}$。此时，$G_1 \sim G_n$ 门的输出均为高阻态。若令使能端 $E_0 \sim E_n$ 依次为 "1"，则门 $G_0 \sim G_n$ 的数据依次按与非关系送到总线 Y 上。应该指出的是，使用多个三态门与总线交换数据时，不允许有两个和两个以上门的使能端同时有效。

图 6.13 所示为由三态非门构成的双向数据传输的电路。当 $E=1$ 时，G_0 工作，G_1 为高阻态；数据 D_0 经三态非门 G_0 取反后送到总线 Y 上，即 $Y = \overline{D_0}$。当 $E=0$ 时，三态非门 G_1 工作，G_0 为高阻态；总线 Y 上的数据经非门 G_1 取反后送到其输出端，即 $D_1 = \overline{Y}$。

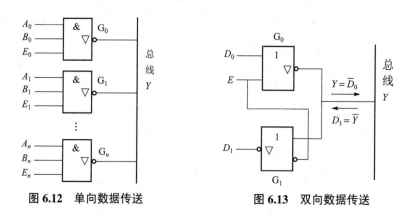

图 6.12 单向数据传送　　　　图 6.13 双向数据传送

6.1.2.3 集电极开路门电路

集电极开路门简称 OC（Open Collector）门，图 6.14 所示为集电极开路与非门的内部原理电路和逻辑符号。它与图 6.5 所示的典型 TTL 与非门电路的差别在于去掉了由 T_3、T_4 组成的复合管，而且 T_5 的集电极是开路的，因此而得名。在使用时必须外接电阻 R 和外接电源 $+U$，R 称为上拉电阻。只要上拉电阻和外接电源的数值合适，就可保证 OC 门输出具有合适的高低电平和负载电流。

几个 OC 门的输出端可以直接连在一起，实现线与的功能。所谓线与，是实现几个门电路输出端相与的功能。即 $Y = Y_0 Y_1 \cdots Y_n$。图 6.15 所示为两个 OC 与非门线与的情况，其输出为 $Y = Y_1 \cdot Y_2 = \overline{AB} \cdot \overline{CD} = \overline{AB+CD}$。

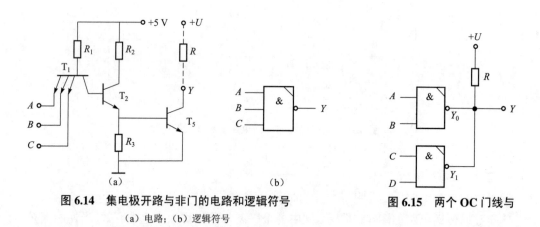

图 6.14　集电极开路与非门的电路和逻辑符号　　　图 6.15　两个 OC 门线与
（a）电路；（b）逻辑符号

利用集电极开路 OC 门必须外接电源和上拉电阻的特点，可用 OC 门直接驱动发光二极管 LED、指示灯等显示器件或小功率的直流继电器等。负载的电源电压 U 可以是 5 V，也可以高于 5 V，其数值可在 5～30 V 之间选择。

需要指出的是，普通的 TTL 门电路的输出端不允许直接相连。因为性能良好的 TTL 与非门的输出电阻很小（几～几十欧姆），假设门电路 G_0 输出为"1"，G_1 输出为"0"时，就会产生一个很大的电流从 G_0 门灌入 G_1 门，抬高低电平，甚至还可能因功耗过大而烧毁门电路。若用普通 TTL 门电路直接驱动高于 5 V 的负载，也会因同样原因造成门电路的损坏。

6.1.2.4 集成与非门的结构和引脚排列

TTL 集成门电路组件，是在同一芯片上制作若干个门电路。常用 TTL 集成与非门有很多种类，按内部电路结构分，有普通门、三态门、OC 门及含有施密特触发器等不同形式；按输入端数量分，有二输入、三输入、四输入、八输入，甚至更多输入端的门电路；按组件内部集成的门电路数量分，有一个门、两个门、四个门，甚至多达六个门（如 7404 非门）。另外，在平均延迟时间、功耗等参数上也有一些差别。例如：7400 为四二输入与非门，在一片组件内集成了四个二输入端与非门。7410 为三三输入与非门，7420 为双四输入与非门等。图 6.16 给出了集成与非门 7400 和 7420 的引脚排列图。

其他门电路的功能、参数及引脚排列请参阅 TTL 手册。

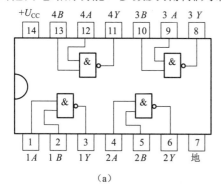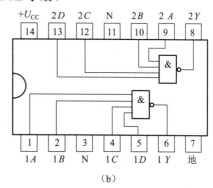

图 6.16 与非门引脚排列图
(a) 7400 与非门；(b) 7420 与非门

6.1.3 CMOS 门电路

TTL 门电路工作速度快，是双极型集成逻辑门中应用比较广泛的一类电路。随着科学技术和生产的发展，对集成门电路的速度、功耗、负载能力等技术指标提出了越来越高的要求。20 世纪 60 年代末期，以低功耗著称的绝缘栅型场效应管（MOS）集成电路异军突起。尤其在大规模和超大规模集成电路中，CMOS 型电路更具有制造工艺简单、成品合格率高、集成度高等特点，且具有功耗极低、抗干扰能力强等优点。它的主要缺点是工作速度较低，但现在的产品性能已有较大改善。

MOS 器件的基本结构有 N 沟道和 P 沟道两种，相应地有 NMOS、PMOS 逻辑门电路及 CMOS 门电路。CMOS 门即互补型（Complementary）MOS 门电路，它由两种不同类型的单极型晶体管组合而成。PMOS 管作为负载管，NMOS 管作为驱动管。CMOS 门电路种类繁多，本节只介绍非门和与非门的电路结构，并讨论其特点和使用时的注意事项。

6.1.3.1 CMOS 非门

CMOS 非门是 CMOS 集成电路的基本单元电路。CMOS 非门电路如图 6.17 所示，它由一个 P 沟道增强型 MOS 管 T_P 和一个 N 沟道增强型 MOS 管 T_N 串联组成。PMOS 管的衬底和源极连在一起接电

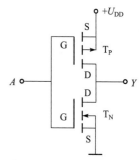

图 6.17 CMOS 非门

源 $+U_{DD}$，NMOS 管的衬底和源极连在一起接地，两个栅极相连作为非门的输入端 A，两个漏极相连引出输出端 Y。

1. 工作原理

当 $A=1$（高电平约为 U_{DD}）时，驱动管 T_N 的栅源电压大于其开启电压，即 $U_{GS} \approx U_{DD} > U_{GS(th)}$，$T_N$ 导通，其漏源电压 $U_{DS} \approx 0$，而负载管 T_P 的栅源电压 $U_{GS} \approx 0 < |U_{GS(th)}|$，$T_P$ 截止，故输出为低电平，即 $Y=0$（低电平约为 0 V）。

当 $A=0$ 时，T_N 管的 $U_{GS} \approx 0 < U_{GS(th)}$，$T_N$ 截止，而 T_P 管的 $U_{GS} \approx -U_{DD}$，$|U_{GS}| > |U_{GS(th)}|$，T_P 导通，故输出为高电平，即 $Y=1$。

由以上分析可看出，电路具有非门的功能，它将输入电平反相后送出，实现了 $Y = \overline{A}$ 的功能。

2. CMOS 非门的特点

（1）静态功耗极低

由于 CMOS 非门在工作过程中只有一个管子导通，另一个管子截止。静态电流极其微小，为 nA 量级，所以静态功耗仅为几十 nW。与 TTL 门电路相比，静态功耗低 2~3 个数量级。

（2）抗干扰能力强

阈值电压 $U_T \approx U_{DD}/2$，U_{NL} 和 U_{NH} 均较大，且近似相等，当 U_{DD} 增大时，抗干扰能力增强。

（3）电源利用率高

$U_{OH} \approx U_{DD}$，允许电源有一个较宽的选择范围（+3~+18 V）。

（4）输入阻抗高，带负载能力强

扇出系数 N_o 约达 50，比 TTL 门的带负载能力强很多。

以上特点可以推广到其他 CMOS 电路。

6.1.3.2 CMOS 与非门

两输入与非门电路如图 6.18 所示。在 CMOS 非门的基础上再加入一个 T_P 和 T_N。两个 P 沟道 MOS 管并联，两个 N 沟道 MOS 管串联。当输入信号 A、B 中至少有一个为"0"时，如 $A=0$，$B=1$，则 T_1、T_4 导通，T_2、T_3 截止，输出为高电平，即 $Y=1$。

当两个输入信号均为高电平时，$A=B=1$，则 T_1、T_2 导通，T_3、T_4 截止，输出为低电平，即 $Y=0$。根据以上分析，该电路实现了与非门的功能 $Y = \overline{AB}$。

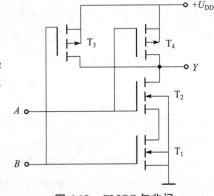

图 6.18 CMOS 与非门

6.1.3.3 CMOS 门电路使用时应注意的问题

（1）输出端的连接

使用时 CMOS 门电路的输出端不允许并联。

（2）多余输入端的处理

对 CMOS 门电路，多余输入端不允许悬空，以防止静电感应造成的强电场击穿。对与非门，可将闲置端接电源 $+U_{DD}$；对或非门，可将闲置端接地。

（3）输入端加过流保护

在输入端接有大电容、低内阻信号源，或输入端接长线时均应接入保护电阻。

(4) 不同系列逻辑电路的配合

若一个数字系统中同时采用 CMOS 电路与 TTL 电路，在二者相互连接时，应注意逻辑电平的配合及驱动能力的配合问题。

① TTL 电路驱动 CMOS 电路时，应考虑逻辑电平的配合。由于 TTL 电路与 CMOS 电路的电源不同、高低电平不相等，可采用以下方法进行电平配合：

✦ 可在 TTL 门输出端接一上拉电阻，将输出高电平提高到 U_{DD}。

✦ 采用 TTL OC 门，仍需接一上拉电阻，与较高电源电压及相应高电平相配合，如图 6.19 所示。

✦ 换用 HCT（高速 CMOS）系列产品。其电源电压的取值范围为 4.5～5.5 V，器件引脚定义与 TTL 器件相同，因此二者之间连接非常简便。

② CMOS 电路驱动 TTL 电路时，应考虑驱动能力的配合。

从逻辑电平的配合上，CMOS 电路可直接驱动 TTL 电路，但 CMOS 电路输出功率较小，能带动 TTL 门的个数有限，可在 CMOS 电路输出端接一级 CMOS 缓冲器，如图 6.20 所示，CMOS 缓冲器只是起到增强驱动能力的作用，其输出与输入之间没有逻辑运算关系。另外还可以使用三极管电流放大器来增强 CMOS 电路输出低电平时的灌电流能力。

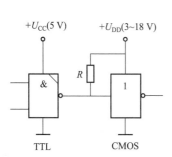

图 6.19 TTL 与 CMOS 的连接

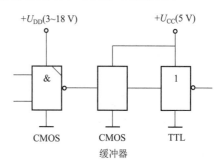

图 6.20 CMOS 与 TTL 的连接

6.1.3.4 TTL 电路和 CMOS 电路的性能比较

为了比较 TTL 电路和 CMOS 电路的基本性能，将主要参数的典型数据列于表 6.2 中。

表 6.2 TTL 与 CMOS 集成电路的性能比较

系列	平均延迟时间/ns	每门功耗	最高工作频率/MHz	电源电压/V	抗干扰能力	扇出系数 N_o	门电路基本形式
TTL	3～10	2～22 mW	35～125	5	中	5～12	与非
CMOS	40	50 nW	10	3～18	强	>50	与非/或非

6.2 组合逻辑电路的分析与设计

组合逻辑电路的分析，是在已知逻辑图的情况下，通过分析和化简，确定其逻辑功能。组合逻辑电路的设计是根据逻辑功能的要求，设计出实现该功能的最佳电路。所谓最佳，是指在使用门电路的种类最少的同时，使用门的个数也最少。组合逻辑电路的设计也称为组合逻辑电路的综合。

6.2.1 组合逻辑电路的分析

组合逻辑电路的分析步骤如下：
① 根据逻辑图，写出逻辑函数表达式；
② 对逻辑函数表达式进行化简；
③ 根据最简逻辑表达式列出真值表；
④ 由真值表确定逻辑电路的功能。
下面举例说明组合逻辑电路的分析过程。

例 6.1 分析图 6.21（a）逻辑电路的功能。

解 根据图 6.21（a），分别写出与非门和或非门的逻辑表达式

$$Y_1 = \overline{AB} \qquad Y_2 = \overline{ABC}$$

$$Y = \overline{Y_1 + Y_2} = \overline{\overline{AB} + \overline{ABC}} = AB \cdot ABC = ABC$$

显然，经化简后可看出，该电路实现三输入与门的功能，如图 6.21（b）所示。

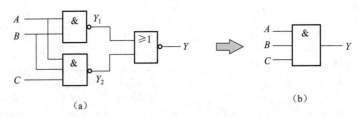

图 6.21 例 6.1 逻辑图

例 6.2 分析图 6.22（a）所示逻辑电路的功能。

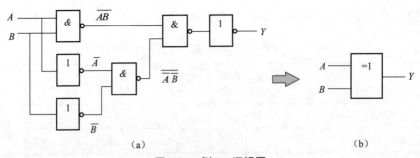

图 6.22 例 6.2 逻辑图

解 写出输出与输入的逻辑关系式

$$Y = \overline{\overline{AB} \cdot \overline{\overline{A}\,\overline{B}}} = AB + \overline{A}\,\overline{B} = \overline{A}B + A\overline{B}$$

对上式进行化简时，利用了摩根定理。由逻辑表达式列出表 6.3 的真值表，可见电路实现异或的功能，可简化为如图 6.22（b）所示异或门。

例 6.3 分析图 6.23 所示逻辑电路的功能。

表 6.3 例 6.2 的真值表

A B	Y
0 0	0
0 1	1
1 0	1
1 1	0

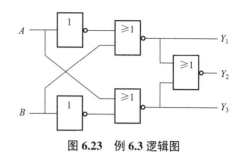

图 6.23 例 6.3 逻辑图

解 此电路有三个输出，由逻辑图可直接写出输出与输入的逻辑关系式

$$Y_1 = \overline{\overline{A} + B} = A\overline{B}$$

$$Y_2 = \overline{\overline{\overline{A} + B} + \overline{A + \overline{B}}} = (\overline{A} + B) \cdot (A + \overline{B}) = \overline{A}\overline{B} + AB$$

$$Y_3 = \overline{A + \overline{B}} = \overline{A}B$$

由逻辑表达式列出表 6.4 的真值表，可归纳出其逻辑功能：
当 $A > B$ 时，$Y_1 = 1$；
$A = B$ 时，$Y_2 = 1$；
$A < B$ 时，$Y_3 = 1$。

该逻辑电路是一位数值比较器，其功能是对两个一位二进制数进行比较。

表 6.4 例 6.3 的真值表

A B	Y_1 Y_2 Y_3
0 0	0 1 0
0 1	0 0 1
1 0	1 0 0
1 1	0 1 0

6.2.2 组合逻辑电路的设计

组合逻辑电路的设计步骤如下：
① 根据逻辑要求，定义输入输出逻辑变量，列出真值表；
② 由真值表写出逻辑函数表达式；
③ 化简逻辑函数表达式；
④ 画出逻辑图。
下面通过举例说明组合逻辑电路的设计方法。

例 6.4 设计一个三人表决逻辑电路。

解 设 A、B、C 表示三人投票情况：同意为"1"，不同意为"0"；Y 表示投票结果：通过为"1"，否决为"0"。根据设定列出真值表如表 6.5 所示。写出最小项表达式（即标准与或表达式）为

$$Y = \overline{A}BC + A\overline{B}C + AB\overline{C} + ABC$$

若利用公式化简法，则有

$$Y = \overline{A}BC + A\overline{B}C + AB\overline{C} + ABC = (AB\overline{C} + ABC) + (A\overline{B}C + ABC) + (\overline{A}BC + ABC)$$
$$= AB(\overline{C} + C) + AC(\overline{B} + B) + BC(\overline{A} + A) = AB + AC + BC$$

若利用图 6.24 卡诺图化简，可直接得到最简与或表达式

$$Y = AB + AC + BC$$

对应画出用与门和或门实现的逻辑图如图 6.25（a）所示。利用反演律可将与或表达式化成与非表达式形式，即

$$Y = \overline{\overline{AB + AC + BC}} = \overline{\overline{AB} \cdot \overline{AC} \cdot \overline{BC}}$$

由与非门构成的三人表决逻辑图如图 6.25（b）所示。

表 6.5 例 6.4 的真值表

A	B	C	Y
0	0	0	0
0	0	1	0
0	1	0	0
0	1	1	1
1	0	0	0
1	0	1	1
1	1	0	1
1	1	1	1

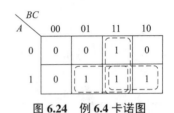

图 6.24 例 6.4 卡诺图

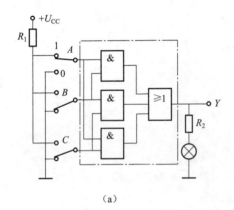 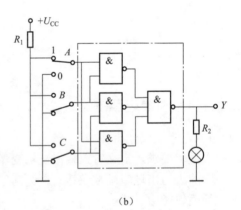

图 6.25 例 6.4 三人表决逻辑图
(a) 由与门和或门实现的逻辑图；(b) 由与非门实现的逻辑图

例 6.5 设计交通灯报警电路，当红、绿灯同时亮，以及红、黄、绿三个灯同时亮和同时不亮时需要报警。画出逻辑电路图，要求用与非门（包括非门）实现。

解 设输入 R、Y、G 分别代表红灯、黄灯、绿灯，灯亮为"1"，灯灭为"0"；F 表示报警输出：F=1 表示报警，F=0 表示不报警。列出状态真值表如表 6.6 所示。由此可写出逻辑表达式，F=1 的最小项之和为

$$F = \overline{R}\,\overline{Y}\,\overline{G} + R\overline{Y}G + RYG$$

将表达式化简，利用摩根定理，得到与非表达式

$$F = \overline{R}\,\overline{Y}\,\overline{G} + R\overline{Y}G + RYG = \overline{R}\,\overline{Y}\,\overline{G} + RG$$
$$= \overline{\overline{\overline{R}\,\overline{Y}\,\overline{G} + RG}} = \overline{\overline{\overline{R}\,\overline{Y}\,\overline{G}} \cdot \overline{RG}}$$

用与非门构成的逻辑图如图 6.26 所示，其中非门也可以用输入端短路的与非门代替。

表 6.6 例 6.5 的真值表

R	Y	G	F
0	0	0	1
0	0	1	0
0	1	0	0
0	1	1	0
1	0	0	0
1	0	1	1
1	1	0	0
1	1	1	1

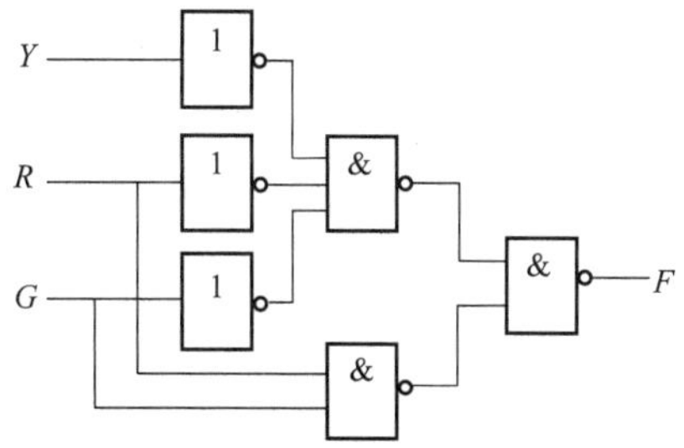

图 6.26 例 6.5 的逻辑图

例 6.6 设计一个三输入可控门电路：当控制端为"0"时，门电路实现或门功能，当控制端为 1 时，门电路实现与门功能。试画出逻辑电路图，要求用与非门实现。

解 设 E 为控制端，A、B 为信号输入端，Y 为输出端。根据题意列出真值表如表 6.7 所示，由真值表写出逻辑表达式

$$Y = \overline{E}\,\overline{A}B + \overline{E}A\overline{B} + \overline{E}AB + EAB$$

利用图 6.27 卡诺图化简，得与或表达式

$$Y = \overline{E}A + \overline{E}B + AB$$

利用摩根定理，得到与非表达式

$$Y = \overline{\overline{\overline{E}A}\,\overline{\overline{E}B}\,\overline{AB}}$$

用与非门构成的逻辑图如图 6.28 所示。

表 6.7 例 6.6 的真值表

E	A	B	Y
0	0	0	0
0	0	1	1
0	1	0	1
0	1	1	1
1	0	0	0
1	0	1	0
1	1	0	0
1	1	1	1

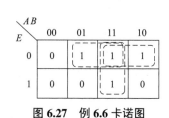

图 6.27 例 6.6 卡诺图

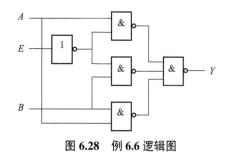

图 6.28 例 6.6 逻辑图

6.3 常用的集成组合逻辑电路

组合逻辑电路的特点是，输出状态只与当前的输入状态有关。组合逻辑电路是将门电路按一定规律连接组合，构成具有特定功能的逻辑电路。常用的有加法器、编码器、译码器、

数值比较器、奇偶校验电路、数据选择器和分配器等。由于这些组合逻辑电路应用广泛，故均有多种型号的中规模集成器件可供选择。本节介绍部分常用的逻辑器件的电路结构、功能和典型应用。

6.3.1 加法器

1. 半加器

将两个一位二进制数相加，不考虑低位来的进位，称为半加。实现半加功能的电路，称为半加器。半加有四种情况：0+0=0；0+1=1+0=1；1+1=10。若用 A、B 表示两个加数，S 表示本位的半加和，C 表示本位向高位的进位，则可得到如表 6.8 所示的半加器逻辑真值表，由真值表可直接写出 S 和 C 的逻辑表达式

$$S = \overline{A}B + A\overline{B} = A \oplus B$$
$$C = AB$$

半加器可用异或门和与门实现，其逻辑图和逻辑符号如图 6.29（a）、（b）所示。

表 6.8 半加器真值表

A	B	C	S
0	0	0	0
0	1	0	1
1	0	0	1
1	1	1	0

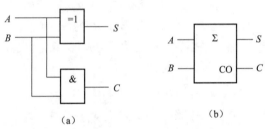

图 6.29 半加器的逻辑图和逻辑符号
（a）逻辑图；（b）逻辑符号

2. 全加器

将两个加数和低位来的进位三者相加，即是全加。实现全加功能的电路称为全加器。全加器有三个输入端，A、B 表示两个加数，C_i 表示低位来的进位；有两个输出端，S 表示本位和，C_o 表示本位向高位的进位。根据加法规则可列出全加器的真值表，如表 6.9 所示，由真值表可写出 S 和 C_o 的表达式

$$S = \overline{A}\overline{B}C_i + \overline{A}B\overline{C_i} + A\overline{B}\overline{C_i} + ABC_i$$
$$= (\overline{A}B + A\overline{B})\overline{C_i} + (\overline{AB} + AB)C_i = A \oplus B \oplus C_i$$
$$C_o = \overline{A}BC_i + A\overline{B}C_i + AB\overline{C_i} + ABC_i$$
$$= (A \oplus B)C_i + AB$$

表 6.9 全加器真值表

A	B	C_i	C_o	S
0	0	0	0	0
0	0	1	0	1
0	1	0	0	1
0	1	1	1	0
1	0	0	0	1
1	0	1	1	0
1	1	0	1	0
1	1	1	1	1

考虑到半加和是 A、B 的异或运算，所以全加器可以用两个半加器和一个或门实现。全加器的逻辑图和逻辑符号如图 6.30（a）、（b）所示。

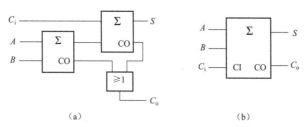

图 6.30 全加器逻辑图和逻辑符号

(a) 逻辑图；(b) 逻辑符号

3. 集成全加器

集成全加器的种类和型号很多，TTL 系列有 74183、74283 等型号。74183 的引脚排列如图 6.31 所示，其内部为互相独立的两个全加器。全加器 74183 具有独立的全加和输出 S 和进位输出 C_o，特别适用于高速乘法器中。若把某一全加器的进位输出 C_o 连接到另一个全加器的进位输入 C_i，则可构成两位串行进位的全加器。74183 使用灵活，级联方便，应用广泛。

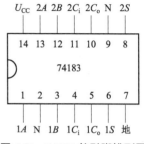

图 6.31 74183 的引脚排列图

4. 全加器的应用

利用全加器可以实现两个二进制数的加法，图 6.32 所示为逐位进位（或串行进位）全加器实现的四位二进制数的加法运算电路。

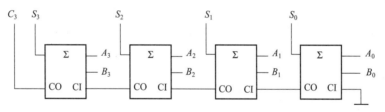

图 6.32 四位串行进位全加器

利用全加器还可以实现两个二进制数的乘法。以两个两位二进制数的乘法为例，设 $A=A_1A_0$，$B=B_1B_0$，乘积 $P=A \cdot B=(A_1A_0)\times(B_1B_0)$。相乘后，$P=P_3P_2P_1P_0$，其中 $P_0=A_0B_0$，$P_1=A_1B_0+A_0B_1$，$P_2=A_1B_1+C_1$，$P_3=C_2$，而 C_1 和 C_2 分别为 P_1、P_2 的进位。可用全加器和门电路来实现这种乘法运算，电路连接如图 6.33 所示。

$$\begin{array}{r} A_1 \quad A_0 \\ \times \quad B_1 \quad B_0 \\ \hline A_1B_0 \quad A_0B_0 \\ + \quad A_1B_1 \quad A_0B_1 \\ \hline P_3 \quad P_2 \quad P_1 \quad P_0 \end{array}$$

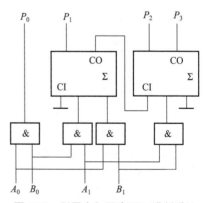

图 6.33 利用全加器实现二进制乘法

6.3.2 编码器

一般来说,编码是用数字、符号或代码来表示某个对象或事物。例如:电话号码、电报码、邮政编码等,另外计算机中常用的 ASCII 码(美国信息变换标准代码),是用 8 位二进制数来表示从键盘上输入的数字、字母和其他字符等。在数字系统中,常用的代码有二进制码和二–十进制 BCD 码,后者是用四位二进制数表示一位十进制数。表 6.10 给出了几种不同的 BCD 码。其中 8421 码对应的四位二进制数的"权",从高位到低位依次为 8、4、2、1;5421 码的"权"依次为 5、4、2、1;2421 码的"权"依次为 2、4、2、1;每一个余 3 码的二进制数要比它所表示的十进制数多 3。

编码器是实现编码的电路。编码器广泛应用于键盘电路。对应于两种编码,编码器也有二进制编码器和二–十进制 BCD 码编码器两类。

表 6.10 常用的二–十进制 BCD 码

十进制数	0	1	2	3	4	5	6	7	8	9
8421 码	0000	0001	0010	0011	0100	0101	0110	0111	1000	1001
5421 码	0000	0001	0010	0011	0100	1000	1001	1010	1011	1100
2421(A)码	0000	0001	0010	0011	0100	0101	0110	0111	1110	1111
2421(B)码	0000	0001	0010	0011	0100	1011	1100	1101	1110	1111
余 3 码	0011	0100	0101	0110	0111	1000	1001	1010	1011	1100

1. 二进制编码器原理电路

图 6.34 所示为八输入三输出的三位二进制编码器原理电路,它可将 8 个输入 0~7 编码成二进制数输出。例如:按下 5 对应的按键,则相应的输出为:$Y_2Y_1Y_0=101$,与 5 对应的二进制数字相同,从而实现了二进制编码。

2. 集成编码器

TTL 集成编码器有 8 线–3 线的二进制编码器和 10 线–4 线的二–十进制 BCD 码编码器。前者的输出为三位二进制数,后者的输出为四位二–十进制 8421BCD 编码。它们均为反码输出,按优先排队方式工作,即若同时输入两个数码,输出与数值大的代码对应。

图 6.35 所示为二–十进制 BCD 码编码器 74147 的引脚排列图。表 6.11 给出了 74147 的逻辑功能表。从功能表可以看出,它可将一位十进制数 0~9 的输入按 8421BCD 码输出。输入为低电平有效,用 $\bar{I_i}$ 表示,输出为 8421 码的反码,用 $\bar{Y_3}\bar{Y_2}\bar{Y_1}\bar{Y_0}$ 表示。当所有输入均为高电平时,输出编码为 $\bar{Y_3}\bar{Y_2}\bar{Y_1}\bar{Y_0}=1111$,恰是"0"的反码,所以 74147 的引脚中没有 $\bar{I_0}$ 输入端。

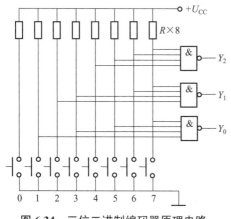 

图 6.34　三位二进制编码器原理电路　　图 6.35　74147 引脚排列图

表 6.11　编码器 74147 逻辑功能表

十进制数	输入 $\overline{I_1}\ \overline{I_2}\ \overline{I_3}\ \overline{I_4}\ \overline{I_5}\ \overline{I_6}\ \overline{I_7}\ \overline{I_8}\ \overline{I_9}$	输出 $\overline{Y_3}\ \overline{Y_2}\ \overline{Y_1}\ \overline{Y_0}$
0	1　1　1　1　1　1　1　1　1	1　1　1　1
9	φ　φ　φ　φ　φ　φ　φ　φ　0	0　1　1　0
8	φ　φ　φ　φ　φ　φ　φ　0　1	0　1　1　1
7	φ　φ　φ　φ　φ　φ　0　1　1	1　0　0　0
6	φ　φ　φ　φ　φ　0　1　1　1	1　0　0　1
5	φ　φ　φ　φ　0　1　1　1　1	1　0　1　0
4	φ　φ　φ　0　1　1　1　1　1	1　0　1　1
3	φ　φ　0　1　1　1　1　1　1	1　1　0　0
2	φ　0　1　1　1　1　1　1　1	1　1　0　1
1	0　1　1　1　1　1　1　1　1	1　1　1　0

6.3.3　译码器

译码是编码的逆过程，其功能是将电路中的某种代码翻译出来。习惯上译码器的功能只局限于将二进制数或二–十进制 BCD 码进行一定的逻辑组合，从而获得某种输出。广义地说，译码器是用输出状态来表示输入代码的逻辑组合的数字电路。

译码器可分为以下三类：

① 变量译码器。将 n 位二进制代码转换为 2^n 个输出状态，相应的集成译码器有 2 线–4 线译码器 74139；3 线–8 线译码器 74138；4 线–16 线译码器 74154 等许多型号。

② 代码变换译码器。将四位二–十进制 8421BCD 码转换为十进制数 0～9，集成译码器为 4 线–10 线 7442、74145 等型号，它们的引脚排列完全一致。

③ 显示译码器。将数字或文字、符号的代码翻译成数字、文字和符号。由于显示器件的种类较多，因而用于显示驱动的译码器也有不同的规格和品种。其中有用于字型重叠的辉光型数码管的 BCD–十进制译码器 74145。也有用来显示七段字型的 BCD 码–七段字型译码器，而七段字型数码管又分为共阴极和共阳极两种。用于驱动共阴极七段数码管的译码器有 74248、74249 等，驱动共阳极管的译码器有 74247 等。

1. 变量译码器

2 线 – 4 线译码器 74139 的引脚排列如图 6.36（a）所示。其内部有两个相同的独立的译码器，其中一个译码器的逻辑电路图如图 6.36（b）所示。译码器 74139 的逻辑功能表如表 6.12 所示。其输入 A_1、A_0 为两位二进制数码，输出 $\overline{Y}_0 \sim \overline{Y}_3$ 为反码。选通端 $\overline{S}$ 为低电平有效，即 $\overline{S}=0$ 时，根据 A_1、A_0 的输入状态，$\overline{Y}_0 \sim \overline{Y}_3$ 之一输出为"0"，其余输出为"1"；而 $\overline{S}=1$ 时，禁止译码，无论输入为何种状态，输出均为"1"。

表 6.12 译码器 74139 逻辑功能表

输 入			输 出				功能
$\overline{S}$	A_1	A_0	$\overline{Y}_0$	$\overline{Y}_1$	$\overline{Y}_2$	$\overline{Y}_3$	
1	φ	φ	1	1	1	1	禁止译码
0	0	0	0	1	1	1	进行译码
0	0	1	1	0	1	1	
0	1	0	1	1	0	1	
0	1	1	1	1	1	0	

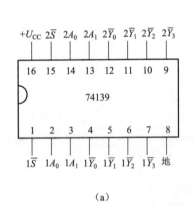
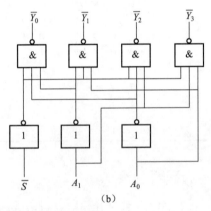

图 6.36 74139 引脚排列图和逻辑电路图
(a) 74139 引脚排列图；(b) 其中一个译码器的逻辑电路

3 线 – 8 线译码器 74138 的应用更加广泛。其逻辑功能表如表 6.13 所示，引脚排列图如图 6.37 所示。它除了 3 个输入端，8 个反码输出端之外，还有 3 个使能控制端 S_A、$\overline{S}_B$、$\overline{S}_C$，只有当 S_A、$\overline{S}_B$、$\overline{S}_C$ 为 100 时，74138 才能正常工作，实现译码功能。

74138 是一个应用很广泛的译码器组件，它不仅可以用作地址译码，还可和门电路一起构成任意三变量输入的组合逻辑电路。一般方法是，只要将逻辑函数的输出写成最小项之和的形式，再将这些最小项对应的译码器输出端接于与非门的输入端，经与非门组合输出。下面用例题具体说明译码器的应用。

图 6.37 74138 的引脚排列图

表 6.13　译码器 74138 逻辑功能表

输入			输入			输出							
S_A	$\overline{S}_B$	$\overline{S}_C$	A_2	A_1	A_0	$\overline{Y}_0$	$\overline{Y}_1$	$\overline{Y}_2$	$\overline{Y}_3$	$\overline{Y}_4$	$\overline{Y}_5$	$\overline{Y}_6$	$\overline{Y}_7$
0	ϕ	ϕ	ϕ	ϕ	ϕ	1	1	1	1	1	1	1	1
ϕ	1	1	ϕ	ϕ	ϕ	1	1	1	1	1	1	1	1
1	0	0	0	0	0	0	1	1	1	1	1	1	1
			0	0	1	1	0	1	1	1	1	1	1
			0	1	0	1	1	0	1	1	1	1	1
			0	1	1	1	1	1	0	1	1	1	1
			1	0	0	1	1	1	1	0	1	1	1
			1	0	1	1	1	1	1	1	0	1	1
			1	1	0	1	1	1	1	1	1	0	1
			1	1	1	1	1	1	1	1	1	1	0

例 6.7　用译码器 74138 和门电路实现下列电路：
① 三输入判一致逻辑；② 全加器逻辑。

解　① 判一致逻辑是指所有输入变量均为"0"或均为"1"时，输出 $Y=1$，即

$$Y = \overline{A}\,\overline{B}\,\overline{C} + ABC = Y_0 + Y_7 = \overline{\overline{Y}_0\,\overline{Y}_7}$$

将 74138 的输出 $\overline{Y}_0$、$\overline{Y}_7$ 接于与非门的输入端，与非门的输出即是 Y，电路如图 6.38（a）所示。

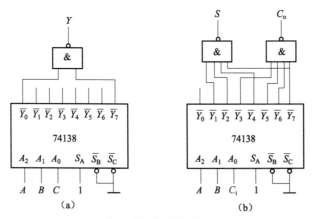

图 6.38　例 6.7 的图
（a）三输入判一致逻辑图；（b）全加器逻辑图

② 全加器的本位和 S 及进位 C_o 的表达式分别为

$$S = \overline{A}\,\overline{B}C_i + \overline{A}B\overline{C}_i + A\overline{B}\,\overline{C}_i + ABC_i = \overline{\overline{Y}_1\,\overline{Y}_2\,\overline{Y}_4\,\overline{Y}_7}$$

$$C_o = \overline{A}BC_i + A\overline{B}C_i + AB\overline{C}_i + ABC_i = \overline{\overline{Y}_3\,\overline{Y}_5\,\overline{Y}_6\,\overline{Y}_7}$$

经两个四输入与非门，将 74138 的输出按 S 和 C_o 的对应项分别组合后输出，电路连接如图 6.38（b）所示。在进行电路连接的时候，请注意输入变量与 74138 的输入端 A_2、A_1、A_0

的对应关系，以免出现译码错误。

2. 代码变换译码器

74145 是 4 线 – 10 线译码器，它具有如下功能：

图 6.39　74145 引脚排列图

① 可以将 8421BCD 码变换成十进制数，以反码形式输出。

② 具有较强的带负载能力：OC 输出，允许灌入 80 mA 的电流，可直接驱动继电器线圈或点亮小的指示灯，因而得到广泛的应用。

③ 具有拒绝伪码的功能，即当输入代码为 1010～1111 的六种组合（称为无效伪码）时，译码器的十个输出均为 "1"。

译码器 74145 的逻辑功能表如表 6.14 所示，引脚排列图如图 6.39 所示。

表 6.14　译码器 74145 逻辑功能表

十进制数	输入				输出									
	A_3	A_2	A_1	A_0	$\overline{Y_0}$	$\overline{Y_1}$	$\overline{Y_2}$	$\overline{Y_3}$	$\overline{Y_4}$	$\overline{Y_5}$	$\overline{Y_6}$	$\overline{Y_7}$	$\overline{Y_8}$	$\overline{Y_9}$
0	0	0	0	0	0	1	1	1	1	1	1	1	1	1
1	0	0	0	1	1	0	1	1	1	1	1	1	1	1
2	0	0	1	0	1	1	0	1	1	1	1	1	1	1
3	0	0	1	1	1	1	1	0	1	1	1	1	1	1
4	0	1	0	0	1	1	1	1	0	1	1	1	1	1
5	0	1	0	1	1	1	1	1	1	0	1	1	1	1
6	0	1	1	0	1	1	1	1	1	1	0	1	1	1
7	0	1	1	1	1	1	1	1	1	1	1	0	1	1
8	1	0	0	0	1	1	1	1	1	1	1	1	0	1
9	1	0	0	1	1	1	1	1	1	1	1	1	1	0

3. 显示译码器

在数字系统中常要将测量或运算结果用十进制数码显示出来。目前广泛采用的七段数码显示器，多用由 GaAsP（磷砷化镓）做成的发光二极管（LED）。LED 是一种能够将电信号转换成光信号的结型电致发光器件。其内部结构与二极管很相似，都具有一个 PN 结。当 PN 结正向导通时，依靠电子直接与空穴复合，放出光子，即可发出悦目的光线，颜色有红、黄、绿等。它可以封装成单个的圆柱体外形，也可封装为条形、排列成 "日" 字形的数码管，用于显示 0～9 十个数字和部分字母。LC – 5011 型共阴极数码管引脚排列和字形如图 6.40 所示，其中 DP 为小数点。七段字形为七个 LED，有共阴极接法和共阳极接法两类，如图 6.41（a）、（b）所示。发光二极管的工作电压为 1.5～3 V，达到光可见度的电流为几到十几毫安，使用时每管均应串联数百欧姆电阻。

使用 LC – 5011 共阴极数码管时，将 3 脚或 8 脚接地，在 LED 对应字段 a～g 的正极加上高电平 "1" 时，该字段发亮。若只有 g 为低电平时，显示 "0"。

4 线 – 七段显示译码驱动器 74248 的逻辑功能表如表 6.15 所示。引脚排列如图 6.42 所示。74248 用于共阴极接法数码显示器。以 "1" 电平驱动，有灯测试、消隐输出。74248 的内部电路为集电极开路（OC）输出，有 2 kΩ 上拉电阻，使用时无须外接电阻。

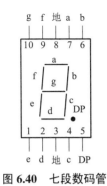

图 6.40 七段数码管

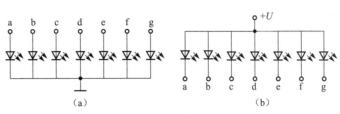

图 6.41 七段数码管的两种接法

（a）共阴极接法；（b）共阳极接法

表 6.15 显示译码驱动器 74248 逻辑功能表

十进制数	控制端			输入	输出	字形
	$\overline{LT}$	$\overline{I_{BR}}$	$\overline{I_B}/\overline{Y_{BR}}$	$A_3\ A_2\ A_1\ A_0$	$Y_a\ Y_b\ Y_c\ Y_d\ Y_e\ Y_f\ Y_g$	
0	1	1	1	0 0 0 0	1 1 1 1 1 1 0	0
1	1	ϕ	1	0 0 0 1	0 1 1 0 0 0 0	1
2	1	ϕ	1	0 0 1 0	1 1 0 1 1 0 1	2
3	1	ϕ	1	0 0 1 1	1 1 1 1 0 0 1	3
4	1	ϕ	1	0 1 0 0	0 1 1 0 0 1 1	4
5	1	ϕ	1	0 1 0 1	1 0 1 1 0 1 1	5
6	1	ϕ	1	0 1 1 0	1 0 1 1 1 1 1	6
7	1	ϕ	1	0 1 1 1	1 1 1 0 0 0 0	7
8	1	ϕ	1	1 0 0 0	1 1 1 1 1 1 1	8
9	1	ϕ	1	1 0 0 1	1 1 1 1 0 1 1	9
灯测	0	ϕ	1	$\phi\ \phi\ \phi\ \phi$	1 1 1 1 1 1 1	8
灭灯	ϕ	ϕ	0	$\phi\ \phi\ \phi\ \phi$	0 0 0 0 0 0 0	暗
灭零	1	0	0	0 0 0 0	0 0 0 0 0 0 0	暗

74248 各引脚的功能为：$A_3 \sim A_0$ 为四个输入端，为 8421BCD 码输入，$Y_a \sim Y_g$ 为译码输出端，分别与 LED 七段数码管中各字段 a～g 的引脚对应相连。连接图如图 6.43 所示。控制端有三个，均为低电平有效，实现四种控制功能：

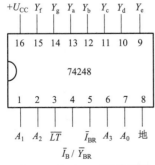

图 6.42 74248 引脚排列图

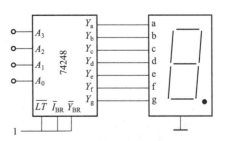

图 6.43 74248 与数码管连线图

$\overline{LT}$ 为灯测试输入，当 $\overline{LT}$=0 时数码管显示"日"字形，以检查各字段工作是否正常。
$\overline{I_B}$ 为灭灯输入，当 $\overline{I_B}$=0 时显示器各字段熄灭，与其他各输入端的状态无关。
$\overline{I_{BR}}$ 为灭零输入，当 $\overline{I_{BR}}=0$，且 $A_3 \sim A_1$ 均为 0 时，可用来熄灭显示器多位数字前后不必要的零，而显示 1~9 时不受影响，这种功能称为消隐。例如若需要显示 835.62，可以显示为 0835.620，也可将前后两个零熄灭，以提高读数的清晰度，如图 6.44 所示。

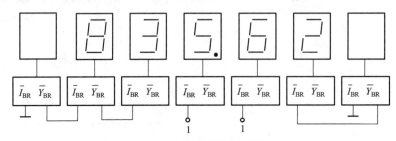

图 6.44 灭零控制示意图

$\overline{Y_{BR}}$ 为灭零输出，若 0 出现在多位数字中间，例如 302.06，则该零位显示不允许熄灭。这就是设置灭零输出 $\overline{Y_{BR}}$ 的作用。由于 $\overline{Y_{BR}}$ 与 $\overline{I_B}$ 共用一个输入端，当需要显示 5.6 时，千位上的 0 熄灭，$\overline{Y_{BR}}=0$ 使百位和十位上的 $\overline{I_{BR}}=0$，实现灭零。同理，可实现千分位和百分位上的灭零。注意，小数点前后的数码显示管不允许灭零，应接高电平"1"。灭零控制端接线图如图 6.44 所示。

6.3.4 数值比较器

在数字计算机和其他数字设备中，常需要将两个二进制数 A 和 B 加以比较，以确定 A 与 B 是否相等。若不相等，还要判断 $A>B$ 或 $A<B$。能实现两个数字之间大小或相等关系比较的逻辑电路称为数值比较器。一位数字比较器已在例 6.3 中进行了讨论，本节讨论四位数值比较器 7485。

在中规模 TTL 集成电路中，7485 是具有较强功能的四位数值比较器。它所比较的数应为四位无符号二进制数或二—十进制 BCD 码。用三个输出端表示两个数值 A、B 的三种比较结果，不需要任何外加电路即可扩充到任意位数的级联，使用非常简便。7485 的引脚排列如图 6.45 所示，逻辑功能表如表 6.16 所示，比较器有被比较的四位数值输入、比较结果输出，以及低位比较结果输入，用于与多个比较器组件级联。

表 6.16 四位数值比较器 7485 逻辑功能表

比较输入				级联输入			输出		
$A_3\ B_3$	$A_2\ B_2$	$A_1\ B_1$	$A_0\ B_0$	$A>B$	$A<B$	$A=B$	$F_{A>B}$	$F_{A<B}$	$F_{A=B}$
$A_3>B_3$	$\phi\ \phi$	$\phi\ \phi$	$\phi\ \phi$	ϕ	ϕ	ϕ	1	0	0
$A_3<B_3$	$\phi\ \phi$	$\phi\ \phi$	$\phi\ \phi$	ϕ	ϕ	ϕ	0	1	0
$A_3=B_3$	$A_2>B_2$	$\phi\ \phi$	$\phi\ \phi$	ϕ	ϕ	ϕ	1	0	0
$A_3=B_3$	$A_2<B_2$	$\phi\ \phi$	$\phi\ \phi$	ϕ	ϕ	ϕ	0	1	0
$A_3=B_3$	$A_2=B_2$	$A_1>B_1$	$\phi\ \phi$	ϕ	ϕ	ϕ	1	0	0

续表

比较输入				级联输入			输出		
A_3 B_3	A_2 B_2	A_1 B_1	A_0 B_0	$A>B$	$A<B$	$A=B$	$F_{A>B}$	$F_{A<B}$	$F_{A=B}$
$A_3=B_3$	$A_2=B_2$	$A_1<B_1$	ϕ ϕ	ϕ	ϕ	ϕ	0	1	0
$A_3=B_3$	$A_2=B_2$	$A_1=B_1$	$A_0>B_0$	ϕ	ϕ	ϕ	1	0	0
$A_3=B_3$	$A_2=B_2$	$A_1=B_1$	$A_0<B_0$	ϕ	ϕ	ϕ	0	1	0
$A_3=B_3$	$A_2=B_2$	$A_1=B_1$	$A_0=B_0$	1	0	0	1	0	0
$A_3=B_3$	$A_2=B_2$	$A_1=B_1$	$A_0=B_0$	0	1	0	0	1	0
$A_3=B_3$	$A_2=B_2$	$A_1=B_1$	$A_0=B_0$	0	0	1	0	0	1

从功能表可以看出，它是根据高位在数值比较器中占有支配地位的原理而设计的。首先，对 A、B 两数的高位进行比较。若 $A>B$，则从输出端 $F_{A>B}$ 送出"1"；若 $A<B$，则从输出端 $F_{A<B}$ 送出"1"；若 $A=B$，则对 A、B 的次高位进行比较，直至比较到本组件最低位仍相等时，还需要考虑低位片级联输入的三个输入端的状态，最终来决定 A 与 B 的大小或相等关系。利用级联输入端，可以扩展被比较数值的位数。

图 6.46 所示为利用两片 7485 构成的 8 位数值比较器的逻辑电路图。其中低位片的级联输入端 $A>B$ 和 $A<B$ 应置"0"，$A=B$ 应置"1"。应该指出的是，若被比较的两个二进制数的位数不是 4 的整数倍时，多余的数据输入端应接地。例如，对两个 7 位二进制数进行比较，应将图中高位片的输入端 A_7、B_7 接地。

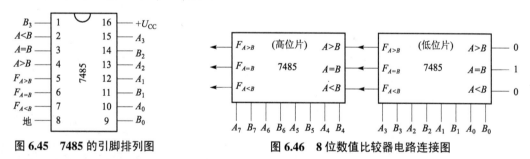

图 6.45　7485 的引脚排列图　　图 6.46　8 位数值比较器电路连接图

6.3.5　数据选择器

1. 数据选择器的功能和结构

在数据传输过程中，有时需要将多路数据信号中的一路挑选出来进行传送，完成这种功能的逻辑电路称作数据选择器，又称多路转换器或多路开关。它是一个多输入、单输出的组合逻辑电路。其通用逻辑符号和工作原理示意图如图 6.47 所示。

中规模集成电路数据选择器有 16 选 1 的 74150、8 选 1 的 74151、4 选 1 的 74153 等。利用选择控制端可选择数据通道的地址。显然，用 n 位地址，可选择 2^n 个通道。

4 选 1 数据选择器 74153 的逻辑功能如表 6.17 所示。内部逻辑电路和引脚排列图如图 6.48 所示。其内部有两个数据选择器，它们有各自的选通端 $1\overline{S}$ 和 $2\overline{S}$，低电平有效。共用一组地址 A_1A_0 进行数据选择。输出为原码，相当于"双刀四掷"开关。由图可见，输出 Y 的逻辑表

达式为

$$Y = S(\bar{A_1}\bar{A_0}D_0 + \bar{A_1}A_0D_1 + A_1\bar{A_0}D_2 + A_1A_0D_3) \tag{6.6}$$

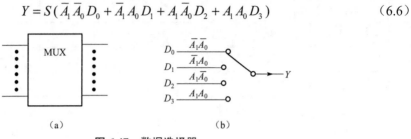

图 6.47 数据选择器

（a）通用逻辑符号；（b）工作原理示意图

表 6.17 74153 功能表

输　入			输　出
$\bar{S}$	A_1	A_0	Y
1	ϕ	ϕ	0
0	0	0	D_0
0	0	1	D_1
0	1	0	D_2
0	1	1	D_3

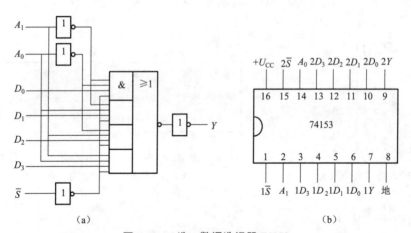

图 6.48 4 选 1 数据选择器 74153

（a）逻辑电路图；（b）引脚排列图

2. 数据选择器的应用

数据选择器可以进行级联与扩展，也可以增加选择器的个数，实现多位的数据传送，还可以用作实现组合逻辑函数等。

例 6.8 用数据选择器实现 4 个三位二进制数的选择输出。

解 可选用 3 个 4 选 1 数据选择器并联在一起，接线图如图 6.49 所示。将选通端接地，两位地址端 $A_1 A_0$ 并联。4 个数据的最低位 a_0、b_0、c_0、d_0 均接在第一片的数据输入端，次低位 a_1、b_1、c_1、d_1 和高位 a_2、b_2、c_2、d_2 分别接在第二片和第三片的数据输入端。若地址 $A_1 A_0 = 10$

时,输出为 $Y_2 Y_1 Y_0 = c_2 c_1 c_0$。若数据增加位数时,只需要相应地增加器件的数目。图 6.49 中数据选择器 MUX 可选用 $\frac{1}{2}$74153。

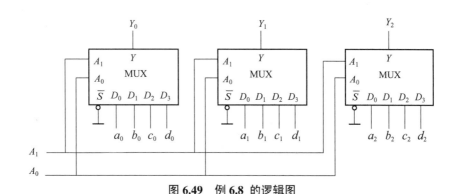

图 6.49　例 6.8 的逻辑图

例 6.9　用数据选择器 74153 实现:① 全加器的功能;② 全减器的功能。

解　① 全加器本位和 S 与进位 C_o 的逻辑表达式为

$$S = \overline{A}\overline{B}C_i + \overline{A}B\overline{C_i} + A\overline{B}\overline{C_i} + ABC_i$$

$$C_o = \overline{A}BC_i + A\overline{B}C_i + AB\overline{C_i} + ABC_i = \overline{A}BC_i + A\overline{B}C_i + AB$$

可得到全加器的接线图如图 6.50 所示。

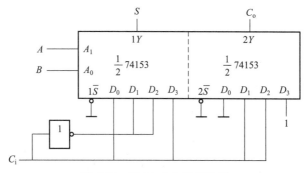

图 6.50　例 6.9 全加器接线图

② 对两个一位二进制数进行减法运算的电路称为全减器。设全减器的被减数为 A,减数为 B,低位的借位输入为 B_i,全减器本位差为 D,向高位的借位输出为 B_o。列出真值表如表 6.18 所示,由真值表可写出全减器本位差 D 与借位 B_o 的逻辑表达式为

$$D = \overline{A}\overline{B}B_i + \overline{A}B\overline{B_i} + A\overline{B}\overline{B_i} + ABB_i$$

$$B_o = \overline{A}\overline{B}B_i + \overline{A}BB_i + \overline{A}BB_i + ABB_i$$
$$= \overline{A}\overline{B}B_i + \overline{A}B + ABB_i$$

可见,全减器本位差 D 与全加和 S 的表达式完全相同。仿照全加器的接线方法,可得如图 6.51 所示全减器的接线图。

表 6.18 全减器真值表

A	B	B_i	B_o	D
0	0	0	0	0
0	0	1	1	1
0	1	0	1	1
0	1	1	1	0
1	0	0	0	1
1	0	1	0	0
1	1	0	0	0
1	1	1	1	1

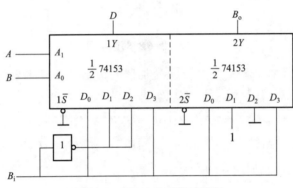

图 6.51 例 6.9 全减器接线图

习题

6.1 三态与非门电路如题图 6.1（a）所示，其中 E 为三态门的使能控制端，输入波形如题图 6.1（b）所示，试写出输出 Y 与输入 A、B、C 之间的逻辑关系式，并对应输入波形画出输出 Y 的波形。

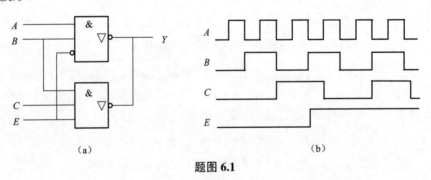

题图 6.1

6.2 题图 6.2（a）为由三态非门构成的总线换向开关，A、B 为信号输入端，C 为换向控制输入端。试写出总线输出 Y_0 和 Y_1 与输入 A、B、C 之间的逻辑关系式，并对应题图 6.2（b）的输入波形，画出 Y_0 和 Y_1 的波形。

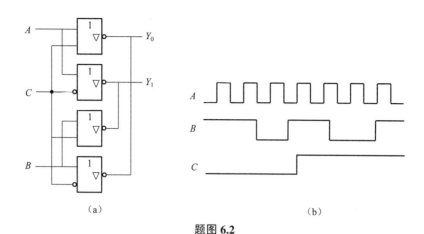

题图 6.2

6.3 由 OC 门构成的逻辑电路如题图 6.3 所示,HL 为指示灯,EL 为照明灯,虚线框内为小功率继电器,J 为继电器线圈,D 为续流二极管,起保护线圈的作用。要求:

(1) 分别写出电路输出与输入之间的逻辑关系式;
(2) 说明输入变量取何值时,灯 HL 和 EL 发光。

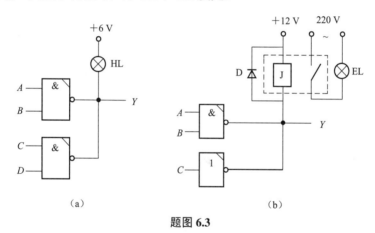

题图 6.3

6.4 CMOS 门电路如题图 6.4 所示,试分析其逻辑功能,分别写出逻辑表达式,并画出相应的逻辑门电路符号。

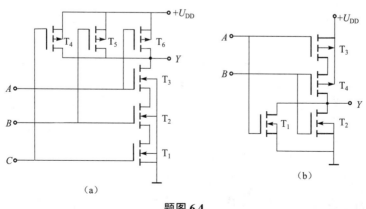

题图 6.4

6.5 分析题图 6.5 中各逻辑图的逻辑功能。

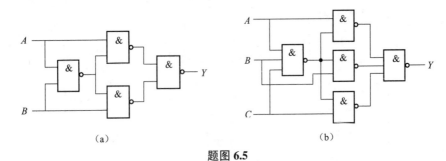

题图 6.5

6.6 分析题图 6.6 逻辑图的逻辑功能。

6.7 写出题图 6.7 所示逻辑电路的逻辑表达式，利用布尔代数的基本定理进行化简，写出化简后的逻辑表达式，并用最少的门电路实现。

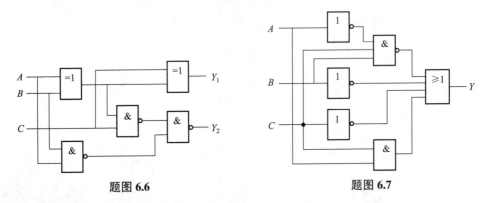

6.8 分析题表 6.8 给定真值表中 $F_1 \sim F_4$ 的逻辑功能，写出逻辑表达式，并化简为最简与或表达式。

题表 6.8

输入			输出			
A	B	C	F_1	F_2	F_3	F_4
0	0	0	0	1	1	1
0	0	1	0	1	0	0
0	1	0	1	1	1	1
0	1	1	1	0	1	0
1	0	0	0	0	0	1
1	0	1	0	0	0	1
1	1	0	1	1	0	0
1	1	1	1	0	1	0

6.9 若测得某逻辑函数的输入和输出波形图如题图 6.9 所示，试列出该逻辑函数的真值

表，写出逻辑函数表达式，化简后用门电路画出其逻辑图。

6.10 某逻辑电路 4 个输入端为一组二进制数码，当该数为偶数时，电路的输出为"1"，试用最少的变量数及最少的门组成能满足这一要求的逻辑电路。这种电路可作为检验奇偶数之用。

6.11 有 3 台电动机 A、B、C，这三台电动机工作时要求具有如下关系：A 开机时，B 必须开机；B 开机时，C 必须开机。如不满足这个要求，应发出报警信号。试用与非门设计实现上述要求的报警逻辑控制电路。

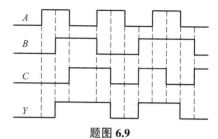

题图 6.9

6.12 分别设计用与非门组成可以实现下述功能的逻辑电路：
（1）三变量的判奇电路（3 个输入变量中有奇数个"1"时，输出为"1"）；
（2）三变量的判偶电路（3 个输入变量中有偶数个"1"时，输出为"1"）。

6.13 某实验室有红、绿两个故障指示灯，用来显示三台设备的运行情况。当只有一台设备有故障时，绿灯亮；若有两台设备发生故障时，红灯亮；当三台设备均发生故障时，红、绿两灯同时亮。试用最少的门电路实现上述要求。

6.14 举重比赛有 A、B、C 三个裁判员，另外还有一个主裁判 D。当主裁判 D 认为合格时计为 2 票，而裁判员 A、B、C 认为合格时分别计为 1 票。用与非门设计多数通过的表决逻辑电路。

6.15 智力竞赛共有 4 道题，A 题 40 分，B 题 30 分，C 题 20 分，D 题 10 分。参赛选手答对者得满分，答错者得 0 分，总分大于 60 分获胜。试设计逻辑电路，评定获胜者。

6.16 试用集成与非门 7400 和 7420（引脚排列如图 6.16 所示）实现例 6.4 的三人表决电路逻辑（$Y = \overline{\overline{AB} \cdot \overline{BC} \cdot \overline{AC}}$），画出 7400 和 7420 芯片的外部接线图。

6.17 利用两片加法器 74183 实现两个四位二进制数的加法运算，试画出接线图。

6.18 将一个四位二进制数 X 送入判别电路。要求：当 $4 \leqslant X \leqslant 7$ 时，输出 $Y_1=1$；当 $X \leqslant 3$ 时，输出 $Y_2=1$；当 $X \geqslant 8$ 时，输出 $Y_3=1$。试用两片数值比较器 7485 与若干门电路实现此判别电路的逻辑功能。

6.19 试设计一个数值比较电路，对两个两位二进制数 $A=A_1A_0$、$B=B_1B_0$ 进行比较。要求：（1）$A=B$ 时，输出 $L=1$，$M=0$，$N=0$；
（2）$A>B$ 时，输出 $L=0$，$M=1$，$N=0$；
（3）$A<B$ 时，输出 $L=0$，$M=0$，$N=1$。

6.20 用与非门设计一个组合电路，其输入是 4 位二进制数，当该二进制数的值大于或等于 10 时，输出为"1"，当该二进制数的值小于 10 时，输出为"0"。

6.21 设计 A、B、C、D 四台电机控制的故障报警电路，要求：（1）电机 B 运转时，电机 A 必须运转；（2）电机 D 运转时，电机 C 必须运转；（3）电机 B 和 C 不能同时运转。不满足上述要求时，电路报警。设电机运转用状态"1"表示，电机不运转用状态"0"表示。

6.22 某培训班学员有 A、B、C、D 四门课程考试，规定为：课程 A 及格得 2 分，课程 B 及格得 3 分，课程 C 及格得 5 分，课程 D 及格得 7 分，每门课程考试不及格均得 0 分。学员可任选考试课程，规定总的得分大于 10 分（含 10 分）就可结业。试用与非门画出实现上述要求的逻辑电路。

6.23 试设计一个监视交通信号灯工作状态的逻辑电路。每一组信号灯由红、黄、绿三个灯组成,正常工作状态下,任何时刻必有一个灯亮,而且只允许有一个灯亮。如果三个灯都不亮或者有两个以上灯亮,电路都处于故障状态,这时要求发出故障信号。

(1) 试用与非门画出实现上述要求的逻辑电路;

(2) 试用译码器 74138 和与非门构成实现上述要求的逻辑电路。

6.24 试画出用译码器 74138 和与非门电路实现下列逻辑函数的接线图。

(1) $Y=AB+BC$

(2) $Y=(A+B)\cdot(\bar{A}+\bar{C})$

(3) $Y=ABC+A\bar{C}D$

6.25 试用 4 选 1 数据选择器 74153 实现下列逻辑函数,并画出接线图。

(1) $Y=A+B$

(2) $Y=B+CD$

6.26 选择器 74153 电路如题图 6.26 所示,当 $D_0 \sim D_3$ 分别接图中所示信号时,试写出输出 Y 的逻辑表达式。

6.27 多功能函数发生器电路如题图 6.27 所示,试写出控制端 $C_3\ C_2\ C_1\ C_0=0000 \sim 1111$ 十六种不同状态时,输出 Y 与输入 A、B 之间的逻辑函数式。

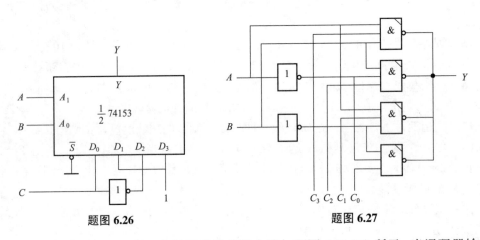

题图 6.26　　　　　　题图 6.27

6.28 由译码器 74139 和三态门组成的总线电路如题图 6.28(a)所示,当译码器输入 A_1、A_0 的波形如题图 6.28(b)所示时,说明在波形的各时间段中,总线输出 Y 与输入数据 D_0、D_1、D_2、D_3 之间的对应关系。

6.29 利用 Multisim 测试门电路的逻辑功能。

(1) 从元器件库中调出 TTL 与非门(7400 或 74LS00)。

(2) 在输入端加入不同的 0、1 电平(可由开关提供)的组合,在与非门输出端用万用表或发光二极管 LED(也称为探针)测试其逻辑关系。

(3) 将 TTL 与非门替换为 CMOS 与非门(4011),重复(1)的测试过程,了解输出电平数值的差别。

(4) 将与非门替换为其他类型门电路(如:与门、或门、或非门、异或门等),分别加入不同输入信号的组合,用 LED 观察输出与输入信号的函数关系,归纳其逻辑功能。

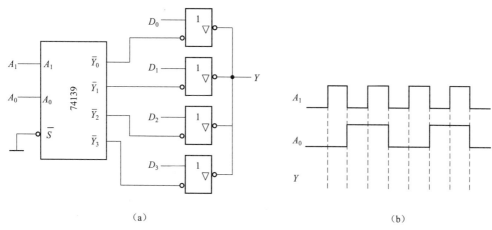

题图 6.28

6.30 利用 Multisim 设计三人表决逻辑电路。

（1）从仪器仪表栏中调出逻辑转换仪，选择三个输入变量（A、B、C），在真值表区出现输入变量的所有组合，输出列的初始值均为 0，按三人表决逻辑的要求，定义各输出值。

（2）单击"真值表到最简表达式"按钮 ，在逻辑转换仪底部可得对应最简与或表达式。

（3）单击"表达式到电路图"按钮 ，可得到自动产生的由与门和或门构成的逻辑电路图；若单击"表达式到与非门电路图"按钮 ，可得到由与非门构成的逻辑电路图。逻辑转换仪的图标和面板图如题图 6.30 所示。

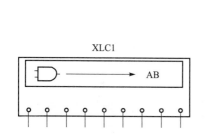
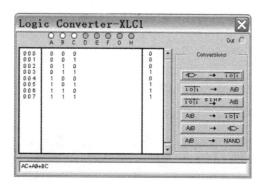

题图 6.30

（4）按照以上步骤设计 6.11 题的逻辑电路。

6.31 利用 Multisim 测试 74138 译码器的逻辑功能。

（1）从元件器库中调出 74138 译码器，给定使能输入端的有效电平。将 74138 的 3 个数据输入端 A、B、C 分别接至字信号发生器的输出端 0、1、2，74138 的 8 个输出端接探针，或接逻辑分析仪。

（2）从仪器仪表栏中调出字信号发生器，设置起始地址为 0000，终止地址为 0008，可按十六进制将各输入字置为 0～8。

（3）可选择 Step（单步）、Burst（单）、Cycle（循环）中任意一种方式，运行字信号发生器，可观察 74138 译码器的输出状态的变化情况，或通过逻辑分析仪观察输出波形。

第 7 章
触发器和时序逻辑电路

数字电路分为两类：组合逻辑电路和时序逻辑电路。在数字电路中，凡是任何时刻电路的稳态输出，不仅和该时刻的输入信号有关，而且还取决于电路原来的状态的电路都属于时序逻辑电路。触发器是构成时序逻辑电路的基本单元电路，它具有记忆功能，能够存储数字信息。用触发器和门电路可构成寄存器、计数器等各种时序逻辑电路。本章从触发器开始，依次讲解寄存器、计数器、单稳态触发器和多谐振荡器等时序逻辑电路，以及这些逻辑部件的应用，讲解中以集成电路为主，以芯片的逻辑功能为主。

7.1 双稳态触发器

双稳态触发器（Flip Flop）具有"0"和"1"两种稳定状态，在触发信号的作用下，可以从一个稳态转换到另一个稳态。因此，一个触发器能存储一位二进制数码。按逻辑功能的不同，触发器可分为 RS 触发器、JK 触发器、D 触发器和 T（T'）触发器等；按有无触发信号，可分为基本触发器和钟控触发器；按触发方式的不同，可分为电平触发、主从触发和边沿触发等。

7.1.1 基本 RS 触发器

1. 电路结构

利用两个与非门 G_1、G_2，将它们的输出端与输入端相互交叉连接，即可构成基本 RS 触发器，其逻辑电路图和逻辑符号如图 7.1（a）、(b) 所示。这两个与非门既可以是 TTL 门电路，也可以是 CMOS 门电路；除了用与非门以外，还可以采用或非门、与或非门等构成基本 RS 触发器。

基本 RS 触发器有两个输出端 Q 和 $\bar{Q}$，在正常工作的情况下，Q 和 $\bar{Q}$ 的状态是相反的。触发器有两个稳定状态，当 $Q=0$，$\bar{Q}=1$ 时，称触发器处于 0 态，或称复位状态；当 $Q=1$，$\bar{Q}=0$ 时，称触发器处于 1 态，或称置位状态。触发器有两个输入端 $\bar{R}_D$ 称为复位（Reset）端，$\bar{S}_D$ 称为置位（Set）端。

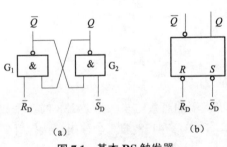

图 7.1 基本 RS 触发器
(a) 逻辑电路；(b) 逻辑符号

2. 工作原理

利用与非门的逻辑功能，对基本 RS 触发器的工作情况进行分析。

(1) $\bar{R}_D=0$，$\bar{S}_D=1$

在 $\bar{R}_D$ 端加一负脉冲（通常为一窄脉冲），$\bar{S}_D$ 端保持高电平，根据与非门"有 0 出 1，全 1 出 0"的功能，G_1 门输出 $\bar{Q}=1$；G_2 的输入端 $\bar{S}_D$ 和反馈端 $\bar{Q}$ 均为 1，故输出 $Q=0$。所以触发器输出为复位状态。

(2) $\bar{R}_D=1$，$\bar{S}_D=0$

在 $\bar{S}_D$ 端加一负脉冲，$\bar{R}_D$ 端保持高电平，与非门 G_2 输出端 $Q=1$，而 G_1 的输入端 $\bar{R}_D$ 和反馈端 Q 均为 1，故输出 $\bar{Q}=0$，所以触发器输出为置位状态，即 $Q=1$。

(3) $\bar{R}_D=1$，$\bar{S}_D=1$

此时，触发器的输出保持原来的状态不变。

若触发器原状态为 $Q=0$，$\bar{Q}=1$，Q 的 0 状态反馈至 G_1 门，使 $\bar{Q}=1$，$\bar{Q}$ 的 1 状态反馈至 G_2 门，与 $\bar{S}_D=1$ 共同作用使 $Q=0$；同理，若触发器原状态为 $Q=1$，$\bar{Q}=0$，由于交叉反馈，同样可保持此状态。

在（1）和（2）两种情况下，在输入端所加的负脉冲结束后，相当于 $\bar{R}_D=\bar{S}_D=1$。触发器可将此状态保持到下一个输入状态到来为止，这就是触发器的记忆或存储功能。

(4) $\bar{R}_D=0$，$\bar{S}_D=0$

若在两个输入端 $\bar{R}_D$ 和 $\bar{S}_D$ 同时加入负脉冲，则两个与非门 G_1 和 G_2 的输出均为"1"。这与触发器两个输出端 Q 与 $\bar{Q}$ 状态互补的逻辑要求相违背。当两个负脉冲同时结束后，触发器的最终状态将由偶然因素决定。这是由于两个门电路的平均延迟时间不一定完全一致，而导致触发器的输出状态可能是 $Q=0$，也可能是 $Q=1$，这种不确定的最终稳定状态，在使用中应禁止出现。

由以上分析可见，基本 RS 触发器具有置"0"、置"1"和保持功能。由于 $\bar{R}_D=0$ 时，$Q=0$，复位端 $\bar{R}_D$ 又称为直接置"0"端。而 $\bar{S}_D=0$ 时，$Q=1$，置位端 $\bar{S}_D$ 也称为直接置"1"端。

图 7.1（b）中 $\bar{R}_D$ 和 $\bar{S}_D$ 端子处有一个小圆圈，表示复位和置位均为低电平有效，而输出端 $\bar{Q}$ 处的小圆圈，表示 $\bar{Q}$ 的逻辑状态与 Q 的状态相反。

3. 功能描述

（1）逻辑状态转换表

触发器的逻辑功能可以用逻辑状态转换真值表（简称真值表或功能表）来描述。基本 RS 触发器的状态转换真值表，如表 7.1（a）所示，也可用表 7.1（b）所示简化真值表来描述其功能。其中 Q^n 表示触发器输出 Q 的原状态（或称初态），Q^{n+1} 表示 Q 的新状态（或称次态）。

表 7.1 基本 RS 触发器的状态转换真值表

(a)

$\bar{R}_D$	$\bar{S}_D$	Q^n	Q^{n+1}
0	1	0	0
0	1	1	0
1	0	0	1
1	0	1	1
1	1	0	0
1	1	1	1
0	0	0	不定
0	0	1	不定

(b)

$\bar{R}_D$	$\bar{S}_D$	Q^{n+1}
0	1	0
1	0	1
1	1	Q^n
0	0	不定

（2）特征方程

触发器的功能也可以用特征方程来描述，将基本 RS 触发器的状态转换真值表（见表 7.1 (a)）填入图 7.2 所示卡诺图，图中 $\bar{R}_D \bar{S}_D = 00$ 为禁用状态，设为约束项 ϕ。进行化简合并后，得到基本 RS 触发器的特征方程为

$$\begin{cases} Q^{n+1} = S_D + \bar{R}_D Q^n & \text{特征方程} \\ \bar{R}_D + \bar{S}_D = 1 & \text{约束条件} \end{cases} \tag{7.1}$$

其中，表达式 $\bar{R}_D + \bar{S}_D = 1$ 为特征方程的约束条件，表示 $\bar{R}_D$ 和 $\bar{S}_D$ 不能同时为 0。

触发器的工作情况还可以用波形图来描述。图 7.3 表示了基本 RS 触发器的四种工作状态。由图可见，当输入端状态 $\bar{R}_D = \bar{S}_D = 0$ 时，两个输出端的状态同时为高电平，即 $Q = \bar{Q} = 1$，这种情况是不允许出现的，因此也称输入 $\bar{R}_D = \bar{S}_D = 0$ 为禁用状态。而当 $\bar{R}_D = \bar{S}_D = 0$ 同时结束后，Q 和 $\bar{Q}$ 可能是 1、0，也可能是 0、1，图中用虚线表示输出状态的不确定性。

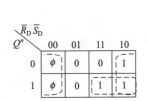

图 7.2 基本 RS 触发器卡诺图

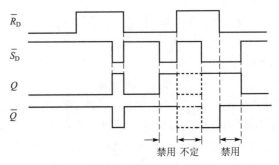

图 7.3 基本 RS 触发器工作波形

7.1.2 同步 RS 触发器

基本 RS 触发器的特点是由输入直接控制输出，当输入信号发生变化时，触发器的输出状态就会按其逻辑功能立即发生变化。但在数字系统中，通常要求触发器在某一时刻按输入信号所决定的状态触发翻转，这个时刻由外加时钟脉冲 CP（Clock Pulse）来决定。这种由时钟脉冲 CP 决定其翻转的时刻，由输入信号决定其翻转状态的触发器，称为同步触发器或钟控触发器。下面将要讨论的同步 RS 触发器、JK 触发器、D 触发器、T（T'）触发器，均属于钟控触发器。

1. 电路结构

同步 RS 触发器的逻辑电路结构和逻辑符号如图 7.4 所示，它在基本 RS 触发器的基础上，增加了 G_3 和 G_4 两个与非门作为引导门，并在引导门上加入时钟脉冲 CP 输入端，为了简便，CP 有时也用 C 表示。S 和 R 为置"1"和置"0"输入端，$\bar{S}_D$ 和 $\bar{R}_D$ 为直接置"1"端和直接置"0"端，或称为异步置位端和异步复位端。"异步"的含义是：不论 CP 是何种状态，只要在输入端 $\bar{S}_D$ 或 $\bar{R}_D$

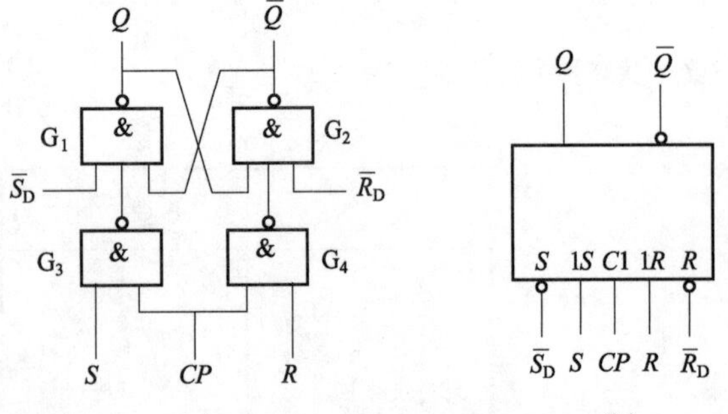

图 7.4 同步 RS 触发器
(a) 逻辑电路；(b) 逻辑符号

加入低电平，即可对触发器置"1"或置"0"，因此输入端 $\bar{S}_D$ 和 $\bar{R}_D$ 的优先级高于输入端 S 和 R。通常在开始工作时，利用 $\bar{S}_D$ 或 $\bar{R}_D$ 为触发器预置某个初始状态。不用 $\bar{S}_D$ 置位或 $\bar{R}_D$ 复位时，应将 $\bar{R}_D$ 和 $\bar{S}_D$ 置为高电平。

2. 工作原理

时钟脉冲 CP 是一个脉冲序列。当 $CP=0$ 时，图 7.4 中的引导门 G_3 和 G_4 被封锁，使它们的输出为"1"，输入端 S 和 R 的状态不起作用，触发器的输出保持原来的状态不变。下面讨论在时钟脉冲的作用下（$CP=1$），同步 RS 触发器的输出与输入的逻辑关系。

（1）$S=R=0$

由与非门的逻辑功能，门 G_3 和 G_4 的输出为"1"，触发器的输出保持原状态不变，具有存储功能，即 $Q^{n+1}=Q^n$。

（2）$S=0$，$R=1$

对于与非门 G_4，两个输入端 R 和 CP 均为"1"，故 G_4 输出为"0"，将输出 $\bar{Q}$ 置为"1"。而 $S=0$，门 G_3 输出为"1"，所以门 G_1 的 3 个输入端均为"1"，将触发器的输出 Q 置为"0"，即 $Q^{n+1}=0$。

若触发器的原状态为"1"，则时钟 CP 到来之后，Q 从"1"变为"0"；若原状态为"0"，则 CP 到来之后，Q 保持"0"不变。

（3）$S=1$，$R=0$

S 和 CP 为"1"，将门 G_3 置"0"，进而将触发器输出 Q 置"1"，而使 $\bar{Q}=0$，即 $Q^{n+1}=1$。并且当 $CP=1$ 后，触发器的输出将保持"1"不变。

（4）$S=R=1$

当时钟 $CP=1$ 时，将使 G_3 和 G_4 的输出都为"0"，使 Q 和 $\bar{Q}$ 同时输出为"1"。而 $CP=1$ 后，触发器的输出状态不确定，与前面所讨论的基本 RS 触发器输入为 $\bar{R}_D=\bar{S}_D=0$ 的情况相同，因此也是禁用状态。

以上分析可用图 7.5 所示工作波形图来描述。输入端 S、R 的变化并不会使触发器输出 Q 和 $\bar{Q}$ 立即翻转，而是要在 $CP=1$ 时（上升沿是其起始时刻），Q 和 $\bar{Q}$ 的状态才会随着输入而发生变化，这就是"同步"的意义。波形图还说明了输入端 $\bar{S}_D$、$\bar{R}_D$ 的置位和复位作用，以及它们与 CP 之间的异步关系。

3. 触发器的触发方式

触发器的翻转时刻与时钟脉冲 CP 的关系称为触发方式。双稳态触发器共有 3 种触发方式：电位触发、边沿触发和主从触发。电位触发和边沿触发分别有正、负之分。

同步 RS 触发器的状态是在 $CP=1$ 期间发生变化，属于正电位触发。在 $CP=1$ 期间，输入端 R、S 的状态变化会影响触发器输出端的状态。

4. 功能表和特征方程

由前面分析的 4 种情况，可得同步 RS 触发器的功能表，如表 7.2 所示。同步 RS 触发器同样有置"0"、置"1"、保持和不定 4 种状态。将功能表填入图 7.6

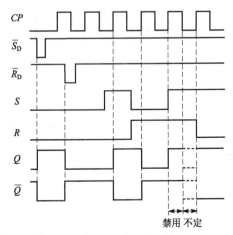

图 7.5 同步 RS 触发器工作波形图

的卡诺图，不定态作为约束项填入 ϕ，化简后得到同步 RS 触发器的特征方程为

$$\begin{cases} Q^{n+1} = S + \overline{R}Q^n & \text{特征方程} \\ SR = 0 & \text{约束条件} \end{cases} \quad (7.2)$$

其中，表达式 $SR=0$ 为约束条件，表示 S 和 R 不能同时为"1"。

表 7.2 同步 RS 触发器功能表

S	R	Q^{n+1}
0	0	Q^n
0	1	0
1	0	1
1	1	不定

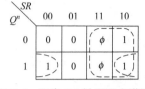

图 7.6 同步 RS 触发器卡诺图

7.1.3 JK 触发器

1. JK 触发器的结构和触发方式

JK 触发器是各种不同功能触发器中最重要的一种。因为从逻辑功能的完善性、使用的灵活性和通用性来说，JK 触发器都具有明显的优势。按 TTL 集成电路内部结构和触发方式，JK 触发器可分为主从型和边沿型两类。

主从 JK 触发器内部由主、从两个触发器连接而成。主触发器和从触发器分别由时钟 CP 的上升沿和下降沿触发，工作可靠。但主从 JK 触发器要求输入信号在 $CP=1$ 期间保持不变，否则输出状态将可能发生逻辑错误，另外其工作速度不是太高。

边沿 JK 触发器具有较好的抗干扰能力，对各输入信号在时间配合上的要求，也不如主从 JK 触发器那么严格。边沿 JK 触发器又分为上升沿触发和下降沿触发两种。上升沿触发的 JK 触发器内部结构为维持阻塞型，其工作原理将在 7.1.4 节 D 触发器中介绍；下降沿触发的 JK 触发器大多是利用内部门电路传输速度上的差异而实现触发的。本节只讨论下降沿触发的边沿 JK 触发器的工作原理，并导出其功能表和特征方程。

2. JK 触发器的工作原理

下降沿触发的边沿 JK 触发器的逻辑图如图 7.7（a）所示，它由两个与或非门相互交叉连接成基本 RS 触发器。为便于叙述，将与或非门的两个与门及或非门分别命名。与非门 G_7、G_8 构成接收控制门，起触发引导作用，这两个门的传输延迟时间比 $G_3 \sim G_6$ 要长一些。为简化分析，图 7.7（a）电路结构中未画出异步置位端 $\overline{S}_D$ 和异步复位端 $\overline{R}_D$。

（1）下降沿触发

当 $CP=0$ 时，门电路 G_3、G_4、G_7、G_8 均被封锁，G_7、G_8 输出高电平，触发器输出保持原状态。

当 CP 上升沿（$CP=0 \to 1$）来到时，与门 G_3、G_4 先被 CP 开启。输出端 Q 和 $\overline{Q}$ 维持原状态不变，且反馈送至 $G_3 \sim G_4$ 的输入端。而与非门 G_7、G_8 经延迟后，将 J、K 状态送至与门 G_5、G_6。但 G_3、G_4 的输出和 J、K 值无关，故 $CP=1$ 期间对触发器的状态没有影响。

当 CP 下降沿（$CP=1 \to 0$）到来时，G_3、G_4 先关闭，输出为"0"。但由于 G_7、G_8 的延迟时间比较长，G_5、G_6 在此之前将接收的 J、K 信号，经或非门 G_1、G_2 送至触发器输出端，

因而实现了负边沿触发。

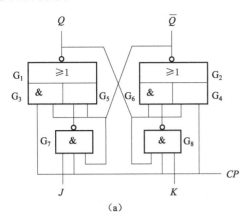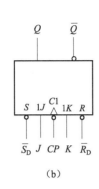

图 7.7 边沿 JK 触发器
(a) 逻辑图；(b) 逻辑符号

（2）逻辑功能

由于门 G_3、G_4 的作用只是保证在 CP 下降沿之前触发器的输出维持原态不变。故可将门 G_1、G_5 和 G_2、G_6 分别看成两个与非门，组成基本 RS 触发器，据此不难推出 JK 触发器的逻辑功能。

① $J=K=0$：门 G_7、G_8 输出为"1"，CP 下降沿到来之后，触发器维持原态不变，即 $Q^{n+1}=Q^n$。

② $J=0$，$K=1$：不论触发器原来为何种状态，CP 下降沿到来之后，触发器被置"0"，即 $Q^{n+1}=0$，$\bar{Q}^{n+1}=1$。

③ $J=1$，$K=0$：不论触发器原来为何种状态，CP 下降沿到来之后，触发器被置"1"，即 $Q^{n+1}=1$，$\bar{Q}^{n+1}=0$。

④ $J=K=1$：若原态为 $Q=0$，$\bar{Q}=1$，G_7 的 3 个输入均为"1"，输出为"0"，CP 下降沿到来之后，将 Q 置为"1"；若原态为 $Q=1$，$\bar{Q}=0$，则 G_8 的 3 个输入均为"1"，输出为"0"，CP 下降沿到来之后，将 Q 置为"0"。综合两种情况，有 $Q^{n+1}=\bar{Q}^n$。

在 $J=K=1$ 的情况下，每来一个 CP 下降沿，触发器的输出就翻转一次。翻转的次数即是脉冲的个数，可以用来构成计数器。故称这种状态为 JK 触发器的计数状态。

图 7.7（b）所示为下降沿触发的 JK 触发器的逻辑符号，图中"∧"表示边沿触发，CP 端子处的小圆圈表示下降沿触发。$\bar{S}_D$、$\bar{R}_D$ 端分别为低电平有效的异步置"1"端和异步置"0"端。下降沿触发也称为负边沿触发。

图 7.8 所示为负边沿触发的 JK 触发器的工作波形图。由图可见，输入端 J、K 在 $CP=1$ 期间的变化对输出状态没有影响，而且输出 Q 不再有不确定状态。

由以上分析可归纳出如表 7.3 所示的 JK 触发器功能表，据此作出 JK 触发器新状态 Q^{n+1} 的卡诺图，如图 7.9 所示。将卡诺图化简后写出 JK 触发器的特征方程为

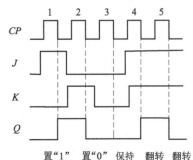

图 7.8 JK 触发器工作波形图

$$Q^{n+1} = J\bar{Q}^n + \bar{K}Q^n \qquad (7.3)$$

表 7.3　JK 触发器功能表

J	K	Q^{n+1}
0	0	Q^n
0	1	0
1	0	1
1	1	$\bar{Q}^n$

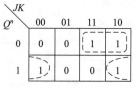

图 7.9　JK 触发器卡诺图

7.1.4　D 触发器

1. 电路组成

D 触发器只有一个信号输入端，具有置"0"、置"1"和存储功能。在集成 TTL 触发器中，D 触发器多采用维持–阻塞型电路结构，为上升沿触发方式，即触发器只在 CP 的上升沿到来时，输出状态才发生变化。而在 CP 的上升沿到来之前和 $CP=1$ 期间，输入信号的变化对触发器输出的状态没有影响。维持–阻塞型 D 触发器的内部电路逻辑图如图 7.10（a）所示，它由 6 个与非门组成，其中 G_1、G_2 为基本 RS 触发器，G_3、G_4 为时钟控制电路，G_5、G_6 为数据输入电路。图 7.10（b）为上升沿触发 D 触发器的逻辑符号，CP 端子处的"∧"表示边沿触发，没有小圆圈表示上升沿触发。D 触发器也有异步置位端 $\bar{S}_D$ 和异步复位端 $\bar{R}_D$。

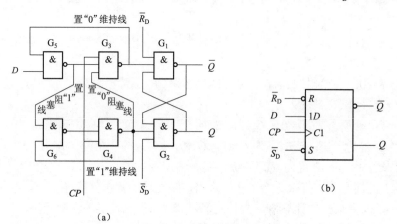

图 7.10　维持–阻塞型 D 触发器
（a）逻辑图；（b）逻辑符号

2. 工作原理

（1）$CP=0$ 时

当 CP 的上升沿到来之前（$CP=0$），门 G_3、G_4 被封锁（输出"1"），使基本 RS 触发器保持原状态。同时 G_3、G_4 输出的高电平被送到 G_5、G_6 输入端，使它们处于开启状态：G_5 输出为 $\bar{D}$，G_6 输出为 D。

（2）CP 上升沿到来（0→1）时

① 若输入 $D=0$，则 G_5 输出为"1"，G_6 输出为"0"，G_4 输出为"1"。当 CP 从"0"跳变为"1"时，G_3 的 3 个输入均为"1"，输出为"0"。这个低电平有两个作用：一是将触发

器复位，即 $Q=0$，$\bar{Q}=1$；二是由置"0"维持线送回 G_5 输入端，使 G_5 输出"1"。故在 $CP=1$ 期间，即使 D 的状态发生变化，仍可保证输出 $Q=0$ 不变。

② 若输入 $D=1$，则 G_5 输出为"0"，G_6、G_3 输出为"1"，当 CP 上升沿到来时，G_4 输出为"0"。这个低电平有 3 个作用：第一是将触发器置位，即 $Q=1$，$\bar{Q}=0$；第二是由置"1"维持线送回 G_6，使 G_6 输出"1"；第三是由置"0"阻塞线送回 G_3，使 G_3 输出"1"，以保持 $CP=1$ 期间，输入 D 的变化对输出 Q 没有影响。

综上所述，可得 D 触发器的功能表如表 7.4 所示，其特征方程可归纳为

$$Q^{n+1}=D \tag{7.4}$$

从图 7.11 的工作波形可以看出，维持-阻塞型 D 触发器的状态在 CP 上升沿到来时进行翻转，并且根据上升沿到来前 D 的状态进行变化，所以也将 D 触发器称为"跟随触发器"。若 $CP=1$ 期间，D 的状态发生变化，输出 Q 的状态不会受其影响。

表 7.4 D 触发器功能表

D	Q^{n+1}
0	0
1	1

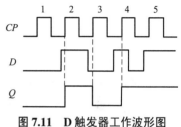

图 7.11 D 触发器工作波形图

若将 D 触发器的输出端 $\bar{Q}$ 端与输入端 D 相连，则构成 D 触发器的计数状态，即每来一个 CP 脉冲，Q 的状态翻转一次。图 7.12 为 D 触发器计数状态的接线图和计数波形图。

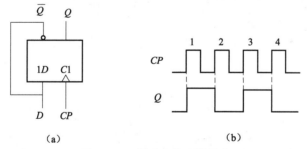

图 7.12 D 触发器的计数状态
(a) 接线图；(b) 波形图

7.1.5 T 触发器和 T′ 触发器

1. T 触发器

T 触发器在时钟脉冲作用下，具有保持和计数（翻转）两种功能。当 $T=0$ 时，在时钟 CP 到来之后，触发器输出状态保持不变，即 $Q^{n+1}=Q^n$，具有存储或记忆功能；当 $T=1$ 时，在时钟 CP 到来之后，触发器输出状态发生翻转，即 $Q^{n+1}=\bar{Q}^n$，具有计数功能。T 触发器功能表如表 7.5 所示，其特征方程为

$$Q^{n+1}=T\bar{Q}^n+\bar{T}Q^n \tag{7.5}$$

图 7.13 为负边沿触发 T 触发器的逻辑符号。

表 7.5 T 触发器功能表

T	Q^{n+1}
0	Q^n
1	$\overline{Q}^n$

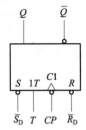

图 7.13 T 触发器逻辑符号

2. T'触发器

T'触发器在时钟脉冲作用下只具有计数功能，又称为计数触发器。可看成 T 触发器 $T=1$ 时的特例，其特征方程为

$$Q^{n+1} = \overline{Q}^n \tag{7.6}$$

在集成电路中的定型产品中，很少有专门生产的 T 触发器，所以 T 触发器和 T'触发器一般是由其他触发器转换而来的。

以上介绍的几种触发器，其结构、功能和触发方式各不相同。在使用时要注意分辨不同类型触发器的逻辑符号。因为即使功能相同，但内部结构不同（如 JK 触发器有主从型、维持-阻塞型和边沿型等），将导致在同样的输入信号下，输出状态有可能不同。

7.1.6 集成触发器及触发器逻辑功能的转换

1. 集成触发器

集成触发器产品种类繁多，大多数为 JK 触发器和 D 触发器。除 TTL 集成触发器外，还有一类 CMOS 集成触发器，二者实现的功能是一样的，并且应用都非常广泛。在使用时，TTL 触发器的电源电压为 +5 V，而 CMOS 触发器的电源电压的取值范围为 +3～+18 V，它的功耗极低，抗干扰能力和带负载能力都很强。

这里着重介绍 TTL 集成 JK 触发器 74112 和集成 D 触发器 7474，其引脚排列图如图 7.14（a）、（b）所示。

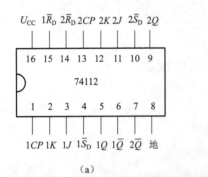
(a)

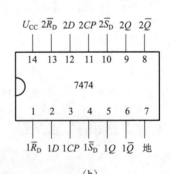
(b)

图 7.14 集成触发器的引脚排列图
（a）JK 触发器；（b）D 触发器

74112 为负边沿触发的 JK 触发器，7474 为维持-阻塞型 D 触发器，上升沿触发。这两种集成触发器的内部均有两个互相独立的触发器，且具有异步置"0"端 $\overline{R}_D$ 和异步置"1"端 $\overline{S}_D$。

另外有些型号的 JK 触发器或 D 触发器有多个输入端。如 74H102 JK 触发器，各有 3 个

输入端 J_1、J_2、J_3 和 K_1、K_2、K_3。T076 D 触发器有 3 个输入端 D_1、D_2、D_3，3 个输入端之间为"与"的关系。逻辑符号如图 7.15（a）、（b）所示。

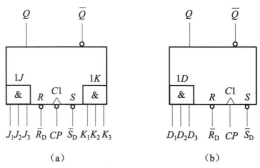

图 7.15 多输入端触发器逻辑符号

（a）74H102 JK 触发器；（b）T076 D 触发器

2. 触发器逻辑功能的转换

在实际工程应用中，有时需要使用其他功能的触发器，可以将 JK 触发器或 D 触发器加上一些门电路或者只是增加一些连线后，转换为另一种功能的触发器。表 7.6 列出了利用 JK 触发器和 D 触发器进行功能转换的例子。

表 7.6 触发器逻辑功能的转换

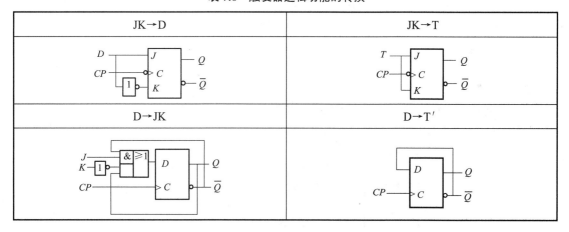

3. 触发器的应用举例

集成触发器在数字电路中应用非常广泛，下面通过例题进行说明。

例 7.1 顺序脉冲发生器的逻辑电路如图 7.16（a）所示，74139 为 2 线 – 4 线译码器。设触发器的初态为：$Q_1Q_0=00$，画出触发器和译码器的输出波形。

解 两个 D 触发器均接成计数状态，Q_0 的状态由时钟 CP 上升沿触发翻转，而 $CP_1=\overline{Q}_0$，Q_0 的下降沿触发 Q_1 翻转。随着一个个时钟脉冲的加入，触发器输出 Q_1 和 Q_0 形成二进制数码：00 – 01 – 10 – 11，送至 74139 译码器的 A_1、A_0 输入端，即可实现译码输出。Q_0、Q_1 和 $\overline{Y}_0 \sim \overline{Y}_3$ 的波形如图 7.16（b）所示。由于 74139 为反码输出，所以输出 $\overline{Y}_0 \sim \overline{Y}_3$ 的波形随着一个个 CP 脉冲的到来，依次出现低电平，形成节拍脉冲。

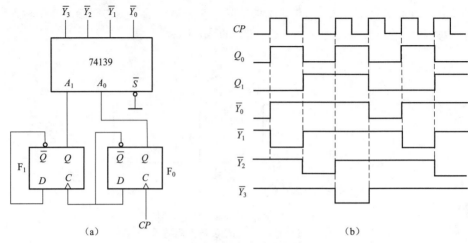

图 7.16 顺序脉冲发生器
(a) 逻辑图；(b) 波形图

7.2 寄存器

在数字系统中用来暂时存放指令、运算数据或其他信息的逻辑部件称为寄存器（Register）。由于触发器具有记忆的功能，能够用来存储二进制数码，利用触发器及控制门电路可组成寄存器。寄存器按功能分为数码寄存器和移位寄存器两类。

7.2.1 数码寄存器

数码寄存器是用来暂时存放并可随时取出数码的寄存器，它具有清除数码和接收并寄存数码的功能。一个触发器可以存储一位二进制数码。图 7.17 所示为由 4 个 D 触发器组成的 4 位二进制数码寄存器。

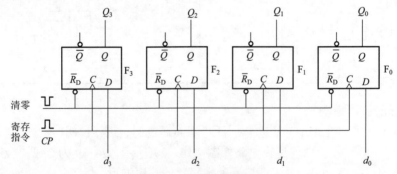

图 7.17 4 位数码寄存器

设待寄存的数码为 $d_3 d_2 d_1 d_0$，在 CP 到来之前，数码应分别加到 4 个 D 触发器的输入端 $D_3 \sim D_0$。当需要寄存数码时，发出寄存指令 CP，上升沿到来之后，4 个 D 触发器输入端的数据同时存入触发器，各输出端的状态就是所寄存的数码，即 $Q_3 Q_2 Q_1 Q_0 = d_3 d_2 d_1 d_0$。这种各位数码同时存入寄存器的输入方式称为并行输入。在新的数据存入之前，寄存器的状态将把存入的数据一直保存下去，并可多次读取。

将各 D 触发器的 $\overline{R}_D$ 端连在一起作为清零端。若在寄存数码之前,在清零端加一负脉冲,则将各触发器的输出状态置为"0"。若在寄存数码之前不进行清零,则新存入的数据将覆盖原来的数据。

7.2.2 移位寄存器

为了数据处理的需要,有时需要将寄存器中的各位数据依次移位,这种具有移位功能的寄存器称为移位寄存器。移位寄存器分为单向移位寄存器和双向移位寄存器。

1. 单向移位寄存器

根据数码移位的方向,单向移位寄存器分为左移和右移两种。寄存的数码从右向左移称为左移位寄存器,数码从左向右移称为右移位寄存器。

图 7.18 所示为由 4 个 D 触发器组成左移位寄存器的逻辑图。输入的数码只加在寄存器的串行输入端,即触发器 F_0 的 D 端。F_3、F_2 和 F_1 的 D 输入端分别接至 Q_2、Q_1 和 Q_0。移位寄存器电路的工作原理分析如下:

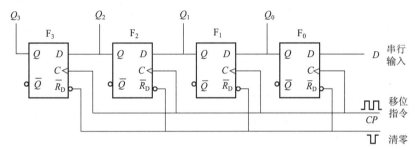

图 7.18 4 位左移位寄存器

首先,在清零端加入负脉冲,将 4 个 D 触发器清零,各触发器输出 $Q_3 \sim Q_0$ 均为"0"。

设待寄存数码为 1010,并将数码按高低电平排成脉冲序列,置于 F_0 的数据输入端 D。在时钟脉冲作用下,数据将依次移入寄存器,每个 CP 来到仅移一位。

在第 1 个 CP 到来之前,使 $D=1$,当 CP 上升沿到来之后,$Q_0=D=1$,而其余 3 个触发器的输出 $Q_3Q_2Q_1$ 仍为"0",数据向左移了一位。第 2 个 CP 到来之前,将数据端置为 $D=0$,CP 上升沿到来之后,$Q_1=1$,$Q_0=0$,而 $Q_3Q_2=00$,存入寄存器的数码向左移了两位。同理,第 3 个、第 4 个 CP 上升沿到来之后,寄存器状态 $Q_3Q_2Q_1Q_0$ 依次为 0101、1010。经过 4 个时钟脉冲,待存数据按串行输入方式存入寄存器。移位寄存器的工作状态表如表 7.7 所示,其中第 1 行为清零后的初始状态。相应的工作波形如图 7.19 所示。

表 7.7 移位寄存器状态表

CP	Q_3	Q_2	Q_1	Q_0
0	0	0	0	0
1	0	0	0	1
2	0	0	1	0
3	0	1	0	1
4	1	0	1	0

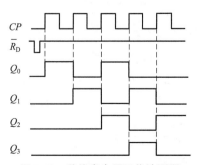

图 7.19 移位寄存器工作波形图

这种将数据逐位输入的方式称为串行输入。从移位寄存器取出数据有两种方式,若从 4 个 D 触发器的输出端 $Q_3Q_2Q_1Q_0$ 同时读出,称为并行输出;串行输出方式则是仅从触发器 F_3 的输出端 Q_3 取出数据,需要再经过 4 个 CP,4 位数码才能依次输出。当采用串行输入、串行输出方式时,先存入移位寄存器的数据先输出。

2. 中规模集成移位寄存器

TTL 中规模集成移位寄存器按移位方向,分为单向和双向移位寄存器。按内部寄存数据位数,分为 4 位、5 位、8 位移位寄存器。按数据输入、输出方式,分为串行输入、并行输入、串行输出、并行输出几种方式。移位寄存器的产品型号有多种,这里只介绍应用广泛的双向移位寄存器 74194。

74194 是一种功能齐全的移位寄存器。它具有左移、右移、并行输入数据、保持和清零 5 项功能。其内部是采用可控 RS 触发器作为寄存单元,由 3 选 1 数据选择器对左移位串行输入数据、右移位串行输入数据以及并行输入数据进行选择。

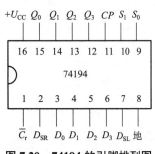

图 7.20 74194 的引脚排列图

74194 的逻辑功能表如表 7.8 所示,引脚排列图如图 7.20 所示。在串行输入时,右移数据从 D_{SR} 输入,左移数据从 D_{SL} 输入;当数据并行输入时,数据从 $D_0 \sim D_3$ 同时输入。CP 为时钟输入端,上升沿有效。$\overline{C_r}$ 为异步清零端,低电平有效,数据输出端从左到右排列为 $Q_0 \sim Q_3$。寄存器的工作方式由控制端 S_1 和 S_0 的状态组合进行控制。

表 7.8 移位寄存器 74194 功能表

功能	清零	控制信号		串行输入		时钟	并行输入				输出			
	$\overline{C_r}$	S_1	S_0	D_{SR}	D_{SL}	CP	D_0	D_1	D_2	D_3	Q_0	Q_1	Q_2	Q_3
清零	0	ϕ	ϕ	ϕ	ϕ	ϕ	ϕ	ϕ	ϕ	ϕ	0	0	0	0
保持	1	ϕ	ϕ	ϕ	ϕ	0	ϕ	ϕ	ϕ	ϕ	Q_0^n	Q_1^n	Q_2^n	Q_3^n
送数	1	1	1	ϕ	ϕ	↑	d_0	d_1	d_2	d_3	d_0	d_1	d_2	d_3
右移	1	0	1	d	ϕ	↑	ϕ	ϕ	ϕ	ϕ	d	Q_0^n	Q_1^n	Q_2^n
左移	1	1	0	ϕ	d	↑	ϕ	ϕ	ϕ	ϕ	Q_1^n	Q_2^n	Q_3^n	d
保持	1	0	0	ϕ	ϕ	ϕ	ϕ	ϕ	ϕ	ϕ	Q_0^n	Q_1^n	Q_2^n	Q_3^n

当 S_1S_0=11 时,寄存器允许数据并行输入。在 CP 上升沿到来之后,$D_0 \sim D_3$ 端的数据即刻送入寄存器保存,出现在输出端 $Q_0 \sim Q_3$。

当 S_1S_0=01 时,寄存器处于右移工作状态。在第 1 个时钟 CP 上升沿到来之后,右移输入端 D_{SR} 的数据进入寄存器,各位数据从 $Q_0 \sim Q_3$ 依次右移一位,即 $Q_0^{n+1} = D_{SR}$,$Q_1^{n+1} = Q_0^n$,$Q_2^{n+1} = Q_1^n$,$Q_3^{n+1} = Q_2^n$。当 4 个 CP 上升沿到来之后,右移输入端的 4 位数据即可全部送入寄存器。

当 $S_1S_0=10$ 时，寄存器处于左移工作状态。在 4 个 CP 上升沿到来之后，左移输入端 D_{SL} 的 4 位数据将从 $Q_3 \sim Q_0$ 依次左移，顺序送入寄存器。

当 $S_1S_0=00$ 时，寄存器将保持原状态不变，且与 CP 输入端的状态无关。

综上所述，74194 不仅可以实现双向移位寄存器的功能，还能实现数码寄存器的功能，而且可以非常灵活、方便地选择串行或并行的数据输入、输出方式。

例 7.2 由 74194 和与门电路组成的彩灯控制电路如图 7.21（a）所示，试分析彩灯闪烁的规律，并画出 $Q_0 \sim Q_3$ 的工作波形图。

解 工作之初，在清零端加入负脉冲，使 4 个输出端状态 $Q_0 \sim Q_3$ 均为"0"。此时控制端 $S_0=1$，而 $S_1=Q_2Q_3=0$，可实现右移功能，数据输入端 D_{SR} 为"1"。经过 4 个 CP 上升沿，将 D_{SR} 端的高电平依次送至 Q_0、Q_1、Q_2、Q_3，4 个彩灯从左至右顺序亮起。这时，控制端状态为 $S_1=Q_2Q_3=1$，$S_1S_0=11$，满足置数功能。当第 5 个 CP 上升沿到来时，将 $D_0 \sim D_3$ 的"0"送至 $Q_0 \sim Q_3$，实现清零，恢复到初始状态，重新开始下一个工作循环。因此 $Q_0 \sim Q_3$ 的状态转换过程为

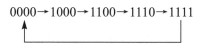

这个过程也可以用状态表来表示。逻辑电路的工作波形如图 7.21（b）所示。

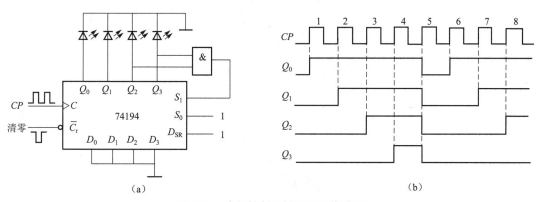

图 7.21 彩灯控制逻辑图及工作波形
（a）电路图；（b）工作波形

7.3 计数器

计数器（Counter）是广泛应用在数字系统中的一种逻辑部件，它能够对进入计数器的脉冲数进行累计。计数器不仅可用来计数，用作分频器，还可构成时间分配器或时序发生器，对数字系统进行定时或程序控制操作，是使用最多的一种时序逻辑电路，几乎每一种数字设备中都有计数器。

计数器有许多不同的种类：按计数进制模数不同，可分为二进制计数器、十进制计数器和 N（任意）进制计数器；按计数器所计数值为递增或递减，可分为加法计数器、减法计数器以及可逆计数器（具有加、减两种功能）；按计数脉冲引入方式及各触发器翻转时刻的不同，

可分为同步计数器和异步计数器等。计数器由具有记忆功能的各类双稳态触发器和控制门电路组成。也可将其制作成中规模集成计数器。本节先讲解由触发器构成的二进制、十进制和 N 进制计数器，然后再讲解集成计数器的功能、分析方法及其应用。

7.3.1 二进制计数器

1. 异步二进制加法计数器

二进制加法计数器应满足二进制加法法则，即 $0+1=1$，$1+1=10$（本位得 0，向高位进位 1）。将双稳态触发器进行适当连接即可构成计数器。由触发器的功能可知，一个触发器可以表示一位二进制数，若要表示 n 位二进制数，应使用 n 个触发器。

图 7.22 是由 4 个 JK 触发器 $F_0 \sim F_3$ 组成的 4 位异步二进制加法计数器，计数器输出 Q_3 为高位，Q_0 为低位。由图可见，每个触发器的输入端 $J=K=1$（对 TTL 电路，输入端悬空等效为"1"），因此 4 个触发器均工作于计数状态。低位的输出 Q 作为高位的时钟输入，即 $CP_{i+1}=Q_i$。

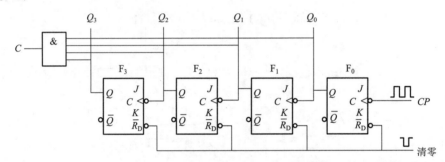

图 7.22　4 位异步二进制加法计数器逻辑图

计数器的工作原理分析如下：当计数脉冲 CP 的下降沿到达 F_0 时钟端时，Q_0 的状态进行翻转。而每当 Q_0 从"1"翻转为"0"时，相当于脉冲下降沿到达 F_1 时钟端，使 Q_1 的状态翻转。同理，Q_1 的下降沿作用使 Q_2 翻转，Q_2 的下降沿作用使 Q_3 翻转。当 $Q_0=Q_1=Q_2=Q_3=1$ 时，进位信号 $C=1$，且持续一个 CP 周期，因而可得图 7.23 所示计数器波形图。

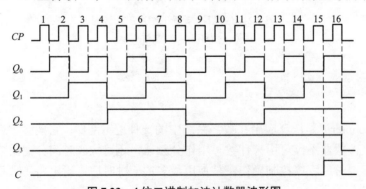

图 7.23　4 位二进制加法计数器波形图

由于各触发器的状态翻转依赖相邻低位触发器输出的进位脉冲来触发，其输出状态变化的时刻有先有后，故称为异步计数器。

由以上分析可见，每输入一个计数脉冲，计数器输出的 4 位二进制数就加 1。4 位二进制

计数器的模数为 $2^4=16$，所能计的最大十进制数为 2^4-1。计数器的波形表明各触发器之间计数频率的关系。Q_0 的频率是 CP 频率的 1/2，而 Q_1 又是 Q_0 频率的 1/2，即

$$f_{Q_0} = \frac{1}{2} f_{CP}$$

$$f_{Q_1} = \frac{1}{2} f_{Q_0} = \frac{1}{4} f_{CP}$$

以此类推，每经过一级触发器，计数频率降低 1/2，所以一位二进制计数器可以实现二分频，可将计数器作为分频器使用。若从 Q_3 端输出，则可实现对计数脉冲 CP 的十六分频。4 位二进制加法计数器的状态表如表 7.9 所示。

表 7.9 4 位二进制加法计数器状态表

计数脉冲 CP	输出 Q_3 Q_2 Q_1 Q_0	进位 C
0	0 0 0 0	0
1	0 0 0 1	0
2	0 0 1 0	0
3	0 0 1 1	0
4	0 1 0 0	0
5	0 1 0 1	0
6	0 1 1 0	0
7	0 1 1 1	0
8	1 0 0 0	0
9	1 0 0 1	0
10	1 0 1 0	0
11	1 0 1 1	0
12	1 1 0 0	0
13	1 1 0 1	0
14	1 1 1 0	0
15	1 1 1 1	1
16	0 0 0 0	0

2. 同步二进制加法计数器

同步计数器是将计数脉冲 CP 同时送到所有触发器的时钟输入端，使那些输入端状态满足翻转条件的触发器在 CP 到来时同时翻转。由于触发器翻转与 CP 脉冲同步，故称为同步计数器。

由 JK 触发器组成的 4 位同步二进制加法计数器逻辑电路如图 7.24 所示。它实现计数的规律和工作波形与异步二进制加法计数器完全相同。电路的连线规律可以从表 7.9 中得出。触发器 F_0 应接为计数状态，每来一个 CP，输出 Q_0 翻转一次。而高位触发器应在各低位触发

器均为"1",且再来一个 CP 下降沿时,输出端状态发生翻转,否则保持原来状态不变。写出各触发器输入端的逻辑函数式如下:

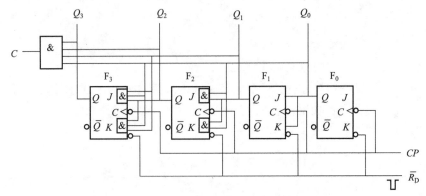

图 7.24　4 位同步二进制加法计数器

$$J_0=K_0=1$$
$$J_1=K_1=Q_0$$
$$J_2=K_2=Q_1 \cdot Q_0$$
$$J_3=K_3=Q_2 \cdot Q_1 \cdot Q_0$$

以上关系式称为各触发器的驱动方程或激励方程,触发器 F_2 和 F_3 可使用多输入端的 JK 触发器。C 是计数器的输出端,C 与各触发器输出的关系称为输出方程,为

$$C=Q_3 \cdot Q_2 \cdot Q_1 \cdot Q_0$$

异步和同步计数器各有其优缺点,归纳起来,异步二进制加法计数器连线少,结构简单,但高位依赖低位输出作为时钟脉冲信号实现逐级翻转。由于每一级触发器均存在传输延迟时间,当触发器数目增多时,总的延迟时间会比较长,因此计数速度慢。

而同步计数器连线多,结构复杂,它将各触发器的翻转条件在时钟脉冲到来前已经准备好,当 CP 的触发沿一到,各触发器同时翻转,所以计数速度较快。

例 7.3　分析图 7.25 所示电路的逻辑功能。

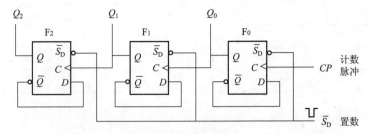

图 7.25　例 7.3 逻辑图

解　由图 7.25 可见,每个输入端 D 均接至本触发器的输出端 $\overline{Q}$,形成上升沿触发的 T′ 触发器。而且低位的输出端 Q 接高位的 CP 端,故高位是在低位输出端 Q 从 0→1 时翻转。据此变化规律,可列出该逻辑电路的状态表,如表 7.10 所示。由表中数据可归纳出该逻辑电路的功能为:3 位异步二进制减法计数器。图 7.26 是它的工作波形图。在计数器开始工作之

前，利用置数端 $\overline{S}_D$ 先将各个触发器置"1"。

表 7.10 例 7.3 的状态表

计数脉冲 CP	二进制数 $Q_2\ Q_1\ Q_0$	十进制数
0	1 1 1	7
1	1 1 0	6
2	1 0 1	5
3	1 0 0	4
4	0 1 1	3
5	0 1 0	2
6	0 0 1	1
7	0 0 0	0
8	1 1 1	7

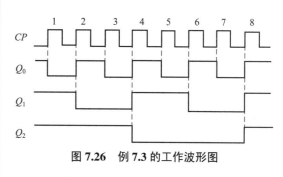

图 7.26 例 7.3 的工作波形图

7.3.2 十进制加法计数器

相对二进制而言，通常人们更熟悉十进制，故十进制计数器也是一种常用的计数器。它利用 4 位二–十进制 BCD 码进行计数（最常用的为 8421BCD 码），所以需要 4 个触发器构成一位十进制计数器。由 4 个 JK 触发器构成的同步 8421 码十进制加法计数器电路如图 7.27 所示。下面对计数器的工作情况进行分析。

首先由逻辑图写出各触发器的驱动方程为

$$J_0=K_0=1$$
$$J_1=\overline{Q}_3 \cdot Q_0,\ K_1=Q_0$$
$$J_2=K_2=Q_1 \cdot Q_0$$
$$J_3=Q_2 \cdot Q_1 \cdot Q_0,\ K_3=Q_0$$

输出方程为

$$C=Q_3 \cdot Q_0$$

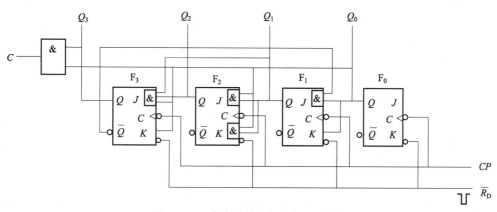

图 7.27 同步十进制加法计数器逻辑图

将驱动方程代入 JK 触发器的特征方程 $Q^{n+1} = J\bar{Q}^n + \bar{K}Q^n$，可得各触发器的状态方程为

$$Q_0^{n+1} = \bar{Q}_0^n$$
$$Q_1^{n+1} = \bar{Q}_3^n Q_0^n \bar{Q}_1^n + \bar{Q}_0^n Q_1^n$$
$$Q_2^{n+1} = Q_1^n Q_0^n \bar{Q}_2^n + \overline{Q_1^n Q_0^n} Q_2^n$$
$$Q_3^{n+1} = Q_2^n Q_1^n Q_0^n \bar{Q}_3^n + \bar{Q}_0^n Q_3^n$$

设计数器的初始状态为 $Q_3 Q_2 Q_1 Q_0 = 0000$，将其代入状态方程，随着第一个计数脉冲 CP 的加入，可分析出各触发器的新状态为：$Q_3 Q_2 Q_1 Q_0 = 0001$。以此作为原状态，再次代入状态方程，逐一分析，得出如表 7.11 所示计数器状态表。由表可见，当第 10 个计数脉冲到来之后，计数器状态从 1001 变为 0000，并向高位输出一个进位信号。对一位十进制计数器来说，这种情况称为"溢出"，如果再加入 CP，则开始下一个计数循环。根据状态表可画出各触发器输出随 CP 变化的波形图，如图 7.28 所示。

对于 4 个触发器来说，最多可计 16 种状态。因此在 8421 码十进制计数器中，有 6 种状态 1010、1011、1100、1101、1110、1111 是不用的，称为无效状态。在计数器正常工作时，这 6 种状态不会出现。若由于干扰等偶然因素的作用，计数器出现无效状态，在 CP 作用下，图 7.27 电路能够自动进入到计数循环中去，计数器的这种性质称为具有自启动能力。关于自启动的详细分析，请参阅其他参考文献。

表 7.11 十进制加法计数器状态表

计数脉冲 CP	输出 $Q_3 Q_2 Q_1 Q_0$	进位 C
0	0 0 0 0	0
1	0 0 0 1	0
2	0 0 1 0	0
3	0 0 1 1	0
4	0 1 0 0	0
5	0 1 0 1	0
6	0 1 1 0	0
7	0 1 1 1	0
8	1 0 0 0	0
9	1 0 0 1	1
10	0 0 0 0	0

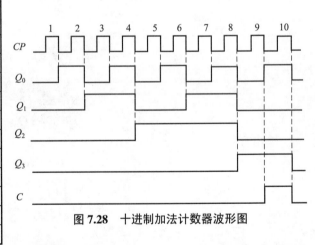

图 7.28 十进制加法计数器波形图

从以上二进制和十进制计数器的分析，可以归纳出计数器电路的一般分析步骤：

① 由给定计数器的逻辑电路图，写出各触发器的驱动方程，若计数器具有输出端，还应写出输出方程。

② 将驱动方程代入触发器的特征方程，得出各触发器的状态方程。

③ 根据状态方程和输出方程，列出计数器的逻辑状态转换表，画出工作波形图，最后确定计数器的功能。

需要指出的是，若电路为异步二进制加法计数器，写驱动方程时还应写出各触发器时钟 CP 端的激励关系式（称为时钟方程）。以上分析方法也适用一般时序逻辑电路。

7.3.3 任意进制计数器

在生产或日常生活中，还经常用到二进制和十进制以外的任意进制（N 进制）计数器，例如：在计时间时，会用到六十进制、十二进制或二十四进制。计日期时，会用到三十、三十一进制或十二进制等。在二进制计数器的基础上进行改进，使其跳过部分无效状态，即得到 N 进制计数器。有时也将 N 进制计数器称为模数 $M=N$ 的计数器。下面通过对具体例题的分析，进一步熟悉时序逻辑电路的分析方法。

例 7.4 某时序逻辑电路如图 7.29 所示，试分析电路的逻辑功能。

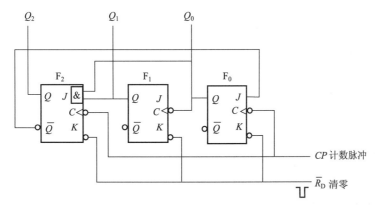

图 7.29 例 7.4 逻辑图

解 由逻辑电路图可见，触发器 F_0、F_2 的时钟输入端与计数脉冲 CP 相连，而触发器 F_1 的时钟输入端没有接到计数脉冲 CP 上，所以电路属于异步时序逻辑电路。

① 写出逻辑电路的时钟方程和驱动方程：

$$CP_0 = CP_2 = CP$$
$$CP_1 = Q_0$$
$$J_0 = \overline{Q}_2, \quad K_0 = 1$$
$$J_1 = K_1 = 1$$
$$J_2 = Q_1 Q_0, \quad K_2 = 1$$

② 写出逻辑电路的状态方程：

$$Q_0^{n+1} = [\overline{Q}_2^n \cdot \overline{Q}_0^n] \, CP\downarrow$$
$$Q_1^{n+1} = [\overline{Q}_1^n] \, Q_0^n \downarrow$$
$$Q_2^{n+1} = [Q_1^n \cdot Q_0^n \cdot \overline{Q}_2^n] \, CP\downarrow$$

③ 设时序电路初态为 $Q_2 Q_1 Q_0 = 000$，可列出时序电路的激励和状态转换表，见表 7.12。分析过程中应注意触发器 F_1 的状态翻转的条件，需要依赖 Q_0 从 $1 \rightarrow 0$ 作为触发时钟。在第 4 个 CP 到来之后，计数器的输出状态为 $Q_2 Q_1 Q_0 = 100$，触发器 F_2 和 F_0 的 J 输入端均为 "0"。在第 5 个 CP 下降沿到来之后，将 Q_2、Q_0 置为 "0"，使计数器恢复到初始状态。计数器工作波形如图 7.30 所示。

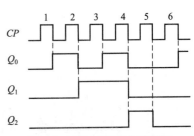

图 7.30 例 7.4 的工作波形图

④ 由表可见计数器经过 5 个 CP 脉冲为一个计数循环，且为递增计数。故归纳出电路的逻辑功能为：异步五进制加法计数器。

表 7.12 例 7.4 的激励和状态转换表

CP	$J_2=Q_0Q_1$	$K_2=1$	$J_1=1$	$K_1=1$	$J_0=\bar{Q_2}$	$K_0=1$	$Q_2 Q_1 Q_0$
0	0	1	1	1	1	1	0 0 0
1	0	1	1	1	1	1	0 0 1
2	0	1	1	1	1	1	0 1 0
3	1	1	1	1	1	1	0 1 1
4	0	1	1	1	0	1	1 0 0
5	0	1	1	1	1	1	0 0 0

7.3.4 中规模集成计数器

前面介绍了由触发器（小规模集成电路）组成的计数器的基本功能和工作原理。将触发器和逻辑门电路等控制电路集成在一块硅片上，即可构成中规模集成（MSI）计数器。集成计数器具有功能完善、通用性强、功耗低、工作速率高等优点，因而得到了广泛应用。由 TTL 电路和 CMOS 电路构成的 MSI 计数器都有许多品种。表 7.13 列出了部分 TTL 集成计数器的型号及其工作特点。本节以十进制加法计数器 74160 和十进制加/减可逆计数器 74190 为例介绍集成计数器的功能和应用。学习计数器的目的是学会阅读计数器的功能表，并掌握集成计数器的分析和使用方法。

表 7.13 常用 TTL 集成计数器

类型	名称	型号	CP 触发沿	预置方式/电平	清零方式/电平
异步计数器	二–五–十进制计数器	7490 74290 74196	↓	异步置"9" 高 异步置"9" 高 异步 低	异步 高 异步 高 异步 低
	二–八–十六进制计数器	74293 74197	↓	无 异步 低	异步 高 异步 低
	双 4 位二进制计数器	74393	↓	无	异步 高
同步计数器	十进制计数器	74160 74162	↑	同步 低 同步 低	异步 低 同步 低
	十进制加/减可逆计数器	74168 74190	↑	同步 低 异步 低	无 无
	4 位二进制计数器	74161 74163	↑	同步 低 同步 低	异步 低 同步 低
	4 位二进制加/减可逆计数器	74169 74191	↑	同步 低 异步 低	无 无

1. 加法计数器的逻辑功能

同步十进制加法计数器 74160，内部由 4 个 JK 触发器和若干控制门电路组成，由于计数脉冲 CP 同时接到 4 个 JK 触发器的时钟输入端，故为同步计数器。74160 的引脚排列如图 7.31 所示。它有 5 个输出端：4 个计数状态输出 Q_A、Q_B、Q_C、Q_D 和进位输出 Q_{CC}；9 个输入端：清零端 $\overline{C_r}$、置数控制端 $\overline{LD}$、工作状态控制端 S_1 和 S_2、计数脉冲输入端 CP 和并行预置数输入端 A、B、C、D。74160 除具有计数功能外，还具有清零、置数和保持等附加功能，增加了计数器使用的灵活性。74160 的功能表如表 7.14 所示，其逻辑功能如下：

图 7.31　74160 的引脚排列图

表 7.14　十进制计数器 74160 功能表

功能	输入									输出
	时钟 CP	清零 $\overline{C_r}$	置数控制 $\overline{LD}$	控制信号		置数输入				$Q_A\ Q_B\ Q_C\ Q_D$
				S_1	S_2	A	B	C	D	
清零	ϕ	0	ϕ	ϕ	ϕ	ϕ	ϕ	ϕ	ϕ	0　0　0　0
置数	↑	1	0	ϕ	ϕ	a	b	c	d	$a\ b\ c\ d$
保持	ϕ	1	1	0	1	ϕ	ϕ	ϕ	ϕ	保　持
保持	ϕ	1	1	ϕ	0	ϕ	ϕ	ϕ	ϕ	
计数	↑	1	1	1	1	ϕ	ϕ	ϕ	ϕ	计　数

（1）异步清零

当清零端 $\overline{C_r}=0$ 时，将计数器输出端 $Q_A \sim Q_D$ 均置为 0。所谓异步清零，是指清零操作不受时钟 CP 和其他输入信号的影响，其优先级最高。

（2）同步置数

当 $\overline{C_r}=1$，置数控制端 $\overline{LD}=0$，且 CP 上升沿到来时，计数器将此前预置于输入端 A、B、C、D 的数码同时分别送至输出端 Q_A、Q_B、Q_C、Q_D，实现了同步并行置数。所谓同步置数，是指置数操作与 CP 上升沿同步。

（3）保持

当 $\overline{C_r}=1$，$\overline{LD}=1$，状态控制端 $S_1=0$、$S_2=1$ 时，输出端 $Q_A \sim Q_D$ 以及进位输出端 Q_{CC} 均保持原状态；当 S_1 为任意状态、$S_2=0$ 时，$Q_A \sim Q_D$ 的状态也保持不变，但同时将 Q_{CC} 清零，即 $Q_{CC}=0$。这两种保持均与 CP 信号无关。

（4）计数

当 $\overline{C_r}=\overline{LD}=S_1=S_2=1$，且 CP 上升沿到来时，计数器对 CP 进行计数。在 CP 端输入 9 个脉冲，计数器输出 $Q_D \sim Q_A$ 从 0000 开始计数到 1001，第 10 个 CP 到后，计数器输出 $Q_D Q_C Q_B Q_A$ 返回到 0000 的初始状态。计数器的输出方程为

$$Q_{CC}=S_2 \cdot Q_D \cdot Q_A$$

在第 9 个和第 10 个 CP 上升沿之间，进位输出端 Q_{CC} 输出宽度为一个 CP 周期的正进位

脉冲,从而实现了十进制计数。在计数器的 4 位输出中,Q_D 为高位,Q_A 为低位。

2. 加法计数器的应用

(1) 构成任意进制计数器

按照表 7.14 将 74160 各个控制端接上所要求的电平,即可实现 8421 码十进制计数器,其工作波形图如图 7.32 所示。但在实际当中,往往要用到任意进制的计数器。74160 除能实现十进制计数外,若对其外部电路进行不同的连接,附加简单的门电路或触发器,即可构成任意模数 M 计数器。通常采用的方法有两种:反馈归零法和置数法。

反馈归零法是利用模数较大的计数器构成模数较小的计数器。其原理是利用某个计数状态对应的输出进行反馈,控制清零端,强迫计数器停止当前的计数过程,并从 0000 开始下一个计数周期。反馈归零法的基本设计步骤如下:

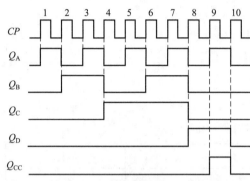

图 7.32 74160 十进制计数器工作波形图

① 写出任意进制计数器模 M 的二进制代码。
② 求出反馈复位逻辑的逻辑函数式。
③ 画出集成计数器外部接线图。

这种方法的特点是:简单方便,有过渡状态,用门电路实现反馈归零时,复位信号存在的时间很短暂。下面通过例题介绍利用反馈归零法设计任意进制计数器的方法。

例 7.5 用 74160 构成六进制加法计数器。

解 ① 首先将 74160 接成十进制计数器,即 $\overline{LD}=S_1=S_2=1$;
② 写出模 $M=6$ 的二进制代码 0110;
③ 写出复位端的逻辑函数式。由于 74160 复位为低电平有效,所以用与非门实现,故有 $\overline{C_r} = \overline{Q_C Q_B}$;
④ 画出用反馈归零法实现六进制加法计数器电路的接线图。

图 7.33 中用示意性框图来表示 MSI 计数器。清零端和置数端上的小圆圈表示低电平有效。图中给出了两种复位电路,仅用与非门实现清零的电路如图 7.33(a) 所示。当计数器从 0000

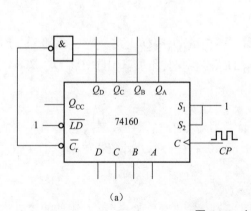

(a)

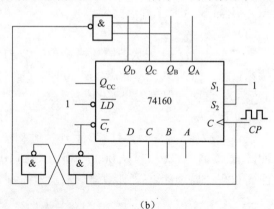

(b)

图 7.33 六进制计数器逻辑图

计到 0110 时，与非门输出为零，计数器的清零功能有效，立即将计数器输出端 $Q_A \sim Q_D$ 置"0"。由于复位时间极短，0110 的状态转瞬即逝，所以不计入计数循环。计数器的输出状态表见表 7.15。

为了提高计数器复位的可靠性，也可以利用基本 RS 触发器将反馈清零负脉冲暂存一段时间，保留至 CP 下降沿到来时才结束。其接线图如图 7.33（b）所示，电路工作波形如图 7.34 所示。其中 $\overline{C}_{ra}$ 和 $\overline{C}_{rb}$ 分别给出的是图 7.33（a）和（b）电路中复位端的波形，显然两种清零负脉冲的宽度有明显差别。由图可清楚地看出，74160 为 CP 上升沿触发计数；反馈清零的负脉冲一到，立即将计数器复位，故为异步清零。

表 7.15 六进制计数器状态表

CP	$Q_D\ Q_C\ Q_B\ Q_A$
0	0 0 0 0
1	0 0 0 1
2	0 0 1 0
3	0 0 1 1
4	0 1 0 0
5	0 1 0 1
6	0 0 0 0

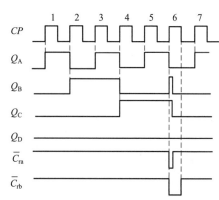

图 7.34 六进制计数器波形图

下面通过例题介绍利用置数法构成任意进制计数器的方法。

例 7.6 用 74160 构成 1～7 计数的 8421 码七进制加法计数器。

解 ① 确定预置数。由于计数器以 1（0001）作为计数循环的起始值，故令预置数输入端的状态为 $DCBA=0001$。

② 写出置数控制端的逻辑表达式。根据题目要求，当计数器出现 7（0111）之后，下一个时钟 CP 的上升沿到来，将预置数 0001 送到输出端 $Q_DQ_CQ_BQ_A$。由于置数控制端 $\overline{LD}$ 为低电平有效，故可写出置数控制的逻辑表达式 $\overline{LD}=\overline{Q_CQ_BQ_A}$，据此画出接线图，如图 7.35 所示。计数器状态表如表 7.16 所示，由表可见，当计数器计到 7（0111）之后，下一个状态为 1（0001），开始第 2 个计数周期。

表 7.16 七进制计数器状态表

CP	$Q_D\ Q_C\ Q_B\ Q_A$
0	0 0 0 1
1	0 0 1 0
2	0 0 1 1
3	0 1 0 0
4	0 1 0 1
5	0 1 1 0
6	0 1 1 1
7	0 0 0 1

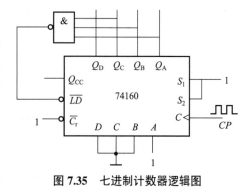

图 7.35 七进制计数器逻辑图

需要强调的是，由于 74160 为同步置数，因此 $\overline{LD}$ 端满足条件被置为低电平后，计数器

输出端 $Q_D \sim Q_A$ 的状态并不立即变化，需要等 CP 上升沿到来时，输出端状态才变化。

综上所述，若在计数循环中，需要跳过部分状态，可利用置数法来实现：通常将计数循环起点对应的状态作为预置数，将计数循环终点对应的状态作为置数控制逻辑。

（2）集成计数器的级联

集成计数器的级联，是通过计数器外部控制端子的连接，实现两片或多片计数器之间从低位片到高位片的进位。利用两片集成十进制计数器的级联，可构成模数 $M=11\sim100$ 的计数器。74160 的级联有串行进位和并行进位两种方式。

串行进位是将低位片的进位端 Q_{CC}，连至高位片的时钟输入端 CP（连线图见习题 7.19）。采用串行进位方式时，各片集成计数器的工作不同步。当计数器位数比较多时，计数速度相对比较慢。

并行进位是将低位片的进位端 Q_{CC} 连至高位片的工作状态控制端 S_1 和 S_2，而两片计数器的时钟输入端均接到计数脉冲 CP 上。采用并行进位方式时，当低位片计数到 9 时，已经将进位信号送至高位片的 S_1 和 S_2 端，在第 10 个计数脉冲 CP 的上升沿到来时，两片计数器同时翻转，实现同步计数，因此计数速度比较快。

例 7.7 采用并行进位方式，用 74160 构成 8421 码二十四进制加法计数器。

解 ① 用两片 74160，分别接成十进制计数器：即 $\overline{LD}=S_1=S_2=1$。

② 进行级联：将 $Q_{CC(1)}$ 同时接至 $S_{1(2)}$ 和 $S_{2(2)}$，形成个位片向十位片的并行进位，即十位片计 1，相当于计数器计 10，从而构成 $M=100$ 计数器。

③ 按 24 的 8421 码 0010 0100，求得反馈复位逻辑式 $\overline{C_r} = \overline{Q_{B(2)}Q_{C(1)}}$，用与非门实现清零。

据此可画出 8421 码二十四进制计数器的逻辑图如图 7.36 所示，复位信号应同时接至个位片和十位片的清零端 $\overline{C_r}$。

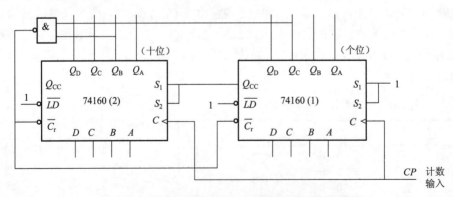

图 7.36 采用并行进位的二十四进制计数器逻辑图

3. 加/减可逆计数器

74190 是同步十进制加/减可逆计数器，其内部也是由 4 个 JK 触发器和若干控制门电路组成。其逻辑功能表如表 7.17 所示。

表 7.17　十进制加/减可逆计数器 74190 功能表

功能	输入								输出
	时钟 CP	使能控制 $\overline{S}$	置数控制 $\overline{LD}$	加/减控制 $\overline{U}/D$	置数输入				$Q_A\ Q_B\ Q_C\ Q_D$
					A	B	C	D	
置数	ϕ	ϕ	0	ϕ	a	b	c	d	a b c d
保持	ϕ	1	1	ϕ	ϕ	ϕ	ϕ	ϕ	保持
计数	↑	0	1	0	ϕ	ϕ	ϕ	ϕ	加法计数
计数	↑	0	1	1	ϕ	ϕ	ϕ	ϕ	减法计数

计数器 74190 的性能特点如下：

① 利用控制端 $\overline{U}/D$（Up / Down）可实现不同方向的计数：当 $\overline{U}/D=0$ 时，74190 进行加法计数；$\overline{U}/D=1$ 时，进行减法计数，计数采用时钟 CP 的上升沿触发。

② 利用置数控制端 $\overline{LD}=0$，可实现异步并行置数，异步是指置数操作与时钟 CP 及其他输入端的状态无关。

③ 未设清零端，若需要复位时，可利用置数操作，送入 $ABCD$=0000。

④ 输出端 Q_{CC} / Q_{CB} 为进位/借位信号输出端，$\overline{Q}_{CR}$ 作为芯片之间级联传位时钟（或称行波时钟）输出端。

⑤ 具有保持功能。

计数器 74190 的引脚排列如图 7.37 所示。

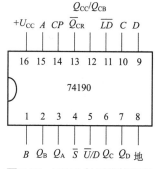

图 7.37　74190 的引脚排列图

由功能表可知 74190 为加/减可逆十进制集成计数器，当 74190 进行加法计数时，控制端 $\overline{U}/D$ =0，计数器各输出端的波形如图 7.38（a）所示（设初始状态为 $Q_DQ_CQ_BQ_A$=0000）；当 74190 进行减法计数时，控制端 $\overline{U}/D$ =1，计数器各输出端的波形如图 7.38（b）所示（设初始状态为 1001）。

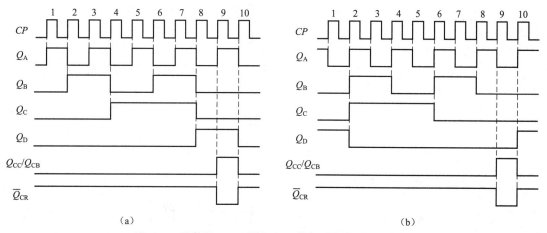

（a）　　　　　　　　　　　　　　　　（b）

图 7.38　计数器 74190 进行加计数和减计数时的波形图

（a）加计数时的波形；（b）减计数时的波形

由波形图可见,利用级联传位时钟端 $\bar{Q}_{CR}$,可进行两片 74190 之间的级联,以满足计数器上升沿触发的要求。利用进位/借位输出端 Q_{CC}/Q_{CB} 的正脉冲,或级联传位时钟端 $\bar{Q}_{CR}$ 的负脉冲,可进行反馈置数控制。

例 7.8 用 74190 构成 8421 码四十进制减法计数器。

解 ① 用两片 74190 分别接成十进制减法计数器:即 $\bar{S} = 0$,$\bar{U}/D = 1$;

② 进行级联:将 $\bar{Q}_{CR(1)}$ 接至 $CP_{(2)}$,构成一百进制计数器;

③ 四十进制计数器的计数范围是 39~0。所以将 39 的 8421 码 0011 1001,置于两片 74190 的并行数据输入端。当计数器减至 0 且再来一个计数脉冲时,计数器输出 99,利用这个状态形成置数负脉冲,即

$$\overline{LD} = \overline{Q_{D(2)} \cdot Q_{A(2)} \cdot Q_{D(1)} \cdot Q_{A(1)}}$$

其功能是再次将初始值 39 置入计数器,并开始下一个计数周期。由于 99 的状态只出现很短暂的瞬间,故不计入计数循环。画出四十进制减法计数器逻辑电路如图 7.39 所示。

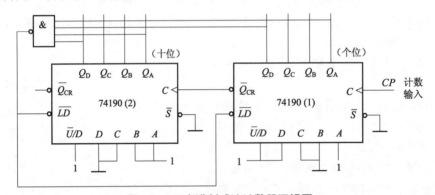

图 7.39 四十进制减法计数器逻辑图

7.4 单稳态触发器

单稳态触发器是脉冲整形和延迟控制中经常使用的一种电路。与双稳态触发器不同,单稳态触发器具有以下特点:

① 有稳态和暂稳态两个不同的工作状态。

② 在触发脉冲的作用下,电路从稳态翻转到暂稳态,并保持一段时间,然后自动返回到稳态。

③ 暂稳态持续的时间(用 t_w 表示)仅取决于电路外接电阻和外接电容的参数,而与触发脉冲的宽度无关。

本节分别介绍由 555 定时器构成的单稳态触发器和集成单稳态触发器。

7.4.1 555 定时器的组成和功能

1972 年,美国 Signitics 公司生产出第一片 555 定时器,由于它性能优良,使用灵活方便,因而在波形产生与变换、信号测量与控制、家用电器、电子玩具等许多领域都得到了广泛的应用。555 定时器是一种中规模单片集成电路,它将模拟功能和数字逻辑功能巧妙地结合在

一起。若在其外部接上少量的电阻和电容元件,即可构成单稳态触发器、多谐振荡器和施密特触发器等应用电路。

1. 555 定时器的结构

555 定时器也有双极型和 CMOS 型两类产品。几乎所有双极型产品型号的最后 3 位数码都是 555(如 NE555 等);所有 CMOS 产品型号最后 4 位数都是 7555(如 CC7555 等),而且它们的逻辑功能和引脚排列图也相同。一些厂家对集成了两个 555 单元的芯片命名时,在型号后加 556 三个数字;集成了四个 555 单元的芯片,在型号后加 558 三个数字。本节以双极型 555 定时器为例进行分析。

双极型 555 定时器电路结构原理图和外部引脚图如图 7.40 所示。其内部包括两个开环电压比较器 C_1 和 C_2、基本 RS 触发器、集电极开路的放电三极管 T,以及三个阻值为 5 kΩ 的精密电阻,将它们串联后接在电源 $+U_{CC}$ 和地之间,构成电阻分压器。555 定时器的名称即由此而来。

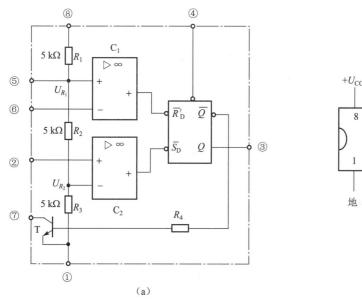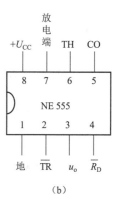

图 7.40 555 定时器
(a)电路结构;(b)外部引脚图

在图 7.40(a)中,6 脚是比较器 C_1 的反相输入端,作为高电平触发端,用 TH 表示。2 脚是比较器 C_2 的同相输入端,作为低电平触发端,用 $\overline{TR}$ 表示。比较器 C_1 和 C_2 的参考电压 U_{R1} 和 U_{R2} 由电阻分压器提供。

若 5 脚不接控制电压时,$U_{R1}=\dfrac{2}{3}U_{CC}$,$U_{R2}=\dfrac{1}{3}U_{CC}$;

若 5 脚外接固定控制电压 U_{CO} 时,$U_{R1}=U_{CO}$,$U_{R2}=\dfrac{1}{2}U_{CO}$。

4 脚为异步清零端 $\overline{R}_D$,当加入负脉冲时,将基本 RS 触发器置"0",使 $u_o=0$。
3 脚为输出端 u_o,555 定时器的最大输出电流可达 200 mA,具有较强的带负载能力。
7 脚为放电三极管 T 的集电极。

8 脚为电源端 $+U_{CC}$，电源电压的选用范围：双极型 555 为 4.5～15 V，CMOS 型 555 为 3～18 V。

2. 555 定时器的功能

利用 6 脚和 2 脚所加的触发电压，控制比较器 C_1 和 C_2，比较器的输出控制基本 RS 触发器以及放电三极管 T 的状态。555 定时器的功能表如表 7.18 所示。为了叙述简便，下面分析中用 u_6 表示 TH 端所加信号，用 u_2 表示 $\overline{TR}$ 端所加信号。

表 7.18　555 定时器功能表

输入			输出	
$\overline{R}_D$	u_6(TH)	u_2($\overline{TR}$)	u_o	T
0	ϕ	ϕ	0	导通
1	$<\frac{2}{3}U_{CC}$	$<\frac{1}{3}U_{CC}$	1	截止
1	$>\frac{2}{3}U_{CC}$	$>\frac{1}{3}U_{CC}$	0	导通
1	$<\frac{2}{3}U_{CC}$	$>\frac{1}{3}U_{CC}$	不变	不变

当 $u_6<\frac{2}{3}U_{CC}$，$u_2<\frac{1}{3}U_{CC}$ 时，比较器 C_1 输出为"1"，C_2 输出为"0"，触发器被置"1"，即 $Q=1$，$\overline{Q}=0$，使三极管 T 截止；

当 $u_6>\frac{2}{3}U_{CC}$，$u_2>\frac{1}{3}U_{CC}$ 时，比较器 C_1 输出为"0"，C_2 输出为"1"，触发器被置"0"，即 $Q=0$，$\overline{Q}=1$，使三极管 T 导通；

当 $u_6<\frac{2}{3}U_{CC}$，$u_2>\frac{1}{3}U_{CC}$ 时，比较器 C_1、C_2 的输出均为"1"，触发器和三极管 T 保持原状态不变。

7.4.2　由 555 定时器构成的单稳态触发器

由 555 定时器组成的单稳态触发器如图 7.41 所示。外接的电阻 R、电容 C 为定时元件，触发信号 u_i 为一负脉冲，加在低电平触发端 2 脚上。5 脚 U_{CO} 不用时，经 0.01 μF 滤波电容 C_1 接地，以避免引入干扰。

1. 工作原理

（1）稳态

触发器信号的负脉冲未加入时，u_i 为高电平"1"。当电源开始接通时，电路有一个过渡过程。由 U_{CC} 经过电阻 R 向电容 C 充电，当 $u_6=u_C\geqslant\frac{2}{3}U_{CC}$ 时，基本 RS 触发器被置"0"，即 $u_o=0$，使三极管 T 饱和导通，故电容 C 经 T 迅速放电，至 $u_C\approx0$，电路进入稳态。若不加入触发信号,则 $u_o=0$ 的稳态能够一直保持下去。

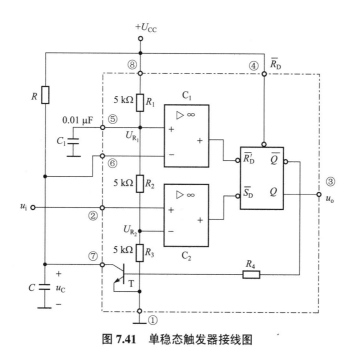

图 7.41 单稳态触发器接线图

(2) 暂稳态

当触发负脉冲 u_i 的下降沿到来时,$u_2 < \frac{1}{3}U_{CC}$,而 $u_6 \approx 0$,比较器 C_2 输出 $\overline{S}_D$ 端为低电平,将触发器 Q 置"1",而 $\overline{Q}=0$,使三极管 T 截止,电源 U_{CC} 经过电阻 R 向电容 C 充电,电压 u_C 按指数规律不断上升,最终将趋向于 $u_C(\infty)=U_{CC}$。

当 u_i 的负脉冲结束,$u_2=1$,此时 $u_2 > \frac{1}{3}U_{CC}$,$u_6 < \frac{2}{3}U_{CC}$,即 $\overline{R}'_D = \overline{S}_D = 1$,使触发器保持原状态不变,电路输出维持在暂稳态 $Q=1$。但当电容电压上升到 $u_6=u_C \geq \frac{2}{3}U_{CC}$ 时,比较器 C_1 的输出 $\overline{R}'_D = 0$,将触发器置"0",即 $Q=0$,$\overline{Q}=1$,使三极管 T 导通。电容 C 经 T 放电,暂稳态结束,电路返回到初始稳态,在 3 脚输出一个正脉冲,其工作波形如图 7.42 所示。

2. 输出脉冲宽度 t_w

输出脉冲宽度 t_w 是指电路输出端处于暂稳态的持续时间。为便于推导,设电容 C 开始充电的瞬间为计时起点,有 $u_C(0_+) \approx 0$,$u_C(\infty)=U_{CC}$,$\tau=RC$,并有 $u_C(t_w)=\frac{2}{3}U_{CC}$,利用一阶 RC 电路暂态的分析方法,可推导出 t_w 的表达式为

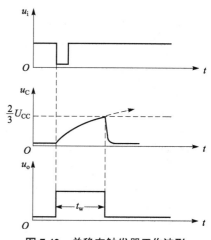

图 7.42 单稳态触发器工作波形

$$t_w = (\ln 3)RC \approx 1.1RC \tag{7.7}$$

应当指出，图 7.41 所示电路对输入触发脉冲的宽度有一定要求，它必须小于 t_w，否则输出脉冲的宽度将受其影响。若不满足这个条件，应在输入端 u_2 处加入微分电路，以减小输入触发脉冲的宽度。

7.4.3 集成单稳态触发器

单稳态触发器在数字系统中应用广泛，已将它作为一个标准器件，制成集成电路。它具有功能齐全、外接元件少、温度特性好、抗干扰能力强等特点。

集成单稳态触发器分为非重触发（如 74121）和可重触发（如 74123）两类。二者的区别可用图 7.43 来说明。若在暂稳态持续时间 t_w 内，再次加入触发脉冲[如图 7.43（a）中 t_2 时刻]，可重触发单稳态触发器将会从 t_2 时刻开始再延时 t_w，此时脉冲宽度延长为 $[t_w+(t_2-t_1)]$ [见图 7.43（b）]；而非重触发的单稳态触发器不会产生任何响应[见图 7.43（c）]。利用输入触发脉冲的重复作用，即可方便地延长输出脉冲的宽度。这里只介绍 74123 的功能和特点。

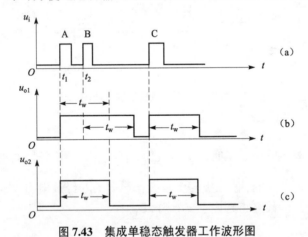

图 7.43　集成单稳态触发器工作波形图
(a) 触发信号；(b) 可重触发输出；(c) 非重触发输出

74123 是具有复位、可重触发的双单稳态触发器，在一个芯片内集成了两个相互独立的单稳电路（其各自引脚以字头 1、2 相区别）。其功能表如表 7.19 所示，引脚排列图和符号如图 7.44 所示。它有 3 个输入端：直接复位端 $\overline{R}_D$、下降沿触发输入端 $\overline{A}$、上升沿触发输入端 B；有两个互补输出端 Q 和 $\overline{Q}$；还有外接定时元件 R_{ext}、C_{ext} 的两个端子，定时电阻接在电源和 R_{ext}/C_{ext} 两脚之间，定时电容接在 R_{ext}/C_{ext} 和 C_{ext} 两脚之间。

表 7.19　74123 功能表

输入			输出	
$\overline{R}_D$	$\overline{A}$	B	Q	$\overline{Q}$
0	ϕ	ϕ	0	1
ϕ	1	ϕ	0	1
ϕ	ϕ	0	0	1
1	0	↑	⊓	⊔
1	↓	1	⊓	⊔
↑	0	1	⊓	⊔

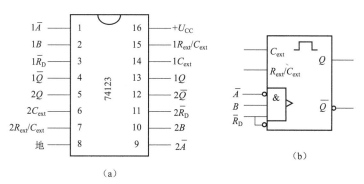

图7.44 74123的引脚排列图和单稳态触发器的符号

(a) 74123的引脚排列图;(b) 单稳态触发器的逻辑符号

单稳态触发器输出状态Q是否翻转,取决于3个输入端A、B、$\overline{R}_D$相与的结果是否产生正跳变信号。由功能表可见,有三种情况可触发输出状态翻转:

① 当输入$\overline{R}_D=1$、$\overline{A}=0$、B端有一个正跳变时,单稳态触发器输出Q端产生一个正脉冲,$\overline{Q}$端产生一个负脉冲,脉冲宽度由外接电阻和外接电容决定。

② 当$\overline{R}_D=1$、$B=1$、$\overline{A}$端有一个负跳变时,Q端产生一个正脉冲,$\overline{Q}$端产生一个负脉冲。

③ 当$B=1$、$\overline{A}=0$、$\overline{R}_D$端有一个正跳变时,Q端产生一个正脉冲,$\overline{Q}$端产生一个负脉冲,所以$\overline{R}_D$端兼有清零和触发双重功能。

当$\overline{R}_D=0$、或$\overline{A}=1$、或$B=0$时,单稳态触发器保持原始稳态,即输出$Q=0$,$\overline{Q}=1$。

74123的性能特点如下:

① 具有可重触发性:利用重复触发,可加大输出脉冲的宽度。

② 具有下降沿、上升沿两种触发方式。

③ 优先复位输入端:在$\overline{R}_D$端加入负脉冲(即$\overline{R}_D=0$),将74123的输出复位,利用$\overline{R}_D$也可终止输出脉冲或减小脉冲宽度。

④ 输出脉冲宽度t_w的计算:

当$C_{ext}>1\,000$ pF时,t_w与外接电阻R_{ext}和外接电容C_{ext}的关系式为

$$t_w=0.45 R_{ext} C_{ext} \tag{7.8}$$

式中,若R_{ext}的单位为kΩ,C_{ext}的单位为pF,则t_w的单位为ns。

74123脉宽范围t_w可达45 ns~∞,它能够输出很窄的脉冲。

图7.45是74123的工作波形图。

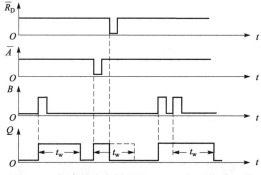

图7.45 集成单稳态触发器74123的工作波形图

7.4.4 单稳态触发器的应用举例

单稳态触发器具有延时和定时等功能。在 7.46（a）所示逻辑图中，单稳态触发器即起到了这两方面的作用。其中单稳态触发器既可以是集成单稳态触发器，也可以由 555 定时器或其他元件构成。

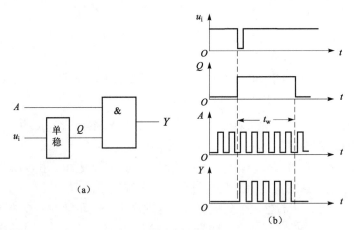

图 7.46 单稳态触发器的应用
（a）逻辑图；（b）波形图

由图 7.46（b）所示的波形图可见，若在单稳态触发器输入端 u_i 处加入一负触发脉冲，则单稳态触发器输出 Q 跳变为"1"，将与门打开。输入脉冲序列 A 即可通过与门到达输出端 Y。当单稳态触发器经过 t_w 后，Q 恢复到"0"，重新封锁与门，脉冲序列不再通过与门。如果将暂稳态持续时间 t_w 设置为单位时间（如 1 s），在与门后面接计数器，即可组成频率计的原理电路。

与 u_i 的负脉冲下降沿相比，Q 的下降沿延迟了 t_w，这即是单稳态触发器的延时作用。Q 输出一个 t_w 宽度的正脉冲，控制 A 信号通过与门的时间，这即是单稳态触发器的定时作用。

7.5 多谐振荡器

多谐振荡器即是矩形波发生器，由于矩形波中的谐波分量非常丰富而得名。它利用自激产生振荡，不需要外加触发信号。它只有两个暂稳态，而无稳定状态，所以也称为无稳态触发器。

7.5.1 由 555 定时器构成的多谐振荡器

1. 电路结构和工作原理

由集成 555 定时器构成的多谐振荡器电路如图 7.47（a）所示。图中电阻 R_1、R_2、电容 C 为外接定时元件，5 脚接的 0.01 μF 滤波电容。将 2 脚与 6 脚接在一起，经电容 C 接地，放电三极管 T 的集电极（7 脚）接在电阻 R_1 和 R_2 之间，清零端 4 脚接电源 $+U_{CC}$。

电路的工作原理分析如下：在接通电源时，设电容电压 $u_C=0$，有 $u_2=u_6=u_C<\dfrac{1}{3}U_{CC}$。比

较器 C_1 输出高电平，C_2 输出低电平，触发器被置"1"，三极管 T 截止。电源 U_{CC} 经 R_1、R_2 对 C 充电，此时电路处于第一个暂稳态。

当 C 充电到 $u_6=u_C \geq \frac{2}{3}U_{CC}$ 时，比较器 C_1 输出低电平，C_2 输出高电平，触发器被置"0"，即 $Q=0$，$\bar{Q}=1$，三极管 T 饱和导通，电容 C 经 R_2 和 T 放电，电路处于第二个暂稳态。

当 C 放电到 $u_C \leq \frac{1}{3}U_{CC}$ 时，比较器 C_1 输出高电平，C_2 输出低电平，触发器由"0"置"1"，返回到初始状态。如此循环振荡，在输出端 Q 得到矩形波。其电路的工作波形如图 7.47 (b) 所示。

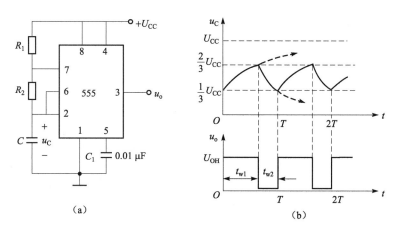

图 7.47 多谐振荡器
(a) 电路组成；(b) 工作波形

2. 振荡周期和占空比

振荡器电路的充电时间常数 $\tau_1=(R_1+R_2)C$，放电时间常数 $\tau_2=R_2 C$，矩形波周期 T 由充电时间 t_{w1} 和放电时间 t_{w2} 共同决定，有

$$T=t_{w1}+t_{w2}=(\ln 2)[(R_1+2R_2)C]$$

于是有

$$T \approx 0.7(R_1+2R_2)C \tag{7.9}$$

通过改变 R 和 C 的数值，可以获得 0.1 Hz～300 kHz 的振荡频率。在实际应用中常常需要调节正脉宽 t_{w1} 和负脉宽 t_{w2}，占空比为

$$D=\frac{t_{w1}}{T}=\frac{R_1+R_2}{R_1+2R_2} \tag{7.10}$$

在此电路中，由于 $\tau_1 > \tau_2$，故占空比 $D>0.5$。若要调整 D 为任意值，而保持周期 T 不变时，则应改变电路结构，改进电路请参看习题 7.26。

3. 应用举例

电子琴的原理电路如图 7.48 所示。SB_1～SB_8 表示 8 个琴键开关，按下不同的琴键开关，电路接入不同的电阻，因而产生不同频率的矩形波。若电阻（R_1 及 R_{21}～R_{28}）和电容 C 选配合适，即可使扬声器发出 1 2 3 4 5 6 7 i 的音调。

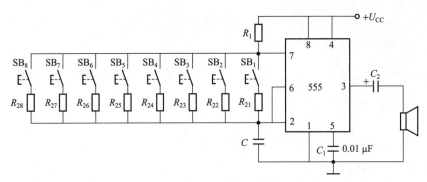

图 7.48 电子琴原理电路图

7.5.2 石英晶体多谐振荡器

石英晶体振荡器（简称晶振）应用非常广泛。将石英晶体按一定方位切割成薄片后抛光制成石英晶片，在晶片两面喷涂上金属电极，并加装外壳，构成石英谐振器。利用石英晶体压电效应和频率选择性，可构成石英晶体振荡器。

1. 石英晶体的基本特性

在石英晶体电极上接交变电压时，电场的作用将使晶片产生机械振动；而机械振动又会在电极上产生电荷，进而在外电路出现交变电流，这种物理现象称为压电效应。若外加电压信号频率 f 等于固有振动频率 f_0 时，石英晶体发生共振，使交变电流达到最大，类似于电路中的谐振。

石英晶体的符号和电抗频率特性如图 7.49 所示。由图 7.49（b）可见，当 $f=f_0$ 时，石英晶体的等效阻抗最小，信号最容易通过，而其他频率的信号均被衰减掉。利用这一特点，把石英晶体接入多谐振荡器电路时，电路的振荡频率只取决于 f_0，而与电路中其他元件的参数无关。

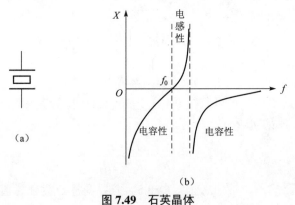

图 7.49 石英晶体
(a) 符号；(b) 电抗频率特性

石英晶体的频率稳定度是谐振频率的偏移量 Δf 与 f_0 的比值，即 $\Delta f/f_0$，一般可达 10^{-7} 以上，甚至可高达 $10^{-10} \sim 10^{-11}$，完全可以满足大多数数字系统对频率稳定度的要求。石英晶体已做成各种谐振频率的标准器件出售。

2. 由门电路构成的多谐振荡器

为了分析简便，先从图 7.50（a）所示的对称多谐振荡器电路入手，其中门电路 G_1 和 G_2 之间通过电容 C 相互耦合。电容的充、放电不断改变电路的输入和输出电平，从而形成自激振荡。电路中 A、B、D 点的工作波形如图 7.50（b）所示。

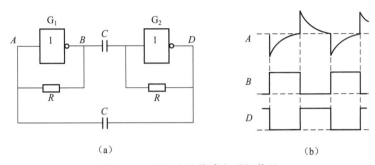

图 7.50 用门电路构成多谐振荡器
（a）电路组成；（b）工作波形

调整 R、C 的数值可以改变振荡频率。当 $R=1 \text{ k}\Omega$，$C=100 \text{ pF} \sim 100 \text{ μF}$ 时，输出信号的频率范围为几赫兹～几兆赫兹，振荡周期为 $T=1.4RC$。

这一电路结构简单，频率调节方便，但振荡频率不仅与电路参数 R、C 有关，还受到环境温度及门电路阈值电压 U_T 的影响，因此频率稳定度不高。

3. 石英晶体多谐振荡器

为了提高振荡器的频率稳定度，常使用石英晶体多谐振荡器。图 7.51 所示电路即为一种实用的振荡电路。对比图 7.50（a）和图 7.51，不难发现，石英晶体代替了一个电容，使电路的振荡频率由石英晶体的固有频率 f_0 来确定。C_2 是一小电容，其作用是防止寄生振荡。为了改善输出波形和带负载能力，通常还在输出端再加一级反相器，如图 7.51 中虚线所示。该电路的典型参数为：当晶体频率选择为 $f_0=5 \text{ kHz} \sim 3 \text{ MHz}$ 时，$R=1.2 \text{ k}\Omega$，$C_1=0.047 \text{ μF}$，$C_2=680 \text{ pF}$。

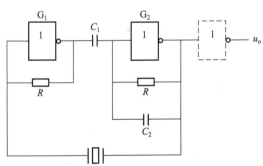

图 7.51 石英晶体多谐振荡器

7.6 施密特触发器

施密特触发器的逻辑符号和电压传输特性如图 7.52 所示。与双稳态触发器和单稳态触发器不同，施密特触发器的工作具有如下特点：

① 施密特触发器属于电平触发，对于变化缓慢的信号仍然适用。当输入信号达到阈值电压时，输出电压会发生跃变。

② 输出的两种稳定状态都需要输入信号来触发，无记忆功能。图中 U_{T1} 表示正向阈值电压，U_{T2} 表示负向阈值电压，$\Delta U_T = U_{T1} - U_{T2}$ 表示回差。

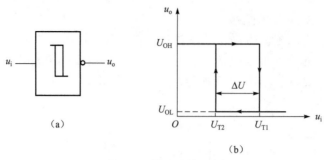

图 7.52 施密特触发器

(a) 图形符号；(b) 电压传输特性曲线

③ 对于正向增长和负向增长的输入信号，电路具有不同的阈值电压，与运算放大器构成的滞回电压比较器的工作特性类似。

施密特触发器有许多不同的电路形式，本节只介绍由 555 定时器构成的施密特触发器。其电路接线图如图 7.53（a）所示，只需将 2 脚与 6 脚接在一起作为信号输入端。若选用锯齿波作为输入信号 u_i，根据 555 定时器功能表，不难分析出输出信号 u_o 为矩形波，如图 7.53（b）所示，其中 $U_{T1} = \frac{2}{3}U_{CC}$，$U_{T2} = \frac{1}{3}U_{CC}$，$\Delta U = \frac{1}{3}U_{CC}$。

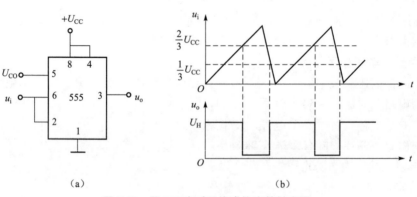

图 7.53 用 555 定时器构成施密特触发器

(a) 电路接线图；(b) 输出信号波形图

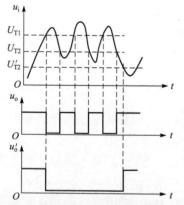

若需要改变阈值电压及回差电压时，可在 555 定时器的 5 脚加入控制电压 U_{CO}，此时门限电压为 $U_{T1} = U_{CO}$，$U_{T2} = \frac{1}{2}U_{CO}$，回差电压为 $\Delta U = \frac{1}{2}U_{CO}$。

由于施密特触发器具有滞回电压传输特性，使其在波形变换、脉冲整形和幅度鉴别等方面得到了广泛的应用。由图 7.54 所示波形可看出，调整 $U_{T2} \to U'_{T2}$，即可得到不同的输出波形 u_o 和 u'_o。因此可以通过调整 U_{CO}，来满足不同的要求。

图 7.54 用施密特触发器实现波形变换

7.7 数字电路应用举例

1. 高分辨率 8 人抢答器

在知识竞赛中，抢答器的基本功能是用来判断哪一个参赛者是第一个按下按钮的人。图 7.55 是一个高分辨率 8 人抢答器的电路。该电路由 3 个集成芯片组成：四二输入与非门 7400（虚线框内所示），构成环形多谐振荡器，作为时钟脉冲发生器，为互锁触发器提供 CP；八 D 触发器 74273（内部有 8 个 D 触发器，共用同一个 CP），上升沿触发，在本电路中的功能是互锁电路；八输入与非门 7430，构成反馈封锁电路。

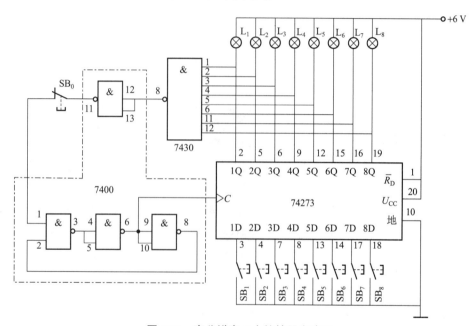

图 7.55 高分辨率 8 人抢答器电路图

抢答器的工作原理如下：当所有参赛者均未按下抢答器按钮时，8 个 D 触发器的输入端均等效为高电平，8 个灯都不亮。若某一参赛者按下按钮（设为 SB_3）时，当时钟脉冲的上升沿到来时，$3Q=3D=0$，使指示灯 L_3 发亮。同时八输入与非门 7430 的输出为"1"，经与非门取反为"0"，这个低电平经复位按钮 SB_0 加到环形多谐振荡器的控制端 7400 的 1 脚，致使脉冲发生器停止振荡，电路闭锁。此时，若其他人再按下按钮，电路也不会响应。除非按下常闭复位按钮 SB_0，使电路结束闭锁状态，系统才恢复功能。

抢答器的高分辨率取决于环形多谐振荡器，它是利用与非门的传输延迟时间 t_{pd} 来决定 CP 的振荡频率，所以电路分辨率可达 10^{-7} s。

2. 装饰画附加声响电路

KD56032 是一种模拟大自然声响的集成电路。将它装在具有蓝天白云、高山流水、瀑布飞泻以及林中飞鸟争鸣的装饰画中，会给人一种身临其境的感觉。

电路由脉冲发生器、脉冲分配器、发声电路和功放电路组成，其结构如图 7.56 所示。

电路的工作原理如下。

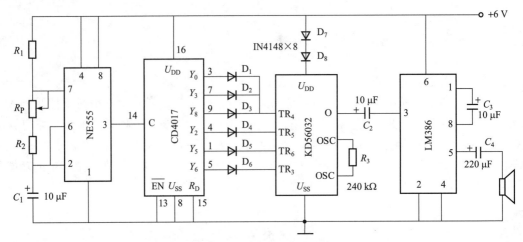

图 7.56 装饰画附加声响电路图

(1) 发声及功放电路

发声电路 KD56032 内含 6 种不同的声音,分别模拟大自然的海浪声+海鸥叫声、鸟叫声+青蛙叫声、流水声+鸟叫声、海浪声、鸟叫声和海鸥叫声。通过 TR_1~TR_6 触发端对 KD56032 分别进行触发发声。在图 7.56 电路中,用 TR_3~TR_6 4 个触发端进行程控触发,使电路按照设定的顺序依次发声。为了加强海浪的声音,在一个循环周期内 TR_4 被触发 3 次,其余 3 种声音只触发 1 次。

KD56032 的电源电压为 3~4.5 V,故利用二极管 D_7、D_8 进行降压,以满足要求。引脚 "OSC" 所接电阻 R_3 为内部振荡电路的外接电阻。由于发声电路的输出功率较小,电路采用了集成功放 LM386 进行功率放大,再由扬声器发声。

(2) 脉冲发生器

由 NE555 及电阻、电容组成多谐振荡器,作为脉冲分配器的计数脉冲 CP。当电阻取值为 R_1=20 kΩ,R_2=100 kΩ,R_P=330 kΩ,电容为 C=10 μF 时,由式(7.9)可计算出振荡周期的调节范围为 T=1.5~6 s。

(3) 脉冲分配器

由 CMOS 型集成芯片 CD4017 组成,其内部包含十进制计数器和 4 线–10 线译码器,译码器的作用可参考 74145 的逻辑功能表,但与 74145 不同的是,CD4017 译码后输出为高电平。正常工作时,在 CP 端加入连续的计数脉冲,CD4017 的 10 个输出端 Y_0~Y_9 依次输出高电平,经二极管 D_1~D_6 作为发声电路 KD56032 的触发信号。

3. 数字钟

数字式电子钟是计数器的一种典型应用,其原理框图如图 7.57 所示。电路结构可分为三个部分:标准秒脉冲发生器;秒/分/时计数、译码、显示电路;校准电路。

(1) 标准秒脉冲发生器

数字钟对振荡器的频率稳定度的要求是非常严格的,因为高频率稳定度是走时准确的基本条件,所以采用 1 MHz 石英晶体振荡器作为数字钟的信号源。

10^{-6} 分频器即是 6 级十进制计数器。利用它逐级对输入脉冲进行十分频,将 1 MHz 的脉冲序列变为 1 Hz 的秒脉冲,为计数器提供计数时钟 CP。

（2）计数、译码、显示电路

秒计数器和分计数器为六十进制，将六进制计数器作为十位，十进制计数器作为个位，级联起来即可构成六十进制计数器。小时计数器为二十四进制，可采用任意型号的十进制计数器构成。石英晶体多谐振荡器、计数器和七段数码管及显示译码器的电路形式和工作原理已在前面章节介绍过。

（3）校准电路

校准电路包括分校准和小时校准两个部分，电路完全相同，由与或非门、基本 RS 触发器和手动复合按钮组成。若数字钟正常走时，与或非门上面的与门打开，进位信号经过与或非门向高位计数器进位。若需要手动校准时，按下按钮，与或非门下面的与门打开，时钟脉冲通过与或非门使分计数器或小时计数器直接计数。若按住按钮，则 10 Hz 的时钟脉冲连续通过与或非门，能够使分校准或小时校准以较快的速度进行。

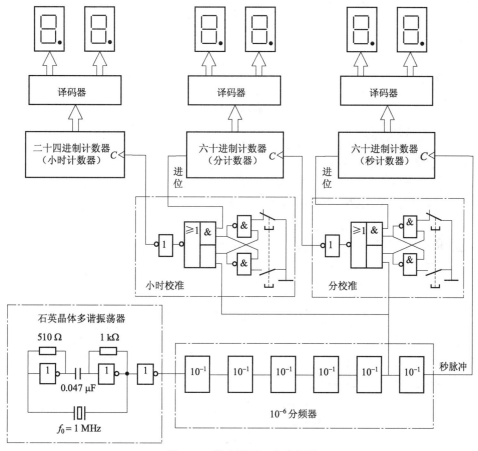

图 7.57　数字钟原理电路框图

习题

7.1　基本 RS 触发器电路如题图 7.1（a）所示，其初始状态为 $Q=0$、$\bar{Q}=1$。若输入信号 $\bar{R}_D$ 和 $\bar{S}_D$ 的波形如题图 7.1（b）所示，试对应画出输出端 Q 的波形。

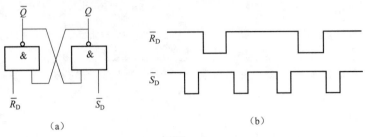

题图 7.1

7.2 由或非门组成的基本 RS 触发器电路如题图 7.2(a)所示,设触发器初始状态为 $Q=0$、$\bar{Q}=1$,输入信号 S_D 和 R_D 的波形如题图 7.2(b)所示,试对应画出输出端 Q 和 $\bar{Q}$ 的波形。

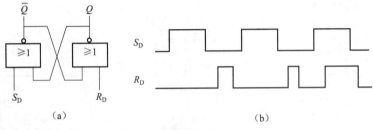

题图 7.2

7.3 设同步 RS 触发器的初始状态为 $Q=0$、$\bar{Q}=1$,输入端 S、R 和时钟 CP 的波形如题图 7.3 所示,试对应画出输出端 Q 和 $\bar{Q}$ 的波形,并指出哪种输入情况是禁用的。

7.4 负边沿触发 JK 触发器的时钟 CP 及 J、K 输入端所加信号波形如题图 7.4 所示,设触发器初始状态为 $Q=0$,试画出输出端 Q 的波形。

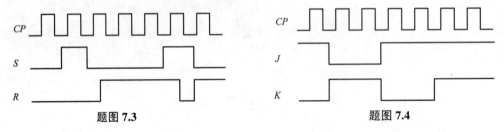

题图 7.3　　　　　　　　　　题图 7.4

7.5 维持-阻塞型 D 触发器的输入端 D 和 CP 的波形如题图 7.5 所示,设触发器初始状态 $Q=0$,试画出输出端 Q 的波形。

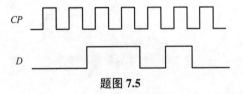

题图 7.5

7.6 负边沿触发的 JK 触发器和维持-阻塞型 D 触发器的接线图如题图 7.6(a)、(b)所示,设两个触发器的初始状态均为"1",若输入信号波形如题图 7.6(c)所示,试分别画出触发器输出端 Q_1 和 Q_2 的波形。

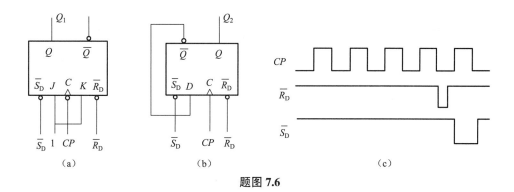

题图 7.6

7.7 在题图 7.7 所示接法下，说明各触发器分别完成何种逻辑功能。

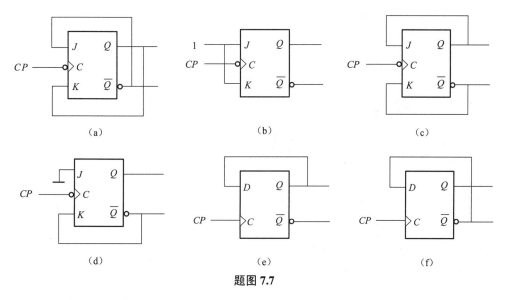

题图 7.7

7.8 T 触发器和输入信号波形如题图 7.8 所示，设触发器初始状态为 $Q=0$，试画出输出端 Q 的波形。

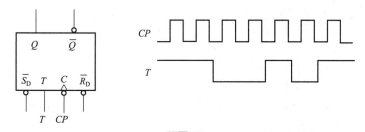

题图 7.8

7.9 JK 触发器及门电路的接线图如题图 7.9（a）所示，设触发器初始状态为 0，试根据输入端 A、B 及时钟 CP 的波形（见题图 7.9（b）），对应画出输出端 Q 的波形。

7.10 试证明题图 7.10 所示电路能够实现 JK 触发器的功能，并说明它与题图 7.9（a）中的 JK 触发器有何不同。

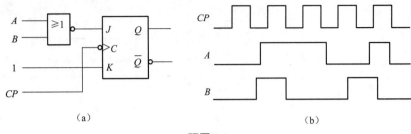

题图 7.9

7.11 两级 T 触发器级联电路如题图 7.11 所示，设各触发器初始状态均为"0"，对应连续时钟脉冲 CP（自拟）画出输出 Q_1 和 Q_2 的波形，并说明电路的逻辑功能。

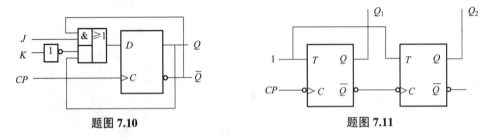

题图 7.10　　　　　　　　　　　题图 7.11

7.12 分析题图 7.12 所示电路的逻辑功能，设触发器初始状态为 $Q_2Q_1Q_0=000$，试列出状态真值表，并对应画出时钟 CP 和各触发器输出端的波形。

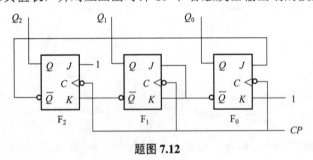

CP	Q_2	Q_1	Q_0
0	0	0	0
1			
2			
3			
4			
5			
6			
7			

题图 7.12

7.13 时序逻辑电路如题图 7.13（a）所示，设触发器初态 $Q=0$，试对应 CP（见题图 7.13（b））画出 Q、$\overline{Q}$、Y_1 和 Y_2 的波形。

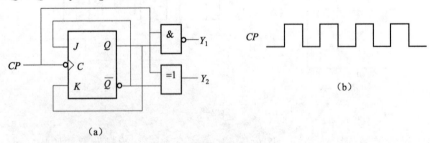

题图 7.13

7.14 用 JK 触发器构成三位右移位寄存器，试画出逻辑电路图。

7.15 由多功能集成移位寄存器 74194 构成的电路如题图 7.15 所示，试分析它们的逻辑功能。

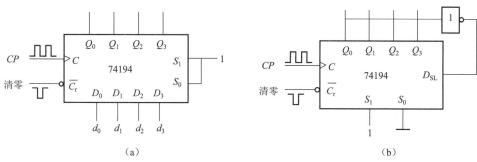

题图 7.15

7.16 用 D 触发器构成三位二进制加法计数器。要求：（1）试画出计数器的逻辑电路图；（2）并对应画出时钟 CP 和计数器输出 Q_2、Q_1、Q_0 的波形；（3）若 CP 的频率为 256 Hz，则各输出端信号的频率为多少？若要得到频率为 1 Hz 的方波信号，应采用几级触发器构成分频器（计数器）？

7.17 用 JK 触发器构成异步四位二进制减法计数器，试画出逻辑电路图。

7.18 计数器电路如题图 7.18 所示，分析其逻辑功能（说明它是同步或异步、加法或减法、几进制的计数器）。

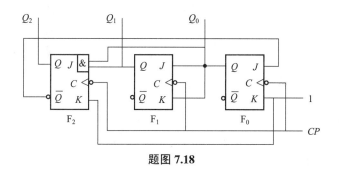

题图 7.18

7.19 由集成计数器 74160 组成串行进位计数器如题图 7.19 所示，试分析其逻辑功能，说明它是几进制计数器。

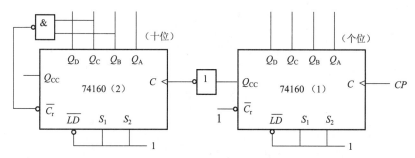

题图 7.19

7.20 用集成计数器 74160 组成：（1）8421 码十二进制加法计数器；（2）8421 码三十一进制加法计数器。试分别画出计数器的逻辑电路图。

7.21 利用集成计数器 74190 组成：（1）8421 码四十八进制加法计数器，计数范围为 0～

47；（2）8421 码四十八进制减法计数器，计数范围为 48～1。试分别画出计数器逻辑图。

7.22 四位同步二进制加法计数器 74161 的功能表如题表 7.22 所示，其引脚排列图如题图 7.22 所示。试用 74161 构成十二进制加法计数器，并说明它与 74160 构成的十二进制加法计数器（见习题 7.20）有何不同。

题表 7.22

功能	输入									输出
	时钟 CP	清零 $\overline{C_r}$	置数控制 $\overline{LD}$	控制信号		置数输入				$Q_A\ Q_B\ Q_C\ Q_D$
				S_1	S_2	A	B	C	D	
清零	ϕ	0	ϕ	ϕ	ϕ	ϕ	ϕ	ϕ	ϕ	0 0 0 0
置数	↑	1	0	ϕ	ϕ	a	b	c	d	$a\ b\ c\ d$
保持	ϕ	1	1	0	1	ϕ	ϕ	ϕ	ϕ	保持
保持	ϕ	1	1	ϕ	0	ϕ	ϕ	ϕ	ϕ	保持
计数	↑	1	1	1	1	ϕ	ϕ	ϕ	ϕ	计数

7.23 简易阶梯波发生器电路如题图 7.23 所示，试分析其工作原理，并定性画出输出电压 u_o 的波形图。

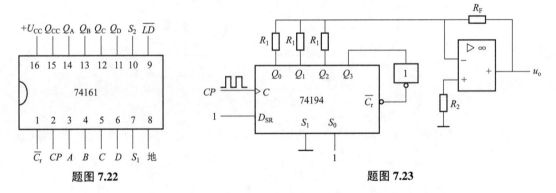

题图 7.22　　　　　　　　　题图 7.23

7.24 彩灯控制电路如题图 7.24 所示。（1）试分析电路的逻辑功能，说明彩灯闪烁变化的规律；（2）说明计数器 74161 在电路中的作用；（3）适当改动电路（也可增加门电路），设计两款不同变换花型的彩灯控制电路。

7.25 555 集成定时器电路如题图 7.25（a）所示，图中 $R=50\ \text{k}\Omega$，$C=10\ \mu\text{F}$。输入信号 u_i 的波形如题图 7.25（b）所示，且 $T_2 \gg T_1$。（1）画出相对应的 u_C 和 u_o 的波形，并说明电路完成的功能；（2）计算 u_o 的下降沿比 u_i 的下降沿延迟了多少时间。

7.26 由集成 555 定时器构成的电路如题图 7.26 所示。已知电路参数为：$R_1=1\ \text{k}\Omega$，$R_P=10\ \text{k}\Omega$，$R_2=1\ \text{k}\Omega$，$C=10\ \mu\text{F}$，D_1 和 D_2 为理想二极管。

（1）分析电路的功能，并说明其特点；

（2）计算电路的工作周期 T，并分别计算当 R_P 的触点在最上端和最下端时的占空比 D。

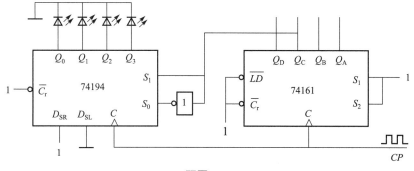

题图 7.24

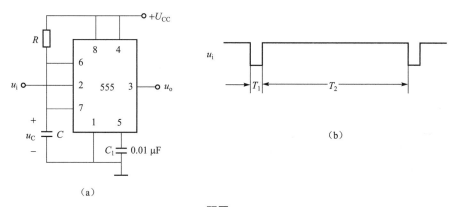

题图 7.25

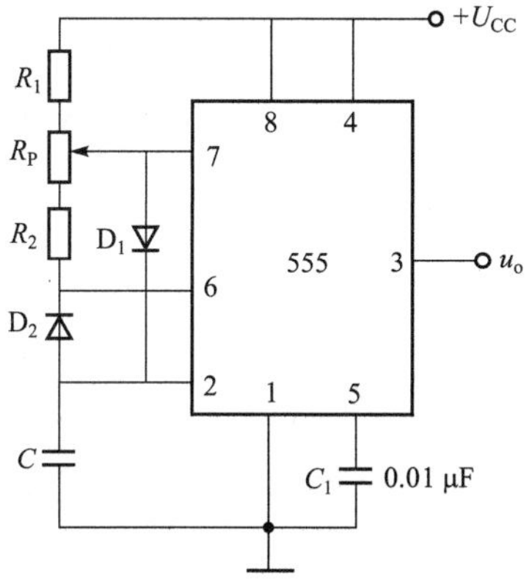

题图 7.26

7.27 施密特触发器电路如题图 7.27(a)所示,若电源 $U_{CC}=9$ V,输入信号波形如题图 7.27(b)所示,对应输入画出输出电压 u_o 的波形,若 $U_{CO}=8$ V,再画出输出电压 u'_o 的波形(设 $U_{OH}=U_{CC}$, $U_{OL}=0$)。

7.28 双相时钟发生器如题图 7.28 所示,试定性画出 u_o、Q、Y_1 和 Y_2 的波形。

7.29 由集成单稳态触发器 74123 构成的时间控制电路如题图 7.29(a)所示,输入信号 u_i 的波形如题图 7.29(b)所示,若 $R_1=100$ kΩ, $C_1=100$ μF, $R_2=50$ kΩ, $C_2=1$ μF,计算两个单稳态触发器输出脉冲的持续时间 t_{w1} 和 t_{w2},并对应 u_i 定性画出两片单稳态触发器输出端 Q_1 和 $\overline{Q}_2(u_o)$ 的波形。

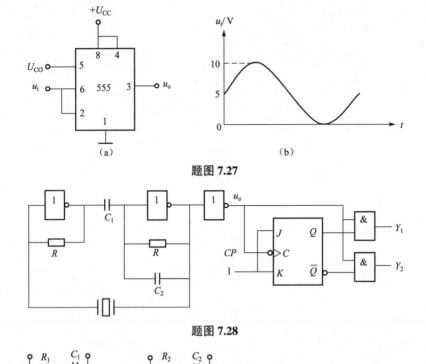

题图 7.27

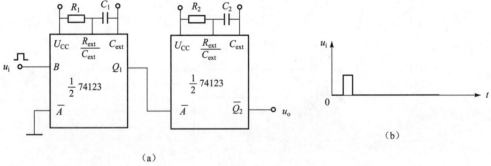

题图 7.28

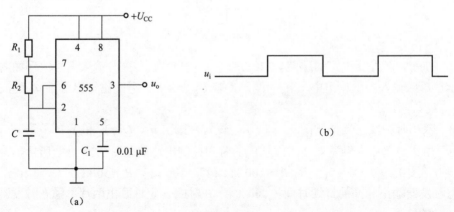

题图 7.29

7.30 由集成 555 定时器组成的电路如题图 7.30（a）所示，要求：

（1）指出电路的功能；

题图 7.30

(2) 设 $R_1=R_2$,写出计算输出电压 u_o 的工作周期 T 的表达式;

(3) 若将 555 定时器的 4 脚(清零端)接在题图 7.30 (b) 所示输入信号 u_i 上,试对应画出 u_o 的波形,设输入波形周期为输出波形周期的 4 倍,即 $T(u_i)=4T(u_o)$。

7.31 由两片集成 555 定时器组成的电路如题图 7.31 所示,说明:

(1) 第一片及第二片集成 555 定时器各构成何种基本电路;

(2) 当在输入端 $\overline{TR}$ 加入低电平信号(例如用手触摸 $\overline{TR}$ 端)时,蜂鸣器将鸣响,试分析电路的工作原理。

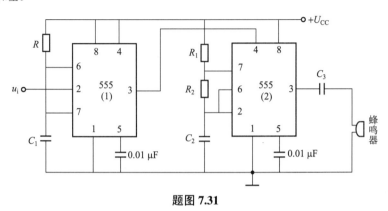

题图 7.31

7.32 利用 Multisim 测试双稳态触发器 74112(JK 触发器)和 7474(D 触发器)的逻辑功能。

(1) 从 TTL 元器件库中调出 74112 触发器,用开关给定输入信号(注意初始状态的设定)及时钟信号,用 LED 观察输出端的状态,验证其逻辑功能表。测试其计数功能时,可从电源库中调出时钟电压源(见题图 7.32),选择合适的频率,观察输出端 Q 和 $\overline{Q}$ 变化情况,以及与时钟有效沿的关系。

(2) 从元器件库中调出 7474 触发器,重复(1)。

7.33 在 Multisim 中,用触发器或 74194 设计环形或扭环形移位寄存器,并测试其功能。列出电路的状态表,或用逻辑分析仪观察一个周期的工作波形。

7.34 在 Multisim 中,利用两片 74190 或其他集成十进制加/减可逆计数器,构成六十进制倒计时电路,并要求:

(1) 具有数码管显示功能;

(2) 可预置 99 以内的任意初始值。

7.35 利用 Multisim 按题图 7.26 连接电路,当调整电位器时,用示波器观察多谐振荡器的输出波形,并测量其周期 T 和占空比 D 的变化范围。

第 8 章
模拟量与数字量的转换

在数字型检测、控制系统中，将模拟量转换为数字量和将数字量转换为模拟量是必不可少的环节，其系统方框图如图 8.1 所示。

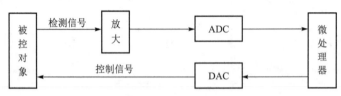

图 8.1　系统方框图

被控对象如温度、压力等物理量，经传感器检测得到它们的模拟信号，将其进行放大，然后送入模数转换器（Analog to Digital Converter，ADC），将模拟信号转换为数字信号后，由微处理器对信号进行处理。根据信号处理的结果，微处理器发出相应的数字控制信号，再经数模转换器（Digital to Analog Converter，DAC）将数字信号转换为模拟信号去控制被控对象。本章将介绍 DAC 和 ADC 的转换原理，ADC 和 DAC 集成电路的结构、使用方法及其简单应用。

8.1　数模转换器（DAC）

8.1.1　数模转换器的转换原理

数模转换器的基本原理是利用电阻网络，将数字量按每位数码的权值，转换成相应的模拟信号，然后用运算放大器求和电路，将这些模拟量相加，从而完成数模转换。

1. 数模转换器的原理电路

数模转换器有多种电路类型，其中 T 形电阻数模转换是较常用的一种。图 8.2 是 4 位 T 形电阻转换器原理图，R 和 $2R$ 电阻构成 T 形电阻网络。S_3、S_2、S_1、S_0 为模拟开关，其开关状态分别受输入的二进制数字信号 D_3、D_2、D_1、D_0 控制。如 $D_0=1$ 时，模拟开关 S_0 合向左边，支路电流 I_0 流向 I_{out1}；当 $D_0=0$ 时，S_0 合向右边，支路电流 I_0 流向 I_{out2}。运算放大器 A_0 为电流求和放大器，它对各位数字所对应的电流求和，并转换成相应的模拟电压。U_{REF} 为高精度基准电源。

2. 数模转换器的工作原理

在图 8.2 电路中，由于运算放大器的反相输入端为"虚地"，所以无论模拟开关接向左边还是右边，电阻 $2R$ 接模拟开关一侧的电位都为零，因此从 U_{REF} 端看进去的等效电阻为 R。由此求得总电流 $I=U_{REF}/R$，各支路电流分别为

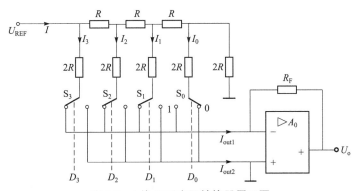

图 8.2 4 位 T 形电阻转换器原理图

$$I_3 = \frac{I}{2} = \frac{I}{2^4} \times 2^3$$

$$I_2 = \frac{I_3}{2} = \frac{I}{2^4} \times 2^2$$

$$I_1 = \frac{I_2}{2} = \frac{I}{2^4} \times 2^1$$

$$I_0 = \frac{I_1}{2} = \frac{I}{2^4} \times 2^0$$

即每位的支路电流与二进制权值（2^3、2^2、2^1、2^0）成正比。当每位开关合向左边时，支路电流由 I_{out1} 流出，开关合向右边时，支路电流由 I_{out2} 流出。因此输入不同的二进制数时，流过 R_F 的电流 I_{out1} 的大小就不同，从而可以得到大小不同的输出电压。对于输入的任意 4 位二进制数 D_3、D_2、D_1、D_0，流过 R_F 的电流为

$$\begin{aligned}I_{out1} &= I_3 D_3 + I_2 D_2 + I_1 D_1 + I_0 D_0 \\ &= \frac{I}{2^4} \times 2^3 D_3 + \frac{I}{2^4} \times 2^2 D_2 + \frac{I}{2^4} \times 2^1 D_1 + \frac{I}{2^4} \times 2^0 D_0 \\ &= \frac{I}{2^4}(2^3 D_3 + 2^2 D_2 + 2^1 D_1 + 2^0 D_0) \\ &= \frac{U_{REF}}{2^4 R}(2^3 D_3 + 2^2 D_2 + 2^1 D_1 + 2^0 D_0)\end{aligned}$$

运算放大器的输出电压为

$$U_o = -R_F I_{out1} = \frac{-R_F}{2^4} \times \frac{U_{REF}}{R}(2^3 D_3 + 2^2 D_2 + 2^1 D_1 + 2^0 D_0)$$

由上式可见，输出的模拟电压与二进制数字信号成正比。同理，对于 n 位数模转换器，若取 $R_F = R$，则有

$$U_o = -\frac{U_{REF}}{2^n}(2^{n-1} D_{n-1} + 2^{n-2} D_{n-2} + \cdots\cdots + 2^1 D_1 + 2^0 D_0) \tag{8.1}$$

8.1.2 数模转换器的主要参数

1. 分辨率

数模转换器的分辨率定义为最小输出电压（对应的输入二进制数为"1"）与最大输出电压（对应的输入二进制数全为"1"）之比，即

$$\frac{U_{\min}}{U_{\max}} = \frac{1}{2^n - 1}$$

显然位数越多，能分辨出的最小电压越小。有时也直接用数模转换器的位数表示分辨率，位数越多，分辨率越高。如对于 8 位数模转换器，分辨率为

$$\frac{1}{2^8 - 1} = 0.039\ 2$$

若满量程电压是 5 V，则能分辨的最小电压为 0.039 2×5=0.019 6 V。而对于 10 位的数模转换器，满量程电压也是 5 V，则其能分辨的最小电压为 0.004 89 V。位数越多，能够分辨的电压越小。

2. 线性度

通常用非线性误差的大小表示数模转换器的线性度。产生非线性误差的原因是电阻网络各阻值不尽相等、模拟开关导通所产生的压降等。

3. 精度

数模转换器的精度是指输出模拟电压的实际值与理想值之差，其产生的原因是各模拟开关的压降不一定相等，各电阻阻值的偏差不可能做到完全一致。

4. 输出电压（或电流）的建立时间

从输入数字信号时刻起，到输出电压或电流达到稳定值所需时间称为建立时间。其建立时间主要取决于运算放大器到达稳定状态所需的时间。对于 10 位的单片集成数模转换器的转换时间一般不超过 1 μs。

除以上参数外，数模转换器还有功率消耗、温度系数等技术指标，读者可查阅相关手册。

8.1.3 集成数模转换器

随着集成技术的发展，数模转换器集成电路芯片种类越来越多。DAC0832 是分辨率为 8 位的数模转换器，它采用 20 脚双列直插式封装结构，外部引脚排列如图 8.3 所示。DAC0832 是电流输出型芯片，其输出端要外接运算放大器，以便将输出模拟电流转换为模拟电压。它的电路原理框图如图 8.4 所示。

DAC0832 是由 8 位输入寄存器（1）、8 位输入寄存器（2）及一个 8 位数模转换器三部分组成，采用两个 8 位寄存器的目的是使数模转换器在对其寄存器的数字信号进行转换的同时，输入寄存器又可以接收新的输入数字信号，从而提高了转换速度。各引脚功能如下：

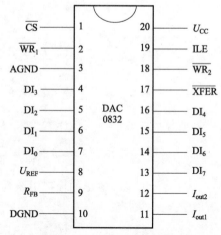

图 8.3　DAC0832 引脚排列图

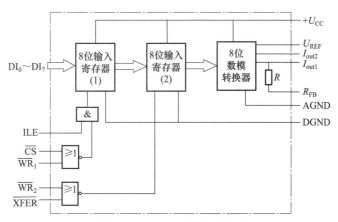

图 8.4　DAC0832 的原理框图

$DI_0 \sim DI_7$：8 位数字量的输入端。

I_{out1}、I_{ou2}：模拟电流输出端。外接运算放大器的反相输入端与 I_{out1} 相连，外接运算放大器的同相输入端与 I_{out2} 相连。I_{out1} 输出电流为各权电流之和，与输入的数字量成线性对应关系。

R_{FB}：芯片内部电阻 R 的引出端，外接运算放大器的输出端，作为运算放大器的反馈电阻，也可根据需要外接电阻后再接运算放大器的输出端，R 的另一端在芯片内部接 I_{out1} 端。

U_{REF}：权电阻网络基准电源输入端，取值范围为 $-10 \sim +10$ V，如为单极性输出，则输出电压在 $0 \sim -\frac{255}{256} U_{REF}$ 范围内变化。

U_{CC}：电源输入端，电源电压可在 $5 \sim 15$ V 范围内选择，当 $U_{CC} = +15$ V 时，DAC0832 的工作状态最佳。

DGND：数字部分接地端。

AGND：模拟部分接地端。在芯片内数字地与模拟地是分开的，以避免两者之间相互干扰，根据需要在芯片外部的适当部分将两者地线相连。

5 个输入信号控制端：

ILE：数据允许锁存信号，高电平有效。

$\overline{CS}$：片选信号，低电平有效。当 $\overline{CS} = 0$，ILE = 1，$\overline{WR_1} = 0$ 时，允许输入数据存入寄存器（1）。

$\overline{WR_2}$：写入信号 2，低电平有效。

$\overline{XFER}$：传送控制信号，低电平有效。当 $\overline{XFER} = 0$，$\overline{WR_2} = 0$ 时，数据由寄存器（1）送入寄存器（2），且进入 8 位数模转换部分进行转换。

图 8.5 是两片 DAC0832 同时使用的接线方式。电路对控制信号的时序要求如图 8.6 所示。此时两个数模转换器的 $\overline{CS}$ 信号由译码器的两个输出端提供。将两个数模转换器的 $\overline{XFER}$ 端接在一起，由译码器的第三端提供控制信号 $\overline{XFER}$。工作时，译码器根据它的输入信号对两个数模转换器分别发出控制信号 $\overline{CS}$，从而分时地将要转换的数据输入到两个芯片的寄存器（1）中，再由 $\overline{XFER}$ 信号，同时将两个数据送入相应芯片的寄存器（2）中，然后进行数模转换。

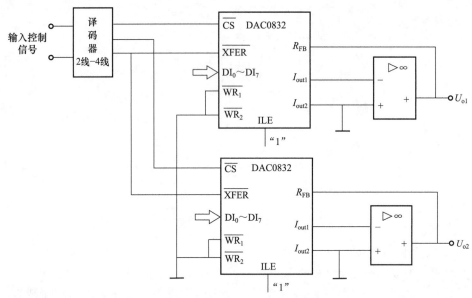

图 8.5 两片 DAC0832 同时使用时的接线方式

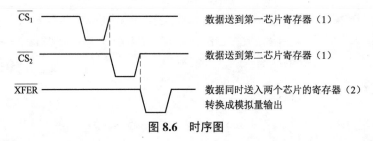

图 8.6 时序图

8.2 模数转换器（ADC）

8.2.1 模数转换器的转换原理

与数模转换相反，模数转换是将连续变化的模拟信号转换为与之对应的数字信号。

模数转换器的种类繁多，按工作原理可分为：并联比较型、双积分型及逐次逼近型。并联比较型转换速度快，但精度不高；双积分型转换精度较高，抗干扰能力较强，但转换速度慢；逐次逼近型的转换速度较快，转换精度高，故应用较多。下面仅介绍逐次逼近型模数转换器。

1. 模数转换器的基本结构

逐次逼近型模数转换器的基本结构如图 8.7 所示。设模数转换器为 8 位，它是由数模转换器、电压比较器、逐次比较寄存器、输出寄存器、时钟发生器和控制逻辑电路等组成。

（1）逐次比较寄存器

它由 8 个触发器组成，用于存放逐次比较的 8 位数据。

（2）时钟发生器

它由触发器构成，为控制逻辑提供时钟信号。

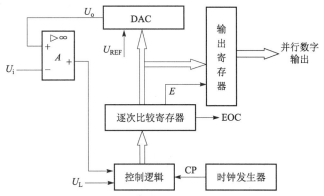

图 8.7 逐次逼近型模数转换器的基本结构图

（3）数模转换器

数模转换器 DAC 的输入是逐次比较寄存器的输出，输出电压 U_o 送到电压比较器的同相输入端。

（4）电压比较器

由运算放大器 A 构成电压比较器，由它来比较输入电压 U_i（加在反相输入端）与 U_o 的大小，若 $U_o>U_i$ 则输出端为"1"；若 $U_o\leq U_i$，则输出端为"0"。输出端接至控制逻辑。

（5）控制逻辑

根据比较器的输出信号，来控制逐次比较寄存器的输出。

（6）输出寄存器

存放转换后的输出数字量。

2. 数模转换原理

转换开始前，将逐次比较寄存器清零，转换控制信号 U_L 变为高电平时开始转换。时钟信号通过控制逻辑首先将逐次比较寄存器的最高位置为"1"，其他位置为"0"，使逐次比较寄存器的输出为 10000000。这个数字量被 DAC 转换成相应的模拟电压量 U_o，并送至运算放大器 A 的同相输入端。它与反相输入端的输入电压 U_i 进行比较，如果 $U_o>U_i$，说明置入的数字量过大，则将比较寄存器的最高位置"0"，而将比较寄存器的次高位置"1"，再进行上述过程的比较。

如果 $U_o<U_i$，说明置入比较寄存器的数字量偏小，将置入比较寄存器的"1"保留，并将比较寄存器的下一位置"1"。这样逐位比较下去，直至最低位比较完为止。并将比较寄存器的最后结果，即转换后的数字量，在逐次比较寄存器发出的信号 E 作用下，送入输出寄存器，并发出转换结束信号 EOC。

8.2.2 模数转换器的主要参数

1. 分辨率

分辨率通常以输出的二进制位数来表示，位数越多误差越小，转换精度越高，它说明了模数转换器对输入信号的分辨能力。

2. 转换速度

用完成一次模数转换所需的时间来表示，转换时间是从接到转换控制信号起，到输出端得到稳定的数字量输出为止所需时间。转换时间越短,转换速度越高,通常在几十微秒左右。

3. 相对精度

相对精度是指实际的各个转换点偏离理想特性的误差,一般用最低有效位 LSB 表示。例如相对精度≤±1 LSB,表明相对精度不大于最低有效位 1。

8.2.3 集成模数转换器

ADC0804 是逐次逼近型 8 位集成模数转换器,完成一次转换时间为 100 μs,转换精度为 1LSB,输入电压为 0~5 V。该芯片内有输出数据锁存器,使输出数据可以直接连接在 CPU 数据总线上。该芯片是 20 脚双列直插式封装,其引脚排列如图 8.8 所示,各引脚功能如下所述。

$DB_0 \sim DB_7$:8 位二进制数字输出端,可直接接在系统的数据总线上。

$U_{IN(+)}$ 和 $U_{IN(-)}$:模拟信号输入端,如果输入电压的变化范围从 0~5 V,则输入电压加在 $U_{IN(+)}$ 端,而 $U_{IN(-)}$ 端接地。

$U_{REF}/2$:参考电压端,是芯片内所需的基准电压。输入电压的范围可以通过调整 $U_{REF}/2$ 引脚处的电压加以改变,$U_{REF}/2$ 端电压值应是输入电压范围的二分之一。如输入电压范围是 0.5~4.5 V,则在 $U_{REF}/2$ 端应加 2 V 的电压,当输入电压是 0~5 V 时,将 $U_{REF}/2$ 端悬空,基准电压可由 U_{CC} 经内部分压得到。

U_{CC}:电源电压端,该芯片由 +5 V 电源提供。

DGND、AGND:分别为数字地与模拟地端。

CLK、CLKR:时钟脉冲端,时钟脉冲的频率决定了芯片逐位比较的节拍。由于芯片内部有时钟发生器,只需在 CLKR 和 CLK 端外接电阻、电容,如图 8.9 所示,即可产生所需频率为 $f = \dfrac{1}{1.1RC}$ 的内部时钟脉冲。若采用外部时钟,则可直接加在 CLK 端,不必外接 R、C 元件。

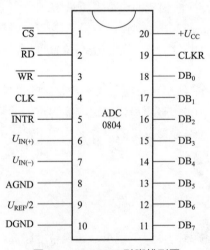

图 8.8　ADC0804 引脚排列图

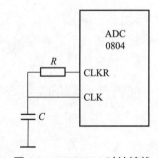

图 8.9　ADC0804 时钟接线

$\overline{CS}$:片选信号,低电平有效。

$\overline{WR}$:写入信号端,低电平有效。当 $\overline{CS}=0$ 时读入模拟量,当 $\overline{WR}$ 上升沿到来时启动

转换。

$\overline{\text{INTR}}$：转换结束信号端，低电平有效，当转换结束时产生结束信号 $\overline{\text{INTR}}$ 输出，通知外部设备读取结果。

$\overline{\text{RD}}$：读出信号端，低电平有效。当 $\overline{\text{CS}}=0$，$\overline{\text{RD}}=0$ 时，读取转换器的数据，同时 $\overline{\text{INTR}}$ 自动变为高电平。

ADC0804 的工作时序图如图 8.10 所示。

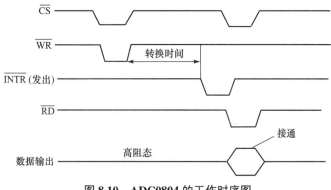

图 8.10　ADC0804 的工作时序图

图 8.11 是模数转换器特性测试电路接线图，其中输出端 $DB_0 \sim DB_7$ 分别接发光二极管 $LED_0 \sim LED_7$，CLK 端直接接连续脉冲，其频率大于 1 kHz。调节电位器 R_P 可获得 0～5 V 的输入电压，转换的数字量可由发光二极管观测到。

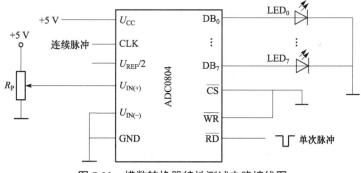

图 8.11　模数转换器特性测试电路接线图

8.3　采样保持电路

在数据采集系统中通常要对多路模拟量进行信号采集，而且将模拟量转换为数字量时也要经过采样、保持（即在模拟量转换成数字量期间，输入模拟量应保持不变）和转换三个步骤。

8.3.1　采样保持原理

在进行模数转换时，不可能将连续变化的模拟信号的每一数值都转换成数字量，而只能按一定时间间隔来采集数据，并将采集的数值保持一定时间，在这段时间内将模拟量转换成数字量输出。

所谓采样，就是将一个在时间上连续变化的模拟信号按一定时间间隔和顺序进行采集，采集后的模拟信号是离散的模拟信号，即把时间连续变化的模拟量变换为一串脉冲信号，这种脉冲信号是等距离的，而幅值不等，幅值的大小决定于采集时的模拟量的大小。由于采样有一定的时间间隔，在采样时间间隔内，采样值应该保持不变，这样采样值才能真实反映采样时刻模拟量的大小。因此在采样时间间隔内，应使采样值保持不变，直至下一次采样的到来。

采样保持原理图如图8.12所示。图中S为采样开关，是由电子元件制成的模拟开关，受采样信号u_S控制，C是保持电容。当u_S为高电平时，S闭合；当u_S为低电平时，S断开。S闭合时间为采样时间T_{W1}，S断开时间为保持时间T_{W2}，采样周期为$T_S=T_{W1}+T_{W2}$。显然采集时间越短越好。

采样后波形如图8.13所示。在S闭合时间内，u_i给电容C充电，在采样时间结束时，$u_i=u_o$。在S断开时间内，电容C上的电压基本保持不变，直至下一次采样时刻的到来。这样采样信号的波形是阶梯形脉冲波，而它的包络线是输入信号的波形，实现了采样和保持的功能。

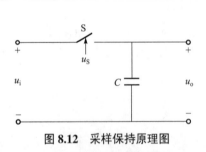

图8.12 采样保持原理图

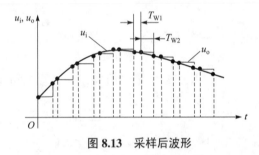

图8.13 采样后波形

8.3.2 采样保持电路

采样保持基本电路如图8.14所示。采样保持电路在输入级用运算放大器A_1组成电压跟随器，提高其输入阻抗，减少采样电路对输入信号的影响。同时由于跟随器的输出阻抗低，减少了电容的充电时间，缩短了对输入信号的采集时间。在输出级也用运算放大器A_2组成电压跟随器，既能增加输入阻抗，使其输入电流几乎为0，可以保持电容电压基本不变，又可以减少输出阻抗，提高采样保持电路的带负载能力。场效应管T为模拟开关，u_S为控制场效应管T通断的采样脉冲信号。

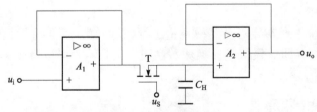

图8.14 采样－保持电路

u_i为输入信号，在采样期间，u_S为高电平，场效应管T导通，输入u_i通过运算放大器A_1

对保持电容 C_H 迅速充电。当 u_S 为低电平时,场效应管 T 截止,进入保持状态。电容 C_H 上保持开关断开瞬间的输入电压值,直至下一次采样开始为止。目前一些模数转换器中已经包含有采样保持电路。

8.3.3 采样定理

为了使采样后的信号能正确无误地还原出它所表示的模拟信号而不产生失真,应满足采样定理,即采样信号的频率 f_S 必须高于输入模拟信号频谱中的最高次谐波成分频率 f_{imax} 的 2 倍,用公式表示为

$$f_S \geqslant 2f_{imax}$$

一般在工程上取采样频率 $f_S > (3\sim5)f_{imax}$,即可满足要求。

习题

8.1 有一 8 位 T 形电阻网络 DAC,已知 $U_{REF}=10$ V,$R_F=R$,试求其最小输出电压和最大输出电压。

8.2 在 8.1 题中,若使 $R_F=2R$,其他参数不变,重解 8.1 题,并说明输出电压与 R_F 的关系。

8.3 4 位 DAC 的分辨率是多少?当输出模拟电压的满量程值为 5 V 时,能分辨出的最小输入电压值是多少?当该 DAC 输出是 1 V 时,输入的数字量是多少?

8.4 某 ADC 要求 10 位二进制数能代表 0~15 V,试问此二进制数的最低位代表几伏?

8.5 若要使 ADC 能分辨出最小电压为 0.019 6 V,设 ADC 输入模拟电压满量程值是 5 V,这个 ADC 应该是几位的?

参 考 文 献

[1] 秦曾煌. 电工学 [M]. 第7版. 北京：高等教育出版社，2009.
[2] 童诗白，华成英. 模拟电子技术基础 [M]. 第4版. 北京：高等教育出版社，2006.
[3] 阎石. 数字电子技术基础 [M]. 第4版. 北京：高等教育出版社，2006.
[4] 李燕民. 电路和电子技术 [M]. 第2版. 北京：北京理工大学出版社，2010.
[5] 王鸿明. 电工与电子技术 [M]. 第2版. 北京：高等教育出版社，2009.
[6] 姚海彬. 电子技术（电工学Ⅱ）[M]. 第3版. 北京：高等教育出版社，2009.
[7] 陈大钦. 模拟电子技术基础 [M]. 北京：机械工业出版社，2006.
[8] 林红，周鑫霞. 模拟电路基础 [M]. 北京：清华大学出版社，2007.
[9] 李晓明，李凤霞. 电工电子技术（第2版）第一分册 [M]. 北京：高等教育出版社，2008.
[10] 辛长平. 电工应用电路图说 [M]. 北京：电子工业出版社，2006.
[11] 史仪凯. 电工电子应用技术 [M]. 北京：科学出版社，2005.
[12] 余孟尝. 数字电子技术基础简明教程 [M]. 第3版. 北京：高等教育出版社，2007.
[13] 杨素行. 模拟电子技术基础简明教程 [M]. 第3版. 北京：高等教育出版社，2007.
[14] 康华光. 电子技术基础 [M]. 第5版. 北京：高等教育出版社，2009.